复合材料壳体承压性能分析

沈克纯　潘　光　黄桥高　叶鹏程　著

科学出版社

北京

内 容 简 介

本书主要阐述静水压力下复合材料壳体承压性能分析，重点介绍了屈曲、强度失效、壳体承压性能优化的基本概念和理论，建立了静水压力下纤维复合材料圆柱壳体屈曲和损伤模型，考虑两种失效形式进行了壳体承压性能优化。此外，本书还开展了不同材料体系如碳纤维复合材料、铝合金、碳化硅陶瓷圆柱壳体承载性能测试范例，获得了壳体微观应变和宏观屈曲形貌演化特性，阐明了静水压力下壳体非线性行为特点。

本书适用于高等院校、科研院所和企业生产单位从事水下装备耐压结构设计、性能评估和可靠性分析等领域的研究人员，也可作为船舶与海洋工程、兵器科学与技术等相关专业的硕士和博士研究生的参考读物。

图书在版编目（CIP）数据

复合材料壳体承压性能分析 / 沈克纯等著. -- 北京：科学出版社，2025. 1. -- ISBN 978-7-03-080062-6

Ⅰ. U674.941.04

中国国家版本馆CIP数据核字第2024AV7056号

责任编辑：陈　婕 / 责任校对：崔向琳
责任印制：肖　兴 / 封面设计：蓝正设计

科 学 出 版 社 出版

北京东黄城根北街 16 号
邮政编码：100717
http://www.sciencep.com

涿州市殷润文化传播有限公司印刷
科学出版社发行　各地新华书店经销

＊

2025 年 1 月第 一 版　开本：720×1000 1/16
2025 年 1 月第一次印刷　印张：15 1/4
字数：306 000

定价：138.00 元

（如有印装质量问题，我社负责调换）

前　言

　　水下航行器是我们认识海洋、经略海洋和建设海洋强国的重要科技手段，壳体承压性能是其研制的关键技术之一，高强度钢、铝合金、钛合金等先后应用于耐压壳体结构。随着人类向深海探索步伐的加快，对水下航行器的功能和搭载能力提出了更高的要求，先进的探测设备、声学系统甚至科考人员会一同下潜，因此水下航行器应具备较大的储备浮力。水下航行器在满足总体布局要求的前提下，应尽可能降低重量/排水量，减少浮力材料填充量，增加可利用空间，提高负载能力。纤维复合材料具有比强度大、比刚度高、可设计等特点，其耐压壳体结构能够满足减轻结构重量、提供正浮力、增加负载能力的要求。近年来，作者一直从事纤维复合材料水下耐压结构屈曲、强度损伤、性能优化和测试技术等方面的研究工作，并将相关成果系统整理成书，以期为相关领域的科技工作者和从业人员提供帮助和指导，为我国水下航行器向大潜深、轻量化和强搭载方向发展尽微薄之力。

　　本书从耐压壳体宏观屈曲现象入手，建立屈曲特征方程，采用伽辽金(Galerkin)方法求解，得到屈曲载荷，对比经典的试验和数值算例验证求解方法的正确性；考虑纤维缠绕多层、多角度和各向异性特征，对复合材料强度失效中典型的层内损伤和层间损伤开展详尽的数值计算和案例分析，丰富了纤维复合材料水下耐压壳体结构损伤数值研究方法；综合考虑壳体屈曲和强度失效两种形式，提出两者的不平衡问题并加以解决，使读者全面认识水下耐压结构的失效形式、影响因素及其控制方法；最后回归到试验，针对当前国内测试设备的特点，介绍无观测条件下壳体承压性能测试方法和试验数据的分析方法；为克服无观测条件下测试方法的局限性，详细介绍可视化试验系统的仪器需求、测试方法和试验数据的处理方法等，开展不同材料体系下铝合金、碳纤维复合材料和碳化硅陶瓷圆柱壳体承压性能测试，重点关注结构宏观屈曲形貌演化和微观应变响应，丰富和填补了水下耐压结构承压性能测试方法和系统方案。相信本书的出版能帮助读者掌握静水压力下复合材料耐压壳体结构承压性能分析和测试方法，启发相关工作人员将结果应用于耐压结构的工程化设计中，研制出承压性能强、轻量化程度高且安全可靠的结构。

　　本书的部分成果得到了国家自然科学基金(52101376)、国家重点研发计划

（2016YFC0301300 和 2022YFC2805201）的资助和支持，在此表示感谢。此外，本书还引用了国内外诸多相关文献，特此一并致谢。

　　由于作者知识水平有限，书中难免存在不足之处，恳请广大读者批评指正。

作　者

2024 年 8 月 23 日

目　　录

第1章　绪　　论

1.1　水下航行器轻量化的意义

随着经济角逐和世界格局多极化的发展，海洋对全球政治经济秩序和国家安全的影响越来越大，成为人类进一步拓展生存与发展空间的主要领域[1]。深海蕴含着极其丰富的生物资源及矿产资源，是支撑人类可持续发展的宝贵财富，海洋经济是世界经济发展的新支柱[2-4]。从地缘政治学说来看，我国作为一个典型的陆海复合型国家，历史上极其缺乏经略海洋的经验，没有特别重视自身的陆海复合特性[5]。明朝时期的倭患未引起当政者对海防问题的思考；两次鸦片战争之后，晚清统治者认识到海疆安全压力的紧迫，但是，以当时羸弱的国力无法对抗陆海方向的任一强敌，导致签订了一系列丧权辱国的不平等条约。新中国成立之后，陆地方面的安全压力大大缓解，而来自海上的压力大大增强，我国的地缘安全环境呈现"陆缓海紧"的态势。在此背景下，国家提出要"坚持陆海统筹，加快建设海洋强国"。巩固海防对保障国家安全具有重要的战略意义，我国海域广阔、海岸线长，应具备与之相匹配的海防能力。

水下航行器是我们认识海洋、经略海洋和建设海洋强国的重要科技手段，在巩固海防和合理开发利用海洋资源等方面发挥着重要作用[6-8]。"十三五"期间，我国在大潜深无人/有人深海装备领域取得重大突破和长足发展。图 1-1 为几种典型的无人/载人水下航行器[9-12]。

水下航行器[7]长期工作在深水环境中，承受着巨大的外部静水压力，其耐压壳体的结构稳定性和强度是设备正常工作和人员人身安全的重要保证。从保障水下航行器的工作能力和人员人身安全的角度出发，解决壳体耐压问题具有重要的应用背景和现实意义。随着人类向深海探索步伐加快，对水下航行器的功能和搭载能力提出了更高的要求，先进的探测设备、声学系统甚至科考人员会一同下潜，因此水下航行器应具备较大的储备浮力。图 1-2 为几种壳体材料的工作压力与重量/排水量的关系[13,14]。由图可知，复合材料(碳纤维复合材料、玻璃纤维复合材料)耐压壳体结构具有承载能力大、重量/排水量低的优点，能够满足大潜深和较高储备浮力的要求。水下航行器在满足总体布局要求的前提下，应尽可能降低重量/排水量，减少浮力材料填充量，增加可利用空间，提高负载能力。纤维复合材料具有比强度大、比刚度高、可设计等特点，其耐压壳体结构能够满足减轻结构

(a) "海翼-7000" 水下滑翔机

(b) "海燕-X" 号水下滑翔机[9,10]

(c) "仿蝠鲼" 柔体水下航行器[11]

(d) "奋斗者" 号载人潜水器[12]

图 1-1 国内典型的无人/载人水下航行器

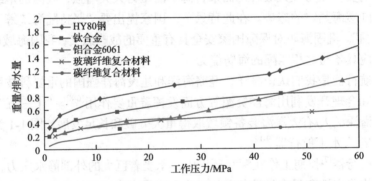

图 1-2 几种壳体材料的工作压力与重量/排水量的关系

重量、提供正浮力、增加负载能力的要求；其耐腐蚀、吸波和无磁性等特点对水下航行器的寿命周期和反侦察能力具有重要意义[15,16]。

结构耐压[17,18]是研发深海水下航行器要解决的关键技术之一，其研究内容主要包括材料结构屈曲及其引起的压溃失效。图 1-3 为静水压力下钛合金球壳体、低碳钢圆柱壳体和碳纤维复合材料圆柱壳体屈曲构型。对于圆柱壳体，在均匀外压作用下，圆周方向形成一定数目的波纹，轴向会产生弯曲变形。压溃失效是指失稳大变形之后结构抗弯刚度急剧减弱，引起次生的强度破坏。图 1-4 为静水压力下碳纤维圆柱壳体、玻璃纤维圆柱壳体和钛合金球壳体压溃形貌，主要呈现残余屈曲变形和材料破坏现象。屈曲到压溃失效的过程伴随着极其复杂的材料损伤演化过程，而多层缠绕或铺设成形的各向异性纤维复合材料伴随着面内、层间损伤，结构的耐压性能与材料各向异性、结构尺寸、缠绕角度及铺层方式密切相关。

(a) 钛合金球壳体

(b) 低碳钢圆柱壳体

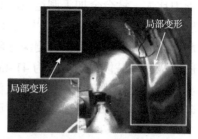

(c) 碳纤维复合材料圆柱壳体

图 1-3　静水压力下不同材料壳体的屈曲构型

(a) 碳纤维圆柱壳体

(b) 玻璃纤维圆柱壳体

(c) 钛合金球壳体

图 1-4　静水压力下不同材料壳体的压溃失效

1.2　纤维复合材料耐压结构应用现状

纤维复合材料自 20 世纪中期问世以来发展迅速，在一定程度上反映了国家科技水平和经济实力，被广泛应用于航空、航天和风电等领域，如图 1-5 所示的 A350XWB 飞机中碳纤维复合材料使用率达到 53%，如图 1-6 所示的风力发电叶片除叶根连接处为金属预埋件，其余结构均由纤维复合材料铺设而成。

图 1-5　A350XWB 飞机

图 1-6　风力发电叶片

　　随着纤维复合材料结构制备工艺的不断发展，制造成本不断降低，纤维复合材料的使用逐步扩展到其他领域。受传统材料多种因素的限制，如高强度钢的重浮力比大、钛合金加工制造成本高、铝合金不耐腐蚀等问题，纤维复合材料广泛应用于船舶海洋结构物[19-21]。美国华盛顿大学采用缠绕工艺制备碳纤维复合材料耐压壳体，研制出用于监测深海环境的"Deepglider"滑翔机[13]（图 1-7），其耐压舱体极限承载能力测试值为 41.4MPa。中国科学院沈阳自动化研究所研制的"海翼-7000"水下滑翔机，在第三次深渊综合科学考察中的表现验证了其两型大口径新型碳纤维复合材料耐压壳体可承受 7000 米级工作深度。

图 1-7　"Deepglider"滑翔机

1.2.1　屈曲行为

　　圆柱壳体在均匀外压作用下，结构和载荷对称于中心轴，轴向和周向均匀压缩且处于稳定平衡状态，若对此平衡状态给予任一微小偏离，在去掉引起偏离的因素后，壳体将恢复到原来的平衡状态。但当压力增加到某一临界值时，壳体的变形将不再稳定，若此时对平衡状态给予任一微小偏离，则变形将快速增长，且不能恢复到原来的平衡状态，壳体将丧失稳定性，发生屈曲，在壳体的圆周将形成一定数目的凹凸波形。

　　关于复合材料壳体屈曲的研究是从正交异性材料结构开始的[22]，已公开发表了一些综述性研究报告[23,24]。Babich 和 Dong 等是多层复合材料圆柱壳体分析的先驱[25,26]。对于各向异性圆柱壳体，Cheng 和 Ho[27,28]运用 Flügge 理论开展轴压作用下各向异性圆柱壳体稳定性分析，计算得到临界失稳载荷。Healey 和 Hyman[29]基于最小势能原理的瑞利-里茨法预测静水压力作用下扁球壳的失稳载荷并进行试验研究，发现试验值保持在理论值的 85%左右。Jones[30,31]在屈曲理论框架内，通过理论推导分析轴压和侧压作用下弹性模量（拉伸和压缩）对圆柱壳体稳定性的影响。Simitses[32]对含初始缺陷的薄壁壳体的屈曲和后屈曲行为展开综述性叙述，涉及前屈曲状态、边界条件及初始几何缺陷对结构稳定性的影响。Smith[15]综述了复合材料水下耐压壳体设计一般性问题，包括复合材料成型工艺、肋骨形式、封头连接，还提及疲劳-蠕变、冲击强度及材料浸水性能等问题。

Sofiyev[33]研究了正交层合圆柱壳体在不同边界条件和多种载荷方式组合作用下的稳定性。Shen[34-36]和 Xiang[37]基于边界层理论，研究了理想几何形状和带几何缺陷的各向同性匀质层合圆柱壳体在多种载荷条件下的后屈曲行为。Messager[38]基于 Sander 模型分析了纤维缠绕引起的几何缺陷对正交圆柱壳体线性屈曲的影响，采用改变刚度系数的方法来表征几何缺陷程度。Nguyen 等[39]通过混合摄动 Galerkin 方法求解临界失稳载荷，研究了外压作用下壁厚沿轴向变化的圆柱壳体屈曲。Civalek[40]针对不同材料属性的复合材料圆锥壳体和圆柱壳体在轴压作用下的静力屈曲问题，采用 Donnell 理论和一阶剪切变形理论推导了稳定性控制方程，采用离散奇异卷积法求解，并给出了解析方案。Nemeth[41]在 Sander 壳体理论框架下，研究了各向异性肋骨增强的理想圆柱壳体在压缩、剪切和均匀外压等多种载荷联合作用下的非线性和线性分叉屈曲。以上研究主要从载荷类型、边界条件、几何结构缺陷和材料属性等方面对材料结构稳定性进行了分析。

20 世纪 80 年代以后，为减轻飞行器结构重量，提高承载能力，增加机动性，国内学者开展了复合材料薄壁结构在宇航和航空中的应用研究。徐孝诚等[42,43]对宇航结构中的夹层截顶锥壳在发射阶段轴压作用下和运行时外压作用下的总体稳定性进行研究，为增加结构的稳定性，后续还对复合材料网格整体加筋[44,45]、三角形网格加筋[46,47]圆柱壳体的临界轴压载荷进行了研究。蔡泽[48]将碳纤维/树脂复合材料作为正交异性材料，采用小挠度理论求解外压作用下圆柱壳体的临界失稳载荷，并进行试验研究，在加载和卸载过程中观测弹性失稳阶段的模态变化。徐秀珍[49]利用大挠度方程给出固体火箭发动机复合材料壳体圆柱段在轴压、外压作用下的临界失稳载荷，并与文献[50]、[51]中实例进行了比较，发现结果吻合较好。王虎和王俊奎[52-55]利用变分原理和平均筋条刚度法，建立了复合材料加筋薄壁圆锥壳体有限变形的混合型理论，推导出以应力函数和挠度函数表示的偏微分方程，在分析均匀外压作用下圆锥壳体稳定性问题时，利用能量变分法、Galerkin 方法得到临界载荷的近似解析表达式。刘人怀、苏伟等利用修正迭代法对均匀外压作用下对称铺层正交异性球壳[56]、截顶锥壳[57,58]的非线性稳定性进行了研究。

之后，部分学者将复合材料应用于深海水下航行器耐压结构中并开展相关研究。刘涛和徐芑南等[59-61]等利用一阶剪切变形理论和 Reddy 高阶剪切理论计算了考虑横向剪切变形影响的复合材料圆柱壳体的线性失稳载荷，将随机试验法和可变容差法相结合对铺层角进行寻优。李学斌等[62-65]运用 Flügge 壳体理论推导出静水压力作用下正交各向异性圆柱壳体的平衡方程，将弹性失稳问题转化为广义特征值求解问题，并讨论几何参数等因素对临界失稳载荷的影响。部分学者对复杂载荷组合作用下的深海夹层管复合结构失稳[66-68]、非线性屈曲[69,70]及海底管道屈曲传播[71]进行了研究。

王珂晟[72]分析了轴压作用下纤维缠绕复合材料圆柱壳体的稳定性问题，运用混合遗传算法求解屈曲特征方程，研究轴压作用下初始几何缺陷对复合材料圆柱壳体稳定性的影响，发现复合材料圆柱壳体的初始几何缺陷越小，纤维铺层形式对其屈曲临界载荷的影响越大。李志敏[73]将壳体屈曲的边界层理论推广运用于中等厚度各向异性圆柱壳体在外压作用下的稳定性分析，研究表明，不同的铺层方式、几何参数对外压屈曲临界载荷有显著影响。

王林[74]对夹层深海圆柱耐压壳体结构稳定性进行仿真，分析了夹层结构参数对壳体稳定性的影响。周维新和赵耀等[75-78]分析复合材料多平面柱壳结构特征，比较重量浮力比相当条件下的多平面柱壳、环肋圆柱壳、圆柱壳的屈曲特性，总结多平面柱壳的优势和劣势并提出改进方案，通过轴压试验研究复合材料多平面柱壳结构特性。朱锐杰等[79]提出一种复合材料薄壁圆柱壳轴压局部屈曲承载力计算模型，根据轴压下圆柱壳的几何对称性及受力对称性，将圆柱壳局部屈曲问题转化为轴向和环向壳带的弯曲变形问题，依据薄壳稳定理论建立弹性基础上纵向壳带局部屈曲模型，得到了复合材料圆柱壳屈曲承载力解析公式，通过三种铺层的复合材料薄壁圆柱壳轴压试验验证了模型的正确性。

国内外学者对复合材料耐压壳体的稳定性开展了一定的研究，相当一部分以轴向受力为主或以锥壳为研究对象，此现象源于复合材料在航空航天器、飞行器结构中的推广应用及其受力特征。早期部分学者对静水压力下圆柱壳体稳定性进行了探索分析，大多针对径厚比较大的薄壳，不能满足大深度应用需求。另外，受材料成本和成型工艺如浸水性、密封、防渗透等因素的限制，业界对静水压力下复合材料壳体结构稳定性的研究长期停滞。随着生产加工工艺的改进和技术的进步，防渗等问题得到一定程度的解决，纤维复合材料在水下壳体结构中的应用有所推广。

1.2.2　损伤行为

随着人类向深远海探索步伐的加快，水下航行器的工作深度不断增加，复合材料耐压壳体在结构轻量化方面发挥着重要作用。随着水下航行器工作深度增加，壳体承受的静水压力增大，壳体增厚可有效提升稳定性，但其内部应力水平的升高将导致复合材料壳体面临损伤与失效问题。

复合材料的损伤类型根据位置可分为面内损伤和层间损伤两大类，其中面内损伤又可细分为纤维拉伸损伤、纤维压缩损伤、基体拉伸损伤和基体压缩损伤四种损伤模式。为评估复合材料损伤，许多学者提出不同的复合材料宏观强度理论与失效判定准则，主要分为两类：一类是以最大应力准则、最大应变准则、Tsai-Hill 强度准则[80]、Hoffman 强度准则[81]、Tsai-Wu 强度准则[82]等为代表的不区分失效模式的强度准则，这些强度准则从单层材料的应力和应变出发，利用一个统一的表达式来表征材料的损伤状态；另一类则是以 Hashin 强度准则[83]、Chang-Chang 强度准则[84,85]、Puck 强度准则[86]为代表的区分失效模式的强度准则，这些准则通过建立多个表达式表征材料在损伤模式下的状态。另外，众多学者在复合材料损伤机理研究的基础上，还提出了利用不同损伤模型来模拟复合材料结构内部损伤演化规律，并探究其对整体结构力学性能的影响。Chen 和 Lee[87]采用瞬间刚度退化的方式，对弯曲载荷下复合材料层合板的失效过程进行分析，将已经失效单层材料的常数退化为 0，模拟结构的渐进损伤过程。Tan[88]基于复合材料拉伸试验结果，提出一种损伤折减模型，根据不同失效模式对单层材料的弹性常数进行折减，并开展试验验证。Chang 和 Lessard[84]对含孔复合材料层压板在压缩载荷下的损伤扩展进行分析，用三个因子对弹性模量、剪切模量和泊松比进行折减。Camanho 和 Matthews[89]提出适用于复合材料三维结构刚度折减方案，通过损伤状态变量判断材料损伤类型，预测复合材料紧固接头强度。Engblom 等[90]通过损伤变量表征裂纹密度，并将之引入本构模型中，得到面内基体拉伸失效（matrix tension failure, MTF）后的材料退化模型。Maimí 等[91,92]利用损伤变量表示层内沿纤维纵向和横向的失效状态，基于 LaRC04 失效准则，预测平面应力状态下复合材料层合板面内失效演化。Matzenmiller 等[93]引入损伤变量描述极限载荷下损伤状态演变及材料性能的退化，探究损伤变量与材料弹性模量间的关系，利用热力学方程控制损伤的演化速率，分析复合材料结构损伤过程。Maa 和 Cheng[94]将广义标准材料模型与复合材料主损伤概念相结合，建立纤维断裂、基体开裂和纤维/基体界面脱黏三种失效模式的主损伤模型，并通过标准拉伸试验拟合损伤模型参数。

Almeida 等[95]基于连续介质损伤力学，提出一种适用于不同失效模式的损伤模型，结合弧长法建立了非线性有限元模型，对静水压力作用下碳纤维环氧树脂复合材料管道损伤与失效过程进行了研究，结果表明，厚度较大的壳体的失效由剪切应力主导。Molavizadeh 和 Rezaei[96]通过 UMAT 子程序表达材料损伤本构模型，结合 Puck 强度准则对两种不同纤维缠绕模式复合材料耐压壳体的强度与稳定性进行了分析，并对其铺层方式进行了优化。Cho 等[97]综合考虑几何尺寸、缠绕角度和几何缺陷，提出一个经验公式来预测复合材料圆柱壳体在外部静水压力作用下的极限强度，并通过试验证明了其有效性。Hur 等[98]基于最大应力强度准则和刚度完全退化损伤模型，对静水压力作用下复合材料圆柱壳体的后屈曲和失效行为进行了数值预报和试验研究，结果表明，数值误差在 15%以内，但有限元分析显示壳体在圆周方向上有四个屈曲波，而在试验过程中只观察到两个屈曲波。Soden 等[99]和 Kaddour 等[100]对缠绕角度为 55°的五种不同复合材料厚管开展了环向与轴向载荷比为 2:1 的压缩试验,该载荷接近水下航行器耐压壳体的受力情况,研究结果对静水压力下复合材料壳体压缩失效具有参考意义。

在国内,程妍雪[101]采用基于刚度退化模型的渐进损伤分析方法,对复合材料耐压壳体的极限承载能力和失效演变规律进行研究,并以工作深度为 2000m 的电池耐压舱为例,采用多岛遗传算法对复合材料的组分比例、铺层方式进行了轻量化设计。李彬[102]针对水下航行器用复合材料耐压壳体,对无肋骨、均匀分布环向肋骨和非均匀分布环向肋骨等三种复合材料耐压壳体的失效形式及结构性能影响因素开展了研究和轻量化设计。Zheng 和 Liu[103]提出基于末层失效的通用求解算法对含有铝合金内衬的碳纤维环氧树脂基复合材料圆柱壳体的弹塑性应力进行分析,探索了复合材料圆柱外壳的损伤演化过程与破坏强度。Liu 和 Zheng[104]提出基于能量的刚度退化方法,用于预测含铝合金内衬的碳纤维环氧树脂复合材料圆柱壳体的渐进失效规律。李永胜等[105]对静水压力下含缺陷的中等厚度圆柱形复合材料耐压壳体渐进损伤过程进行研究,分析了极限压力下结构响应及破坏模式。熊传志[106]对无肋骨和矩形肋骨的玻璃纤维复合材料耐压壳体在静水压力下的承压能力进行数值仿真,并通过试验研究验证了数值方法的有效性。

分层损伤[107-109]是一种突出的失效形式,当复合材料结构在压缩载荷下发生结构屈曲时分层损伤尤为明显[110-113]。El-Sayed 和 Sridharan[114]考虑了初始分层裂纹的长度及裂纹的位置,利用虚拟裂纹闭合技术计算了裂纹尖端的应变能释放率,研究了复合材料圆环在外压下屈曲与分层扩展行为。Kumar 等[115-117]对含有分层损伤的复合材料平板和曲面壳体结构的力学性能和振动响应开展研究,数值结果与试验结果相比,偏差在 0.04%~10%。Rasheed 和 Tassoulas[118,119]考虑几何模型的不圆度和屈曲大变形导致的结构非线性、初始分层的接触行为及损伤后的材料性能退化等因素,对内嵌初始分层损伤的二维复合材料管道的力学行为进行研究,获得初始分层损伤长度、分层损伤深度及几何缺陷对分层损伤的演化规律。Fu 和 Yang[120]利用动边界变分原理,考虑分层损伤界面处的接触效应,对外压作用下的复合材料耐压壳体的分层损伤扩展进行研究,分析对称铺层圆柱形复合材料壳体的分层损伤扩展路径,还讨论了分层尺寸和深度、壳体的几何尺寸、材料性能及铺层顺序对分层损伤扩展规律的影响。Tafreshi[121,122]提出一种双层壳单元与单层壳单元相结合的有限元模型,开展轴向压缩载荷下复合材料圆柱壳体整体的承载能力研究,以及侧向外压下分层损伤演化及其影响因素分析。此外,Tafreshi[123]研究了不同轴压与侧压比值条件下含初始分层损伤的复合材料圆柱壳体的屈曲与后屈曲行为。Sajjady 等[124]基于虚位移原理,采用改进的 Donnell 方程对受侧压的复合材料圆柱壳体的屈曲问题进行理论分析,利用内聚力界面单元将初始分层损伤引入复合材料耐压壳体有限元模型,研究初始分层尺寸、面积、深度对不同长径比壳体的临界屈曲压力和损伤规律的影响。Maleki 等[125]基于内聚力理论建立含分层损伤的复合材料管道有限元模型，并评估了不同形状分层损伤对复合材料管道刚度及损伤扩展路径的影响。Yazdani 等[126]对复合材料压力容器在碰撞条件下的损伤机理开展试验研究，采用非接触式数字图像相关(digital image correlation, DIC)技术进行形变测量，结果表明，厚壁壳体主要发生纤维断裂损伤，而薄壁壳体普遍存在分层损伤。

1.2.3 承压性能测试

复合材料壳体结构承压性能测试是对极限承载能力检验的直接手段，也是对理论研究和数值计算方法的重要补充和验证。复合材料壳体结构承压性能测试最早是从玻璃纤维开展的，之后随着纤维复合材料的发展，相继以碳纤维、硼纤维为研究对象，结构形式有球壳、圆柱壳和锥壳等。

19 世纪 60 年代，美国橡胶公司(United States Rubber Company)分别对直径为 76.2mm 和 279.4mm 的玻璃钢材料的球形壳体进行了承压性能测试，发现小球壳的极限承载能力为 157MPa；大球壳在经过 45 天 5000 次的循环测试后在 170MPa 下受到破坏；直径为 813mm 的球壳壳体通过了 69MPa 的压力测试[127]。在美国船舶工程中心(Naval Ship Engineering Center)的赞助下，汤普森玻璃纤维公司(H. I. Thompson Fiber Glass Company)对若干样件进行了长时低频疲劳测试，结果发现，在静压力和交变载荷作用下，纤维的断口周围结构强度下降明显，断口一般位于厚度变化区、开孔和连接处，对该区域进行防护涂层处理后，强度下降的现象得到遏制[128,129]。Hom[130]研究指出，采用碳纤维、硼纤维制作的耐压壳体具有更高的结构稳定性和强度，能达到结构轻量化的效果。

20 世纪 80 年代，英国海洋科学研究所(Institute of Oceanographic Sciences, IOS)和英国防卫研究局(Defence Research Agency, DRA)对一系列的缩比模型进行了压力测试和数值分析，旨在采用碳纤维复合材料进行设计，制造大尺寸耐压舱[131]。耐压壳体的封头有球形和椭球形，纤维缠绕的封头易产生几何缺陷和材料缺陷，破坏压力对缺陷很敏感，通常要保守设计，这样会造成壳体和封头的刚度不匹配，连接处容易出现局部弯曲应力和层间剪切应力[132]。Ouellette 等[133]通过数据采集和气泵加压的方式研究了玻璃纤维圆柱壳体的结构失稳和强度破坏，发现结构失稳时会发生大的变形，引起应变逆转，定义此时的压力为临界失稳压力；继续增加压力结构发生破坏，定义此时的压力为强度破坏压力，其试验结果如表 1-1 所示。20 世纪 90 年代，法国海洋开发研究院对内径为 450mm、长度为 1240mm 的碳纤维圆柱壳体进行了试验，壳体壁厚为 40mm，在 59MPa 时开始整体失稳，在圆周方向有 2 个波，当压力为 10~30MPa 时，其两端发生非线性行为，且出现层间开裂，随着外压的增大，裂纹逐渐生长，当压力增加到 61MPa 时，壳体压溃[134]。

表 1-1　试验结果[133]

参数	试件编号			
	Tube 1	Tube 2	Tube 3	Tube 4
纤维厚度/mm	1.04	0.94	2.8	2.7
缠绕角度/(°)	54	63	54	63
内径/mm	133	133	137	136
长度/mm	64	64	876	868
临界失稳压力/kPa	148	460	86	58
强度破坏压力/kPa	500	52	240	240

Moon 等[135]对三种缠绕方式下碳纤维圆柱壳体进行了试验研究和数值模拟，结果表明，缠绕方式对结构稳定性有重要影响；壳体最终发生强度破坏，其破坏模式主要为纤维断裂和基体开裂，裂纹沿纤维缠绕方向生长。郑宗光等[136]对碳纤维铺层的耐压壳体进行了试验研究，并与相同重量、相同排水量的铝合金壳体进行了对比，结果表明，碳纤维铺层的壳体承压能力大幅度提升，而选择合适的铺层方式可以增强壳体整体稳定性，提高承载能力。中国船舶科学研究中心对两种不同铺层方式的碳纤维圆柱壳体进行了压力试验[137]，结果表明，铺层方式对临界失稳载荷有重要影响。肖汉林等[138-141]开展了复合材料圆柱壳体静力压缩破坏试验，测量了结构临界失稳载荷、载荷-端部缩短位移曲线，观测屈曲模态及最后的破坏形状，讨论了不同缠绕角度、脱层方式、脱层大小对复合材料圆柱壳屈曲、后屈曲的影响。闫光[142]以飞行器舱段结构为例，采用试验研究与数值分析相结合的方法，研究了四种不同初始缺陷类型的圆柱壳体在轴压载荷作用下的强度和屈曲特性，对不同铺层方式及经过口盖修复的圆柱壳体的屈曲特性进行了有限元分析，给出了飞行器舱段轴向压缩稳定性的优化结果，为复合材料圆柱壳飞行器舱段设计提供了理论依据。Cai 等[143,144]基于蒙特卡罗法和响应面法对含金属内衬纤维缠绕耐压壳体的可靠性和失效概率进行了研究。尚闻博[145]通过基于拓扑变换的缠绕方式和舱体预应力紧身技术对内径 220mm、长度 780mm、壁厚 12mm 的碳纤维圆柱壳体进行了设计和爆破试验，发现舱体在 2/3 处出现狭长破口，破口断面垂直于轴线方向。舱体预应力紧身技术成功运用于声学滑翔机上，由于试验过程没有采集数据，结构对外压的响应特性无法得知。谭智铎[146]针对 7000 米级深海滑翔机的碳纤维复合材料耐压壳体进行承压能力测试，在测试过程中增压至 80MPa 后保压 12h，取出壳体观察表面无破损迹象且筒体内部无渗水，证明碳纤维可用于大深度耐压舱体的设计。中国科学院沈阳自动化研究所、天津大学[9,10]和西北工业大学[147,148]等多家单位在系列化水下滑翔机的研制中推动了轻量化复合材料在深海耐压壳体结构中的应用。

1.3　当前存在的问题和不足

通过上述文献回顾发现，经过几十年的研究，复合材料在水下航行器耐压壳体领域的应用已经取得长足的进步。然而关于复合材料耐压壳体屈曲、损伤和承载性能测试研究尚存在一些问题与不足，主要表现在以下几个方面。

(1) 屈曲方面：纤维缠绕和铺层方式具有多样性，缠绕角度和层数的变化对结构屈曲有重要影响，现有研究缺乏对此类因素的评估和分析。在结构几何尺寸确定的条件下，纤维缠绕角度及其层数等设计变量的耦合作用对结构承压性能有显著影响。对结构受力和边界条件的数学描述应反映结构真实的物理状态，以上问题在理论和解析求解方面可通过数学模型得以解决。

(2) 损伤方面：复合材料壳体受压发生局部损伤后，仍具备一定的承载能力，采用瞬间退化策略与实际情况存在一定偏差。现有文献大多关注仅受轴向载荷或仅受侧向载荷的工况，水下航行器耐压结构承受各向均布外载荷，其分层损伤通常伴随壳体屈曲，需充分考虑分层与屈曲的耦合作用及失效规律。

(3) 承载性能测试方面：国内开展圆柱壳体的耐压测试，部分工作偏重指标性检验，缺少对静水压力下结构力学响应的研究。静水压力下的测试相当于黑箱问题，深海壳体结构承压测试多在密闭高压釜内进行，需内置应变采集仪获取结构应变信息，分析壳体在外压作用下的力学响应。

第 2 章　特征值屈曲

静水压力作用下的圆柱壳体，随着外压增大且达到某临界值时，壳体由静力平衡状态转变为临界失稳状态，两种相邻状态之间的变化使壳体发生变形，引起附加载荷。此时，若对壳体给予微小的扰动，则壳体丧失稳定性，发生屈曲。本章按照图 2-1 所示的路线，根据纤维复合材料的各向异性，在板壳理论的框架下，通过位移-应变、应变-内力及内力-外力的关系，建立纤维圆柱壳体稳定性分析模型，基于边界假设和结构屈曲模态特征选取形函数，采用 Galerkin 方法建立特征方程并求解，给出算例验证。

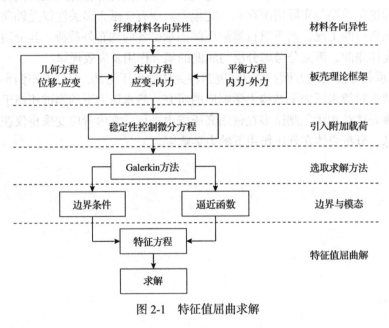

图 2-1　特征值屈曲求解

2.1　静水压力下的壳体屈曲控制方程

在研究静力状态 I 是否稳定时，使之偏离状态 I 而达到临界失稳状态，此时必然产生附加状态 II。在研究稳定性理论中，通常把状态 I 称为薄膜应力状态，附加状态 II 则是状态 I 邻近的弯曲应力状态，在新平衡状态的静力平衡方程中必须考虑变形的影响，板壳理论[149]对静力状态向临界失稳状态所引起的附加载荷进行了定义。图 2-2 给出了纤维复合材料圆柱壳体结构，其长为 L，壁厚为 t，中面半径为 R。对于此纤维复合材料圆柱壳体，在板壳理论的框架下，结合纤维材料性能的各向异性，给出静水压力下两种状态转变中的附加载荷[149]：

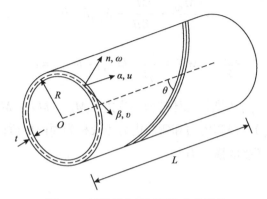

图 2-2　纤维复合材料圆柱壳体结构

$$F_{\alpha} = -pR\frac{\partial \omega}{\partial \alpha} + PR\frac{\partial^2 u}{\partial \alpha^2} + 2S\frac{\partial^2 u}{\partial \alpha \partial \beta} + \frac{T}{R}\frac{\partial^2 u}{\partial \beta^2} \tag{2-1}$$

$$F_{\beta} = -p\left(\frac{\partial \omega}{\partial \beta} - \upsilon\right) + PR\frac{\partial^2 \upsilon}{\partial \alpha^2} + 2S\left(\frac{\partial^2 \upsilon}{\partial \alpha \partial \beta} + \frac{\partial \omega}{\partial \alpha}\right) + \frac{T}{R}\left(\frac{\partial^2 \upsilon}{\partial \beta^2} + 2\frac{\partial \omega}{\partial \beta} - \upsilon\right) \tag{2-2}$$

$$F_n = pR\left(\frac{\partial u}{\partial \alpha} + \frac{\partial \upsilon}{R\partial \beta} + \frac{\omega}{R}\right) + PR\frac{\partial^2 \omega}{\partial \alpha^2} + 2S\left(\frac{\partial^2 \omega}{\partial \alpha \partial \beta} - \frac{\partial \upsilon}{\partial \alpha}\right) + \frac{T}{R}\left(\frac{\partial^2 \omega}{\partial \beta^2} - 2\frac{\partial \upsilon}{\partial \beta} - \omega\right) \tag{2-3}$$

式中，F_{α}、F_{β}、F_n 分别为静水压力 p 下两种状态转变过程中在 α、β、n 方向上产生的附加载荷；在基本应力状态下，附加载荷表达式中，轴向力 $P=pR/2$，剪力 $S=0$，径向力 $T=2P$；u、υ、ω 分别为外载荷作用下圆柱壳体从初始压缩状态到临界失稳状态在 α、β、n 方向上的位移。

2.1.1　平衡方程

平衡方程表示结构内力与外部作用力的关系。根据单元体的受力，在静水压力 p 与附加载荷 F_{α}、F_{β} 及 F_n 作用下，建立如下新的平衡方程：

$$R\frac{\partial N_{\alpha}}{\partial \alpha} + \frac{\partial N_{\alpha\beta}}{\partial \beta} + F_{\alpha} = 0 \tag{2-4}$$

$$\frac{\partial N_{\beta}}{\partial \beta} + N_{\beta n} + R\frac{\partial N_{\alpha\beta}}{\partial \alpha} + F_{\beta} = 0 \tag{2-5}$$

$$\frac{\partial N_{\beta n}}{\partial \beta} - N_\beta + R\frac{\partial N_{\alpha n}}{\partial \alpha} + F_n = 0 \tag{2-6}$$

$$R\frac{\partial M_{\alpha\beta}}{\partial \alpha} + \frac{\partial M_\beta}{\partial \beta} - N_{\beta n}R = 0 \tag{2-7}$$

$$R\frac{\partial}{\partial \alpha}(-M_\alpha) + \frac{\partial}{\partial \beta}(-M_{\beta\alpha}) + RN_{\alpha n} = 0 \tag{2-8}$$

式中，N_α、N_β、$N_{\alpha\beta}$ 为圆柱壳体的薄膜内力；M_α、M_β、$M_{\alpha\beta}$ 和 $M_{\beta\alpha}$ 为弯曲内力矩（$M_{\alpha\beta} = M_{\beta\alpha}$），薄膜内力和弯曲内力矩统称为面内载荷；$N_{\alpha n}$、$N_{\beta n}$ 为圆柱壳体在厚度方向所受的横剪力。

2.1.2　本构方程

本构方程表示应变与结构内力的关系，由经典层合理论面内载荷-变形关系[150]可知：

$$\begin{bmatrix} N_\alpha \\ N_\beta \\ N_{\alpha\beta} \end{bmatrix} = \begin{bmatrix} \begin{bmatrix} A_{ij} \end{bmatrix} & \begin{bmatrix} B_{ij} \end{bmatrix} \end{bmatrix} \begin{bmatrix} \varepsilon_\alpha \\ \varepsilon_\beta \\ \varepsilon_{\alpha\beta} \end{bmatrix} \tag{2-9}$$

$$\begin{bmatrix} M_\alpha \\ M_\beta \\ M_{\alpha\beta} \end{bmatrix} = \begin{bmatrix} \begin{bmatrix} B_{ij} \end{bmatrix} & \begin{bmatrix} D_{ij} \end{bmatrix} \end{bmatrix} \begin{bmatrix} k_\alpha \\ k_\beta \\ k_{\alpha\beta} \end{bmatrix} \tag{2-10}$$

式中，A_{ij} 为面内刚度，表示中面应变与薄膜内力的刚度关系；B_{ij} 为耦合刚度，表示弯曲与拉伸的耦合关系；D_{ij} 为弯曲刚度，表示弯曲内力矩与曲率、扭率的刚度关系。

各刚度的表达式为

$$A_{ij} = \sum_{k=1}^{n} Q_{ij}(z_k - z_{k-1}) \tag{2-11}$$

$$B_{ij} = \frac{1}{2}\sum_{k=1}^{n} Q_{ij}(z_k^2 - z_{k-1}^2) \tag{2-12}$$

$$D_{ij} = \frac{1}{3}\sum_{k=1}^{n} Q_{ij}(z_k^3 - z_{k-1}^3) \tag{2-13}$$

式中，z_k 为纤维复合材料第 k 层到壳体中面的距离；Q_{ij} 为第 k 层的偏轴刚度系数，由该纤维层的缠绕角度 $\theta(c=\cos\theta,\ s=\sin\theta)$ 及材料的工程常数确定，表达式为

$$\begin{bmatrix} Q_{11} \\ Q_{22} \\ Q_{12} \\ Q_{66} \\ Q_{16} \\ Q_{26} \end{bmatrix}^k = \begin{bmatrix} c^4 & s^4 & 2c^2s^2 & 4c^2s^2 \\ s^4 & c^4 & 2c^2s^2 & 4c^2s^2 \\ c^2s^2 & c^2s^2 & c^4+s^4 & -4c^2s^2 \\ c^2s^2 & c^2s^2 & -2c^2s^2 & (c^2-s^2)^2 \\ c^3s & -cs^3 & cs^3-c^3s & 2(cs^3-c^3s) \\ cs^3 & -c^3s & c^3s-cs^3 & 2(c^3s-cs^3) \end{bmatrix}^k \begin{bmatrix} Q_{xx} \\ Q_{yy} \\ Q_{xy} \\ Q_{ss} \end{bmatrix} \tag{2-14}$$

式中，$Q_{xx}=E_{11}/(1-\nu_{12}\nu_{21})$，$Q_{yy}=E_{22}/(1-\nu_{12}\nu_{21})$，$Q_{xy}=E_{22}\nu_{12}/(1-\nu_{12}\nu_{21})=E_{11}\nu_{21}/(1-\nu_{12}\nu_{21})$，$Q_{ss}=G_{12}$。其中，$E_{ii}(i=1,2)$ 为材料在主方向上的弹性模量，其定义为仅一个主方向上有正应力作用时，正应力与该方向线应变的比值；$\nu_{ij}\ (i,j=1,2)$ 为泊松比，表示仅在 i 方向作用正应力 σ_i 而无其他应力时 i 方向应变与 j 方向应变之比的负值。

对于纤维复合材料各向异性圆柱壳体，横剪力与剪应变 $\gamma_{\alpha n}$、$\gamma_{\beta n}$ 之间的关系为

$$\begin{bmatrix} N_{\alpha n} \\ N_{\beta n} \end{bmatrix} = \begin{bmatrix} C_{55} & C_{45} \\ C_{45} & C_{44} \end{bmatrix} \begin{bmatrix} \gamma_{\alpha n} \\ \gamma_{\beta n} \end{bmatrix} = \begin{bmatrix} C_{55} & C_{45} \\ C_{45} & C_{44} \end{bmatrix} \begin{bmatrix} \omega_\alpha+\varphi_\alpha \\ \omega_\beta+\varphi_\beta \end{bmatrix} \tag{2-15}$$

式中，φ_α、φ_β 为法线 n 在 α、β 方向的转角；ω_α、ω_β 为坐标线 α、β 沿其切线方向的转角；C_{ij} 为剪切刚度 $(i,j=4,5)$，可表示为

$$C_{ij} = \frac{5}{4}\sum_{k=1}^{n}\overline{Q}_{ij}^k\left[(z_k-z_{k-1})-\frac{4}{3}\frac{z_k^3-z_{k-1}^3}{t^2}\right] \tag{2-16}$$

式中，$\overline{Q}_{ij}^k\ (i,j=4,5)$ 为与该纤维层的缠绕角度 θ 及材料的工程常数有关的偏轴刚度系数，其表达式为

$$\begin{bmatrix} \overline{Q}_{44} \\ \overline{Q}_{45} \\ \overline{Q}_{55} \end{bmatrix}^k = \begin{bmatrix} c^2 & s^2 \\ -cs & cs \\ s^2 & c^2 \end{bmatrix}^k \begin{bmatrix} Q_{44} \\ Q_{55} \end{bmatrix} \tag{2-17}$$

其中，$Q_{44}=G_{23}$，$Q_{55}=G_{13}$。

2.1.3　几何方程

几何方程表示结构变形与应变的关系，由曲面微分几何关系可知，u、υ、ω 等位移引起中面的伸长量和剪切变形[151]为

$$
\begin{bmatrix} \varepsilon_\alpha \\ \varepsilon_\beta \\ \varepsilon_{\alpha\beta} \end{bmatrix} = \begin{bmatrix} \Gamma_\varepsilon \end{bmatrix} \begin{bmatrix} u \\ \upsilon \\ \omega \end{bmatrix} = \begin{bmatrix} \dfrac{\partial}{\partial\alpha} & 0 & 0 \\ 0 & \dfrac{1}{R}\dfrac{\partial}{\partial\beta} & \dfrac{1}{R} \\ \dfrac{1}{R}\dfrac{\partial}{\partial\beta} & \dfrac{\partial}{\partial\alpha} & 0 \end{bmatrix} \begin{bmatrix} u \\ \upsilon \\ \omega \end{bmatrix} \tag{2-18}
$$

$$
\begin{bmatrix} k_\alpha \\ k_\beta \\ k_{\alpha\beta} \end{bmatrix} = \begin{bmatrix} \Gamma_k \end{bmatrix} \begin{bmatrix} u \\ \upsilon \\ \omega \end{bmatrix} = \begin{bmatrix} 0 & 0 & -\dfrac{\partial^2}{\partial\alpha^2} \\ 0 & \dfrac{1}{R^2}\dfrac{\partial}{\partial\beta} & -\dfrac{1}{R^2}\dfrac{\partial^2}{\partial\beta^2} \\ 0 & \dfrac{1}{R}\dfrac{\partial}{\partial\alpha} & -\dfrac{2}{R}\dfrac{\partial^2}{\partial\alpha\partial\beta} \end{bmatrix} \begin{bmatrix} u \\ \upsilon \\ \omega \end{bmatrix} \tag{2-19}
$$

式中，ε_α、ε_β、$\varepsilon_{\alpha\beta}$ 为壳体中面应变；k_α 和 k_β 为中面曲率；$k_{\alpha\beta}$ 为扭率。

2.1.4　控制方程及求解

将本构方程（式(2-9)～式(2-13)）、几何方程（式(2-18)和式(2-19)）代入平衡方程（式(2-4)～式(2-8)）中，可得到屈曲控制方程：

$$
(RA_{11}+PR)\frac{\partial^2 u}{\partial\alpha^2} + \left(\frac{A_{66}}{R}+\frac{T}{R}\right)\frac{\partial^2 u}{\partial\beta^2} + \left(A_{12}+\frac{B_{12}}{R}+A_{66}+\frac{B_{66}}{R}\right)\frac{\partial^2 \upsilon}{\partial\alpha\partial\beta}
$$

$$
-RB_{11}\frac{\partial^3 \omega}{\partial\alpha^3} - \left(\frac{B_{12}}{R}+\frac{2B_{66}}{R}\right)\frac{\partial^3 \omega}{\partial\alpha\partial\beta^2} + (A_{12}-pR)\frac{\partial\omega}{\partial\alpha} = 0 \tag{2-20}
$$

$$
\left(A_{12}+A_{66}+\frac{B_{12}}{R}+\frac{B_{66}}{R}\right)\frac{\partial^2 u}{\partial\alpha\partial\beta} + \left(PR+RA_{66}+2B_{66}+\frac{D_{66}}{R}\right)\frac{\partial^2 \upsilon}{\partial\alpha^2}
$$

$$
+\left(\frac{A_{22}}{R}+\frac{2B_{22}}{R^2}+\frac{D_{22}}{R^3}+\frac{T}{R}\right)\frac{\partial^2 \upsilon}{\partial\beta^2} + \left(p-\frac{T}{R}\right)\upsilon - \left(\frac{B_{22}}{R^2}+\frac{D_{22}}{R^3}\right)\frac{\partial^3 \omega}{\partial\beta^3}
$$

$$
-\left(B_{12}+\frac{2D_{66}}{R}+\frac{D_{12}}{R}+2B_{66}\right)\frac{\partial^3 \omega}{\partial\alpha^2\partial\beta} + \left(\frac{B_{22}}{R^2}+\frac{A_{22}}{R}-p+\frac{2T}{R}\right)\frac{\partial\omega}{\partial\beta} = 0 \tag{2-21}
$$

$$RB_{11}\frac{\partial^3 u}{\partial\alpha^3}+\left(\frac{2B_{66}}{R}+\frac{B_{12}}{R}\right)\frac{\partial^3 u}{\partial\alpha\partial\beta^2}+(-A_{12}+pR)\frac{\partial u}{\partial\alpha}+\left(\frac{B_{22}}{R^2}+\frac{D_{22}}{R^3}\right)\frac{\partial^3 \upsilon}{\partial\beta^3}$$

$$+\left(B_{12}+\frac{D_{12}}{R}+2B_{66}+\frac{2D_{66}}{R}\right)\frac{\partial^3 \upsilon}{\partial\alpha^2\partial\beta}+\left(-\frac{A_{22}}{R}-\frac{B_{22}}{R^2}+p-\frac{2T}{R}\right)\frac{\partial \upsilon}{\partial\beta}$$

$$-RD_{11}\frac{\partial^4 \omega}{\partial\alpha^4}+\left(-\frac{4D_{66}}{R}-\frac{2D_{12}}{R}\right)\frac{\partial^4 \omega}{\partial\alpha^2\partial\beta^2}-\frac{D_{22}}{R^3}\frac{\partial^4 \omega}{\partial\beta^4}+(2B_{12}+PR)\frac{\partial^2 \omega}{\partial\alpha^2}$$

$$+\left(\frac{2B_{22}}{R^2}+\frac{T}{R}\right)\frac{\partial^2 \omega}{\partial\beta^2}+\left(-\frac{A_{22}}{R}-\frac{T}{R}+p\right)\omega=0 \tag{2-22}$$

Galerkin 方法[152]是一种数值求解方法，该方法广泛运用于结构力学、流体动力、传热传质、微波原理等问题研究中，用于求解常微分方程、偏微分方程和积分方程。Galerkin 方法的基本思想介绍如下。

对于任一给定的微分方程，有

$$L(u)=0 \tag{2-23}$$

其边界条件为

$$S(u)=0 \tag{2-24}$$

若其解域为 U_a，假定存在一个满足边界条件的近似解域 u_a：

$$u_a=\sum_{j=1}^{n}a_j\varphi_j \tag{2-25}$$

式中，a_j 为待定系数；φ_j 为形函数。

将式(2-25)代入微分方程(2-23)，则 $L(u_a)$ 与 $L(u)$ 之间存在残差 R_a：

$$R_a=L(u_a)=\sum_{j=1}^{n}a_j L(\varphi_j) \tag{2-26}$$

残差在解域 U_a 上加权之和为 0，称为正交化条件，即

$$(R_a,\varphi_j)=0 \tag{2-27}$$

将残差 R_a 代入式(2-27)中，得

$$(R_a,\varphi_j)=\sum_{j=1}^{n}a_j(L(\varphi_j),\varphi_j)=0 \tag{2-28}$$

方程(2-28)中的唯一未知量为 a_j，求解后代入式(2-25)中，即可得到微分方程(2-23)的近似解 u_a。

　　Galerkin 方法所选取的形函数应满足边界条件和失稳模态两个条件，满足两个条件的形函数可能存在多种形式。在研究外压作用下各向同性圆柱壳体结构稳定性时，基于经典简支边界条件的假设，将三角函数作为形函数对稳定性控制方程进行求解，该方法提供了重要参考。Blevins[153]在研究双简支梁的振动与模态分析时给出了模态形函数，提供了另一种思路，因此将双简支梁振动模态函数作为求解圆柱壳体屈曲控制方程的形函数，可对比分析两类形函数对求解壳体屈曲控制方程的数值结果的影响。

2.2　三角类形函数

2.2.1　边界条件和屈曲特征

　　采用 Galerkin 方法求解屈曲控制方程(式(2-20)～式(2-22))，首先应确定方程的边界条件。纤维复合材料圆柱壳体通过裙边与金属封头连接，裙边一般为金属预埋，因此将圆柱壳体的两端简化为简支边界条件。另外，壳体所处的应力状态由一个基本应力状态和一个边界应力状态叠加而成，基本应力状态遍布于壳体全域，而边界应力状态主要存在于边界附近的局部范围内。假设壳体长径比 L/D ≥2，在分析结构屈曲时可以忽略弯曲边界效应的影响，因此壳体所处的基本应力状态被认为是薄膜状态。如图 2-2 所示，α 轴平行于圆柱壳体的中心轴，原点选在壳体的一端。

　　在 $\alpha = 0$ 和 L 处，圆周方向和法向位移变形假定为 0，且边界处的面内载荷 N_α 等于 0，根据假设有

$$\begin{cases} \upsilon\big|_{\alpha=0,L} = 0 \\ \omega\big|_{\alpha=0,L} = 0 \\ N_\alpha\big|_{\alpha=0,L} = 0 \\ M_\alpha\big|_{\alpha=0,L} = 0 \end{cases} \tag{2-29}$$

　　在静水压力 p 的作用下，纤维复合材料圆柱壳体的屈曲模态特征如图 2-3 所示。在轴向，关于中间截面对称的任意两点，其轴向位移也关于中间截面对称；在法向，壳体屈曲时，最大变形位移发生在中间截面处；在圆周方向，呈现若干数量的半波。

图 2-3　纤维复合材料圆柱壳体的屈曲模态特征

根据壳体圆周方向的屈曲模态特征，位移 u、υ 及 ω 形函数假设为

$$
\begin{cases}
u(\alpha,\beta)=u_n(\alpha)\cos n\beta \\
\upsilon(\alpha,\beta)=\upsilon_n(\alpha)\sin n\beta \\
\omega(\alpha,\beta)=\omega_n(\alpha)\cos n\beta
\end{cases}
\tag{2-30}
$$

式中，n 表示壳体屈曲时圆周方向的半波数（$n=2,3,4,\cdots$）；$u_n(\alpha)$、$\upsilon_n(\alpha)$、$\omega_n(\alpha)$ 可以根据轴向屈曲模态特征选取为

$$
\begin{cases}
u_n(\alpha)=U\cos\dfrac{\lambda\alpha}{R} \\[2mm]
\upsilon_n(\alpha)=V\sin\dfrac{\lambda\alpha}{R} \\[2mm]
\omega_n(\alpha)=W\sin\dfrac{\lambda\alpha}{R}
\end{cases}
\tag{2-31}
$$

式中，$\lambda=m\pi R/L$，m 表示壳体屈曲时轴向半波数（$m=1,2,\cdots$）。将式（2-31）代入式（2-30）中，可得形函数为

$$
\begin{cases}
u(\alpha,\beta)=U\cos\dfrac{\lambda\alpha}{R}\cos n\beta \\[2mm]
\upsilon(\alpha,\beta)=V\sin\dfrac{\lambda\alpha}{R}\sin n\beta \\[2mm]
\omega(\alpha,\beta)=W\sin\dfrac{\lambda\alpha}{R}\cos n\beta
\end{cases}
\tag{2-32}
$$

将形函数代入边界约束式（2-29）中，得

$$
\begin{cases}
\upsilon\big|_{\alpha=0,L}=0 \\[1mm]
\omega\big|_{\alpha=0,L}=0 \\[1mm]
N_\alpha\big|_{\alpha=0,L}=A_{16}\left(-\dfrac{1}{R}nU\cos\dfrac{\lambda\alpha}{R}\sin n\beta\right)+B_{16}\dfrac{1}{R}\left(-\dfrac{2n\lambda}{R}W\cos\dfrac{\lambda\alpha}{R}\sin n\beta\right) \\[3mm]
M_\alpha\big|_{\alpha=0,L}=B_{16}\left(-\dfrac{1}{R}nU\cos\dfrac{\lambda\alpha}{R}\sin n\beta\right)+D_{16}\dfrac{1}{R}\left(-\dfrac{2n\lambda}{R}W\cos\dfrac{\lambda\alpha}{R}\sin n\beta\right)
\end{cases}
\tag{2-33}
$$

　　纤维缠绕时相邻两层缠绕角度呈正负交错，当 ij =16、26 时，面内刚度 A_{ij}、耦合刚度 B_{ij} 及弯曲刚度 D_{ij} 相比于其他项是微小量，在分析壳体屈曲问题时可以简化为零。由此可知 $N_{\alpha} = M_{\alpha} = 0$，因此形函数(式(2-32))满足式(2-29)所示的全部边界条件。

　　如图 2-4 所示壳体轴向位移形函数，关于圆柱壳体轴向对称面($L/2$ 处)对称的任意两点，其轴向位移相等，且在壳体两端位移达到最大；如图 2-5 所示径向位移形函数，圆柱壳体屈曲时，最大变形发生在 $L/2$ 处，由于金属裙边的支撑，在法向壳体端部不发生变形，由此可知，位移形函数满足圆柱壳体屈曲行为特征。

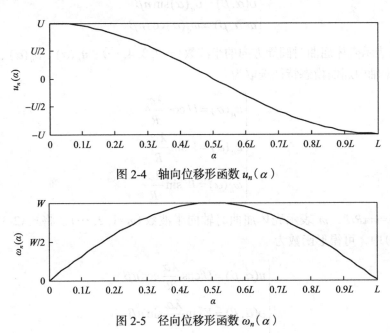

图 2-4　轴向位移形函数 $u_n(\alpha)$

图 2-5　径向位移形函数 $\omega_n(\alpha)$

2.2.2　残差及特征方程

　　将形函数(式(2-32))代入屈曲控制方程(式(2-20)～式(2-22))中，求得残差为

$$R_{\alpha} = \left[-(RA_{11}+PR)\frac{\lambda^2}{R^2}U - \left(\frac{A_{66}}{R}+\frac{T}{R}\right)n^2U + \left(A_{12}+\frac{B_{12}}{R}+A_{66}+\frac{B_{66}}{R}\right)\frac{n\lambda}{R}V \right.$$
$$\left. +\frac{B_{11}\lambda^3}{R^2}W + \left(\frac{B_{12}}{R}+\frac{2B_{66}}{R}\right)n^2\frac{\lambda}{R}W + (A_{12}-pR)\frac{\lambda}{R}W \right]\cos\frac{\lambda\alpha}{R}\cos n\beta$$

(2-34)

$$
\begin{aligned}
R_\beta = \Bigg[&\left(A_{12} + A_{66} + \frac{B_{12}}{R} + \frac{B_{66}}{R} \right) \frac{n\lambda}{R} U - \left(PR + RA_{66} + 2B_{66} + \frac{D_{66}}{R} \right) \frac{\lambda^2}{R^2} V - \left(\frac{A_{22}}{R} \right. \\
&+ \frac{2B_{22}}{R^2} + \frac{D_{22}}{R^3} + \frac{T}{R} \bigg) n^2 V + \left(p - \frac{T}{R} \right) V - \left(\frac{B_{22}}{R^2} + \frac{D_{22}}{R^3} \right) n^3 W - \left(B_{12} + \frac{2D_{66}}{R} \right. \\
&+ \frac{D_{12}}{R} + 2B_{66} \bigg) \frac{n\lambda^2}{R^2} W - \left(\frac{B_{22}}{R^2} + \frac{A_{22}}{R} - p + \frac{2T}{R} \right) nW \Bigg] \sin \frac{\lambda \alpha}{R} \sin n\beta
\end{aligned}
$$

$$\text{(2-35)}$$

$$
\begin{aligned}
R_n = \Bigg[&\frac{B_{11}\lambda^3}{R^2} U + (2B_{66} + B_{12}) \frac{n^2\lambda}{R^2} U - (-A_{12} + pR) \frac{\lambda}{R} U - \left(\frac{B_{22}}{R^2} + \frac{D_{22}}{R^3} \right) n^3 V \\
&- \left(B_{12} + \frac{D_{12}}{R} + 2B_{66} + 2D_{66} \frac{1}{R} \right) \frac{n\lambda^2}{R^2} V + \left(-\frac{A_{22}}{R} - \frac{B_{22}}{R^2} + p - \frac{2T}{R} \right) nV \\
&- \frac{D_{11}\lambda^4}{R^3} W + (-4D_{66} - 2D_{12}) \frac{n^2\lambda^2}{R^3} W - \frac{D_{22}}{R^3} n^4 W - (2B_{12} + PR) \frac{\lambda^2}{R^2} W \\
&- \left(\frac{2B_{22}}{R^2} + \frac{T}{R} \right) n^2 W + \left(-\frac{A_{22}}{R} - \frac{T}{R} + p \right) W \Bigg] \sin \frac{\lambda\alpha}{R} \cos n\beta
\end{aligned}
$$

$$\text{(2-36)}$$

根据正交化条件，各项残差在解域上加权后之和等于 0，即

$$
\int_0^{2\pi} \int_0^L R_\alpha \cos \frac{\lambda\alpha}{R} \cos n\beta \mathrm{d}\alpha \mathrm{d}\beta = 0 \tag{2-37}
$$

$$
\int_0^{2\pi} \int_0^L R_\beta \sin \frac{\lambda\alpha}{R} \sin n\beta \mathrm{d}\alpha \mathrm{d}\beta = 0 \tag{2-38}
$$

$$
\int_0^{2\pi} \int_0^L R_n \sin \frac{\lambda\alpha}{R} \cos n\beta \mathrm{d}\alpha \mathrm{d}\beta = 0 \tag{2-39}
$$

将残差(式(2-34)～式(2-36))代入正交化条件(式(2-37)～式(2-39))中，得

$$
\begin{aligned}
\Bigg[&-(A_{11}+P) \frac{\lambda^2}{R} - (A_{66}+T) \frac{n^2}{R} \Bigg] U + \left(A_{12} + \frac{B_{12}}{R} + A_{66} + \frac{B_{66}}{R} \right) \frac{n\lambda}{R} V \\
&+ \left[\frac{B_{11}\lambda^3}{R^2} + (B_{12} + 2B_{66}) \frac{n^2\lambda}{R^2} + (A_{12} - pR) \frac{\lambda}{R} \right] W = 0
\end{aligned}
$$

$$\text{(2-40)}$$

$$\left(A_{12} + A_{66} + \frac{B_{12}}{R} + \frac{B_{66}}{R}\right)\frac{n\lambda}{R}U + \left[-\left(PR + RA_{66} + 2B_{66} + \frac{D_{66}}{R}\right)\frac{\lambda^2}{R^2}\right.$$

$$-\left(\frac{A_{22}}{R} + \frac{2B_{22}}{R^2} + \frac{D_{22}}{R^3} + \frac{T}{R}\right)n^2 + \left(p - \frac{T}{R}\right)\right]V + \left[-\left(\frac{B_{22}}{R^2} + \frac{D_{22}}{R^3}\right)n^3\right.$$

$$-\left(B_{12} + \frac{2D_{66}}{R} + \frac{D_{12}}{R} + 2B_{66}\right)\frac{n\lambda^2}{R^2} - \left(\frac{B_{22}}{R^2} + \frac{A_{22}}{R} - p + \frac{2T}{R}\right)n\right]W = 0 \qquad (2\text{-}41)$$

$$\left[\frac{B_{11}\lambda^3}{R^2} + (2B_{66} + B_{12})\frac{n^2\lambda}{R^2} - (-A_{12} + pR)\frac{\lambda}{R}\right]U + \left[-\left(\frac{B_{22}}{R^2} + \frac{D_{22}}{R^3}\right)n^3\right.$$

$$-\left(B_{12} + \frac{D_{12}}{R} + 2B_{66} + \frac{2D_{66}}{R}\right)\frac{n\lambda^2}{R^2} + \left(-\frac{A_{22}}{R} - \frac{B_{22}}{R^2} + p - \frac{2T}{R}\right)n\right]V$$

$$+\left[-\frac{D_{11}\lambda^4}{R^3} + (-4D_{66} - 2D_{12})\frac{n^2\lambda^2}{R^3} - \frac{D_{22}}{R^3}n^4 - (2B_{12} + PR)\frac{\lambda^2}{R^2}\right. \qquad (2\text{-}42)$$

$$-\left(\frac{2B_{22}}{R^2} + \frac{T}{R}\right)n^2 + \left(-\frac{A_{22}}{R} - \frac{T}{R} + p\right)\right]W = 0$$

整理式(2-40)～式(2-42)，得

$$L_{11}U + L_{12}V + L_{13}W = 0$$
$$L_{21}U + L_{22}V + L_{23}W = 0 \qquad (2\text{-}43)$$
$$L_{31}U + L_{32}V + L_{33}W = 0$$

式(2-43)是关于未知常数 U、V、W 的齐次线性方程组，若它们存在非零解，则其特征方程等于 0，即

$$f(m,n,p) = \begin{vmatrix} L_{11} & L_{12} & L_{13} \\ L_{21} & L_{22} & L_{23} \\ L_{31} & L_{32} & L_{33} \end{vmatrix} \qquad (2\text{-}44)$$

其中，

$$L_{11} = -(A_{11} + P)\frac{\lambda^2}{R} - \left(\frac{A_{66}}{R} + \frac{T}{R}\right)n^2$$

$$L_{12} = \left(A_{12} + \frac{B_{12}}{R} + A_{66} + \frac{B_{66}}{R}\right)\frac{n\lambda}{R}$$

$$L_{13} = B_{11}\frac{\lambda^3}{R^2} + (B_{12} + 2B_{66})n^2\frac{\lambda}{R^2} + (A_{12} - pR)\frac{\lambda}{R}$$

$$L_{21} = \left(A_{12} + A_{66} + \frac{B_{12}}{R} + \frac{B_{66}}{R}\right)\frac{n\lambda}{R}$$

$$L_{22} = -\left(PR + RA_{66} + 2B_{66} + \frac{D_{66}}{R}\right)\frac{\lambda^2}{R^2} - \left(\frac{A_{22}}{R} + \frac{2B_{22}}{R^2} + \frac{D_{22}}{R^3} + \frac{T}{R}\right)n^2 + \left(p - \frac{T}{R}\right)$$

$$L_{23} = -\left(\frac{B_{22}}{R^2} + \frac{D_{22}}{R^3}\right)n^3 - \left(B_{12} + \frac{2D_{66}}{R} + \frac{D_{12}}{R} + 2B_{66}\right)\frac{n\lambda^2}{R^2} - \left(\frac{B_{22}}{R^2} + \frac{A_{22}}{R} - p + \frac{2T}{R}\right)n$$

$$L_{31} = \frac{B_{11}\lambda^3}{R^2} + (2B_{66} + B_{12})\frac{n^2\lambda}{R^2} - (-A_{12} + pR)\frac{\lambda}{R}$$

$$L_{32} = -\left(\frac{B_{22}}{R^2} + \frac{D_{22}}{R^3}\right)n^3 - \left(B_{12} + \frac{D_{12}}{R} + 2B_{66} + \frac{2D_{66}}{R}\right)\frac{n\lambda^2}{R^2} - \left(\frac{A_{22}}{R} + \frac{B_{22}}{R^2} - p + \frac{2T}{R}\right)n$$

$$L_{33} = -\frac{D_{11}\lambda^4}{R^3} - 2(2D_{66} + D_{12})\frac{n^2\lambda^2}{R^3} - \frac{D_{22}}{R^3}n^4 - (2B_{12} + PR)\frac{\lambda^2}{R^2} - \left(\frac{2B_{22}}{R^2} + \frac{T}{R}\right)n^2$$

$$- \left(\frac{A_{22}}{R} + \frac{T}{R} - p\right)$$

在已知圆柱壳体几何参数及材料性能参数的情况下，代入常数 m、n，有对应 p 存在，其中最小值为临界失稳载荷 P_{cr}。

2.3 梁振动模态形函数

2.3.1 边界条件和屈曲特征

将双简支梁一阶振动模态函数作为求解复合材料圆柱壳体屈曲控制方程的形函数，首先形函数应满足边界条件和屈曲特征。Lopatin[154]把静水压力下圆柱壳体变形行为描述为：在轴向，力的作用使壳体两端发生位移，同时裙边端面仍保持与轴线垂直，满足此行为的边界条件为

$$\begin{cases} N_\alpha|_{\alpha=0,L} = 0 \\ \upsilon|_{\alpha=0,L} = 0 \\ \omega|_{\alpha=0,L} = 0 \\ \dfrac{\partial \omega}{\partial \alpha}\Big|_{\alpha=0,L} = 0 \end{cases} \tag{2-45}$$

考虑壳体的屈曲模态特征(图 2-3)，将双简支梁一阶振动模态函数作为圆柱壳体屈曲波形的形函数，因此 $\upsilon_n(\alpha)$、$\omega_n(\alpha)$ 可选取为

$$\begin{cases} \upsilon_n(\alpha) = V_n X(\alpha) \\ \omega_n(\alpha) = W_n X(\alpha) \end{cases} \tag{2-46}$$

式中，V_n 和 W_n 为未知常数；$X(\alpha)$ 为双筒支梁一阶模态的波形函数[153]，表达式为

$$X(\alpha) = \cosh\frac{\lambda\alpha}{L} - \cos\frac{\lambda\alpha}{L} - \sigma\left(\sinh\frac{\lambda\alpha}{L} - \sin\frac{\lambda\alpha}{L}\right) \tag{2-47}$$

式中，$\lambda=4.73004074$，$\sigma=0.982502215$。$X(\alpha)$ 的函数曲线如图 2-6 所示。

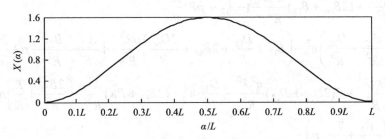

图 2-6 双筒支梁一阶模态波形函数

在静水压力下，壳体两端向中间移动相等距离，中间截面的轴向位移等于零。根据这一变形特征，可选取双筒支梁的三阶振动模态函数作为 $u_n(\alpha)$ 的形函数，即

$$u_n(\alpha) = U_n\Psi(\alpha) = U_n\frac{\mathrm{d}^3 X(\alpha)}{\mathrm{d}\alpha^3} = U_n\frac{\lambda^3}{L^3}\psi(\alpha) \tag{2-48}$$

式中，U_n 为未知常数；$\psi(\alpha)$ 为双筒支梁的三阶振动模态函数，表达式为

$$\psi(\alpha) = \sinh\frac{\lambda\alpha}{L} - \sin\frac{\lambda\alpha}{L} - \sigma\left(\cosh\frac{\lambda\alpha}{L} - \cos\frac{\lambda\alpha}{L}\right) \tag{2-49}$$

$\psi(\alpha)$ 的函数曲线如图 2-7 所示。

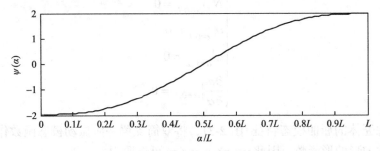

图 2-7 双筒支梁三阶振动模态函数

根据边界条件和圆柱壳体的屈曲模态特征，可得 $u_n(\alpha)$、$\upsilon_n(\alpha)$、$\omega_n(\alpha)$ 的表达式为

$$
\begin{cases}
u_n(\alpha) = U_n \dfrac{\lambda^3}{L^3}\left[\sinh\dfrac{\lambda\alpha}{L} - \sin\dfrac{\lambda\alpha}{L} - \sigma\left(\cosh\dfrac{\lambda\alpha}{L} - \cos\dfrac{\lambda\alpha}{L}\right)\right] \\[2mm]
\upsilon_n(\alpha) = V_n\left[\cosh\dfrac{\lambda\alpha}{L} - \cos\dfrac{\lambda\alpha}{L} - \sigma\left(\sinh\dfrac{\lambda\alpha}{L} - \sin\dfrac{\lambda\alpha}{L}\right)\right] \\[2mm]
\omega_n(\alpha) = W_n\left[\cosh\dfrac{\lambda\alpha}{L} - \cos\dfrac{\lambda\alpha}{L} - \sigma\left(\sinh\dfrac{\lambda\alpha}{L} - \sin\dfrac{\lambda\alpha}{L}\right)\right]
\end{cases}
\tag{2-50}
$$

将式(2-50)代入式(2-30)中，得形函数为

$$
\begin{cases}
u(\alpha,\beta) = U_n \dfrac{\lambda^3}{L^3}\left[\sinh\dfrac{\lambda\alpha}{L} - \sin\dfrac{\lambda\alpha}{L} - \sigma\left(\cosh\dfrac{\lambda\alpha}{L} - \cos\dfrac{\lambda\alpha}{L}\right)\right]\cos n\beta \\[2mm]
\upsilon(\alpha,\beta) = V_n\left[\cosh\dfrac{\lambda\alpha}{L} - \cos\dfrac{\lambda\alpha}{L} - \sigma\left(\sinh\dfrac{\lambda\alpha}{L} - \sin\dfrac{\lambda\alpha}{L}\right)\right]\sin n\beta \\[2mm]
\omega(\alpha,\beta) = W_n\left[\cosh\dfrac{\lambda\alpha}{L} - \cos\dfrac{\lambda\alpha}{L} - \sigma\left(\sinh\dfrac{\lambda\alpha}{L} - \sin\dfrac{\lambda\alpha}{L}\right)\right]\cos n\beta
\end{cases}
\tag{2-51}
$$

下面证明形函数(式(2-51))满足边界约束(式(2-45))。如前文所述，当 $ij=16$、26 时，面内刚度 A_{ij}、耦合刚度 B_{ij} 及弯曲刚度 D_{ij} 相比于其他项是微小量，假设在分析壳体屈曲问题时可以简化为零，则有

$$
\begin{cases}
N_\alpha\big|_{\alpha=0,L} = A_{11}\dfrac{\partial u}{\partial\alpha} + A_{16}\dfrac{\partial\upsilon}{\partial\alpha} + B_{11}\left(-\dfrac{\partial^2\omega}{\partial\alpha^2}\right) + \dfrac{B_{16}}{R}\left(\dfrac{\partial\upsilon}{\partial\alpha} - \dfrac{2\partial^2\omega}{\partial\alpha\partial\beta}\right) \\[2mm]
\upsilon\big|_{\alpha=0,L} = V_n X\sin n\beta \\[2mm]
\omega\big|_{\alpha=0,L} = W_n X\cos n\beta \\[2mm]
\dfrac{\partial\omega}{\partial\alpha}\bigg|_{\alpha=0,L} = W_n\dfrac{\mathrm{d}X}{\mathrm{d}\alpha}\cos n\beta
\end{cases}
\tag{2-52}
$$

由位移 u、υ 及 ω 的形函数和图 2-6 可知，$\upsilon\big|_{\alpha=0,L}=0$，$\omega\big|_{\alpha=0,L}=0$，$\dfrac{\partial\omega}{\partial\alpha}\bigg|_{\alpha=0,L}=0$ 成立。实际上，面内力 N_α 的主要贡献来源于面内刚度 A_{ij}，其量级至少为 B_{ij} 的 10^3 倍，因此关于面内力 N_α 的边界约束可表示为

$$
N_\alpha\big|_{\alpha=0,L} = A_{11}\dfrac{\partial u}{\partial\alpha} + A_{16}\dfrac{1}{R}\dfrac{\partial\upsilon}{\partial\alpha}
\tag{2-53}
$$

又有

$$\left.\frac{\partial u}{\partial \alpha}\right|_{\alpha=0,L} = U_n \frac{\lambda^4}{L^4} X \cos n\beta = 0 \tag{2-54}$$

由式(2-54)和图 2-6 可知，$N_\alpha\big|_{\alpha=0,L} = 0$ 成立。至此，证明形函数满足壳体边界约束和屈曲模态特征。

2.3.2 残差及特征方程

将形函数(式(2-51))代入屈曲控制方程(式(2-20)～式(2-22))中，求得残差为

$$
\begin{aligned}
R_\alpha = \Bigg[& (RA_{11}+PR)U_n \frac{\lambda^4}{L^4} \frac{\mathrm{d}X}{\mathrm{d}\alpha} - \left(\frac{A_{66}}{R}+\frac{T}{R}\right)n^2 U_n \frac{\mathrm{d}^3 X}{\mathrm{d}\alpha^3} + \left(A_{12}+\frac{B_{12}}{R}+A_{66}\right. \\
& + \frac{B_{66}}{R}\Bigg) n V_n \frac{\mathrm{d}X}{\mathrm{d}\alpha} - RB_{11} W_n \frac{\mathrm{d}^3 X}{\mathrm{d}\alpha^3} + \left(\frac{B_{12}}{R}+\frac{2B_{66}}{R}\right)n^2 W_n \frac{\mathrm{d}X}{\mathrm{d}\alpha} \\
& + (A_{12}-pR)W_n \frac{\mathrm{d}X}{\mathrm{d}\alpha} \Bigg] \cos n\beta
\end{aligned}
\tag{2-55}
$$

$$
\begin{aligned}
R_\beta = \Bigg[& -\left(A_{12}+A_{66}+\frac{B_{12}}{R}+\frac{B_{66}}{R}\right) n U_n \frac{\lambda^4}{L^4} X + \left(PR+RA_{66}+2B_{66}\right. \\
& + \frac{D_{66}}{R}\Bigg) V_n \frac{\mathrm{d}^2 X}{\mathrm{d}\alpha^2} - \left(\frac{A_{22}}{R}+\frac{2B_{22}}{R^2}+\frac{D_{22}}{R^3}+\frac{T}{R}\right)n^2 V_n X + \left(p-\frac{T}{R}\right)V_n X \\
& - \left(\frac{B_{22}}{R^2}+\frac{D_{22}}{R^3}\right)n^3 W_n X + \left(B_{12}+\frac{2D_{66}}{R}+\frac{D_{12}}{R}+2B_{66}\right)n W_n \frac{\mathrm{d}^2 X}{\mathrm{d}\alpha^2} \\
& - \left(\frac{B_{22}}{R^2}+\frac{A_{22}}{R}-p+\frac{2T}{R}\right)n W_n X \Bigg] \sin n\beta
\end{aligned}
\tag{2-56}
$$

$$
\begin{aligned}
R_n = \Bigg[& RB_{11} U_n \frac{\lambda^4}{L^4} \frac{\mathrm{d}^2 X}{\mathrm{d}\alpha^2} - \left(\frac{2B_{66}}{R}+\frac{B_{12}}{R}\right)n^2 U_n \frac{\lambda^4}{L^4} X + (-A_{12}+pR)U_n \frac{\lambda^4}{L^4} X \\
& - \left(\frac{B_{22}}{R^2}+\frac{D_{22}}{R^3}\right)n^3 V_n X + \left(B_{12}+\frac{D_{12}}{R}+2B_{66}+\frac{2D_{66}}{R}\right)n V_n \frac{\mathrm{d}^2 X}{\mathrm{d}\alpha^2} \\
& + \left(-\frac{A_{22}}{R}-\frac{B_{22}}{R^2}+p-\frac{2T}{R}\right)n V_n X - RD_{11} W_n \frac{\lambda^4}{L^4} X - \left(\frac{4D_{66}}{R}\right. \\
& - \frac{2D_{12}}{R}\Bigg)n^2 W_n \frac{\mathrm{d}^2 X}{\mathrm{d}\alpha^2} - \frac{D_{22}}{R^3}n^4 W_n X + (2B_{12}+PR)W_n \frac{\mathrm{d}^2 X}{\mathrm{d}\alpha^2} \\
& - \left(\frac{2B_{22}}{R^2}+\frac{T}{R}\right)n^2 W_n X + \left(-\frac{A_{22}}{R}-\frac{T}{R}+p\right)W_n X \Bigg] \cos n\beta
\end{aligned}
\tag{2-57}
$$

根据正交化条件，各项残差在解域上加权之和等于 0，即

$$\int_0^{2\pi} \int_0^L R_\alpha \frac{\mathrm{d}^3 X}{\mathrm{d}\alpha^3} \cos n\beta \mathrm{d}\alpha \mathrm{d}\beta = 0 \tag{2-58}$$

$$\int_0^{2\pi} \int_0^L R_\beta X \sin n\beta \mathrm{d}\alpha \mathrm{d}\beta = 0 \tag{2-59}$$

$$\int_0^{2\pi} \int_0^L R_n X \cos n\beta \mathrm{d}\alpha \mathrm{d}\beta = 0 \tag{2-60}$$

将残差(式(2-55)～式(2-57))代入正交化条件(式(2-58)～式(2-60))中，得

$$\left[K(RA_{11}+PR)\frac{\lambda^4}{L^4} - M\left(\frac{A_{66}}{R}+\frac{T}{R}\right)n^2 \right] U_n + K\left(A_{12} + \frac{B_{12}}{R} + A_{66} + \frac{B_{66}}{R} \right) nV_n$$
$$+ \left[-MRB_{11} + K\left(\frac{B_{12}}{R}+\frac{2B_{66}}{R}\right)n^2 + K(A_{12}-pR) \right] W_n = 0 \tag{2-61}$$

$$-I\left(A_{12} + A_{66} + \frac{B_{12}}{R} + \frac{B_{66}}{R} \right)n\frac{\lambda^4}{L^4}U_n + \left[J\left(PR + RA_{66} + 2B_{66} + \frac{D_{66}}{R} \right)\right.$$
$$\left. -I\left(\frac{A_{22}}{R}+\frac{2B_{22}}{R^2}+\frac{D_{22}}{R^3}+\frac{T}{R}\right)n^2 + I\left(p-\frac{T}{R}\right) \right]V_n + \left[-I\left(\frac{B_{22}}{R^2}+\frac{D_{22}}{R^3}\right)n^3 \right.$$
$$\left. +J\left(B_{12} + \frac{2D_{66}}{R} + \frac{D_{12}}{R} + 2B_{66} \right)n - I\left(\frac{B_{22}}{R^2}+\frac{A_{22}}{R}-p+\frac{2T}{R}\right)n \right]W_n = 0 \tag{2-62}$$

$$\left[JRB_{11}\frac{\lambda^4}{L^4} - I\left(\frac{2B_{66}}{R}+\frac{B_{12}}{R}\right)n^2\frac{\lambda^4}{L^4} + I(-A_{12}+pR)\frac{\lambda^4}{L^4} \right]U_n$$
$$+ \left[-I\left(\frac{B_{22}}{R^2}+\frac{D_{22}}{R^3}\right)n^3 + J\left(B_{12} + \frac{D_{12}}{R} + 2B_{66} + \frac{2D_{66}}{R} \right)n \right.$$
$$\left. + I\left(-\frac{A_{22}}{R} - \frac{B_{22}}{R^2} + p - \frac{2T}{R} \right)n \right]V_n + \left[-IRD_{11}\frac{\lambda^4}{L^4} - J\left(-\frac{4D_{66}}{R} - \frac{2D_{12}}{R} \right)n^2 \right.$$
$$\left. - \frac{ID_{22}}{R^3}n^4 + J(2B_{12}+PR) - I\left(\frac{2B_{22}}{R^2}+\frac{T}{R}\right)n^2 + I\left(-\frac{A_{22}}{R} - \frac{T}{R} + p \right) \right]W_n = 0 \tag{2-63}$$

整理式(2-61)～式(2-63)，得

$$\begin{aligned}
c_{11}U_n + c_{12}V_n + c_{13}W_n &= 0 \\
c_{21}U_n + c_{22}V_n + c_{23}W_n &= 0 \\
c_{31}U_n + c_{32}V_n + c_{33}W_n &= 0
\end{aligned} \tag{2-64}$$

式(2-64)是关于未知常数 U_n、V_n、W_n 的齐次线性方程组，若它们存在非零解，则其特征方程等于 0，即

$$f(n,p) = \begin{vmatrix} c_{11} & c_{12} & c_{13} \\ c_{21} & c_{22} & c_{23} \\ c_{31} & c_{32} & c_{33} \end{vmatrix} \tag{2-65}$$

其中，

$$c_{11} = K(RA_{11}+PR)\frac{\lambda^4}{L^4} - M\left(A_{66}+\frac{T}{R}\right)n^2$$

$$c_{12} = K\left(A_{12}+\frac{B_{12}}{R}+A_{66}+\frac{B_{66}}{R}\right)n$$

$$c_{13} = -MRB_{11} + K\left(\frac{B_{12}}{R}+\frac{2B_{66}}{R}\right)n^2 + K(A_{12}-pR)$$

$$c_{21} = -I\left(A_{12}+A_{66}+\frac{B_{12}}{R}+\frac{B_{66}}{R}\right)n\frac{\lambda^4}{L^4}$$

$$c_{22} = J\left(PR+RA_{66}+2B_{66}+\frac{D_{66}}{R}\right) - I\left(\frac{A_{22}}{R}+\frac{2B_{22}}{R^2}+\frac{D_{22}}{R^3}+\frac{T}{R}\right)n^2 + I\left(p-\frac{T}{R}\right)$$

$$c_{23} = -I\left(\frac{B_{22}}{R^2}+\frac{D_{22}}{R^3}\right)n^3 + J\left(B_{12}+\frac{2D_{66}}{R}+\frac{D_{12}}{R}+2B_{66}\right)n - I\left(\frac{B_{22}}{R^2}+\frac{A_{22}}{R}-p+\frac{2T}{R}\right)n$$

$$c_{31} = JRB_{11}\frac{\lambda^4}{L^4} - I\left(\frac{2B_{66}}{R}+\frac{B_{12}}{R}\right)n^2\frac{\lambda^4}{L^4} + I(-A_{12}+pR)\frac{\lambda^4}{L^4}$$

$$c_{32} = -I\left(\frac{B_{22}}{R^2}+\frac{D_{22}}{R^3}\right)n^3 + J\left(B_{12}+\frac{D_{12}}{R}+2B_{66}+\frac{2D_{66}}{R}\right)n - I\left(\frac{A_{22}}{R}+\frac{B_{22}}{R^2}-p+\frac{2T}{R}\right)n$$

$$c_{33} = -IR\frac{D_{11}\lambda^4}{L^4} + J(2D_{66}+D_{12})\frac{2n^2}{R} - I\frac{D_{22}n^4}{R^3} + J(2B_{12}+PR) - I\left(\frac{2B_{22}}{R^2}+\frac{T}{R}\right)n^2$$
$$\qquad - I\left(\frac{A_{22}}{R}+\frac{T}{R}-p\right)$$

$$I = \int_0^L XX\mathrm{d}\alpha , \quad J = \int_0^L \frac{\mathrm{d}^2 X}{\mathrm{d}\alpha^2}X\mathrm{d}\alpha$$

$$K = \int_0^L \frac{\mathrm{d}X}{\mathrm{d}\alpha}\frac{\mathrm{d}^3 X}{\mathrm{d}\alpha^3}\mathrm{d}\alpha , \quad M = \int_0^L \frac{\mathrm{d}^3 X}{\mathrm{d}\alpha^3}\frac{\mathrm{d}^3 X}{\mathrm{d}\alpha^3}\mathrm{d}\alpha$$

在已知圆柱壳体几何参数及材料性能参数的情况下，代入常数 n，有对应 p 存在，其中最小值为临界失稳载荷 P_{cro}。

2.4 数值分析与验证

2.4.1 数值分析

本节采用三角类形函数(记为 A 类)和梁振动模态形函数(记为 B 类)对文献[156]中的模型进行求解,对比临界失稳载荷及屈曲模态,并分析两种形函数对圆柱壳体屈曲行为的影响。表 2-1 和表 2-2 给出了不同径厚比情况下圆柱壳体屈曲载荷的解析解与文献结果。表 2-3 给出了石墨纤维复合材料的性能参数。对比数值结果发现,B 类数值解相比 A 类普遍偏大,文献中 Sanders 模型解大于 A 类解,下面将从边界条件的假设和形函数两方面对该情况进行讨论。表 2-4 对三种求解方法中的边界条件假设进行了概括。文献中的假设为壳体两端固定、轴向位移等于零,该边界假设相当于忽略了静水压力对轴向的影响,即圆柱壳体仅受侧向力,这样必然导致屈曲载荷偏大。B 类假设壳体两端不发生转角变形,即在外压作用下,壳体两端的法线变形在轴向的偏导等于零。但在试验观测中发现,外压作用下壳体压溃会发生在壳体端部,说明转角变形对壳体稳定性具有重要影响,只有在研究无限长圆柱壳体结构失稳时才可做此假设。忽略转角变形的影响使得屈曲载荷变大、误差增大,该现象在第三组、第四组、第五组铺层方式中更加突出,说明此类角度对壳体两端的转角变形更为敏感,而轴向铺设和环向缠绕对转角变形的敏感度有所减弱。A 类假设壳体两端的内力矩等于零,由于纤维复合材料通过裙边与金属封头连接,金属裙边具有足够的刚度,该假设更接近物理边界。

表 2-1 静水压力下圆柱壳屈曲载荷($t = 0.5385$mm,R=190.5mm,L/R=5,R/t=353.76)

组别	缠绕方式	文献[156]		A 类		B 类	
		屈曲载荷/kPa	模态	屈曲载荷/kPa	模态	屈曲载荷/kPa	模态
	$[0_3]_s$	1.841	(1,8)	1.6723	(1,9)	1.8702	(1,9)
	$[0_2/90]_s$	2.344	(1,8)	1.7974	(1,6)	2.3274	(1,7)
	$[0/90/0]_s$	5.233	(1,7)	4.0039	(1,6)	4.9368	(1,6)
一组	$[0/90_2]_s$	5.054	(1,6)	3.6734	(1,5)	5.0236	(1,6)
	$[90/0_2]_s$	9.391	(1,6)	7.1597	(1,5)	9.1098	(1,5)
	$[90/0/90]_s$	9.143	(1,6)	6.6915	(1,5)	8.5992	(1,5)
	$[90_2/0]_s$	10.742	(1,5)	8.2005	(1,5)	10.1034	(1,5)
	$[0_2/90_2]_s$	3.406	(1,7)	2.5592	(1,6)	2.6920	(1,9)
二组	$[(0/90)_2]_s$	5.543	(1,6)	4.2035	(1,5)	5.3451	(1,6)
	$[0/90_2/0]_s$	6.405	(1,6)	4.8400	(1,5)	6.2742	(1,6)

续表

组别	缠绕方式	文献[156]		A类		B类	
		屈曲载荷/kPa	模态	屈曲载荷/kPa	模态	屈曲载荷/kPa	模态
二组	$[90/0_2/90]_s$	8.129	(1,6)	6.1131	(1,5)	8.0453	(1,5)
	$[(90/0)_2]_s$	8.991	(1,6)	6.7496	(1,5)	8.6799	(1,5)
	$[(90_2/0_2)]_s$	10.715	(1,6)	8.0085	(1,5)	10.0666	(1,5)
三组	$[45/-45_2]_s$	4.027	(1,6)	3.8049	(1,5)	4.3874	(1,7)
	$[-45/45/-45]_s$	4.033	(1,6)	3.8049	(1,5)	4.3874	(1,7)
	$[-45_2/45]_s$	3.930	(1,6)	3.8049	(1,5)	4.3874	(1,7)
	$[45_2/-45_2]_s$	3.971	(1,6)	3.8049	(1,5)	4.3874	(1,7)
	$[(45/-45)_2]_s$	4.047	(1,6)	3.8049	(1,5)	4.3874	(1,7)
	$[45/-45_2/45]_s$	4.068	(1,6)	3.8049	(1,5)	4.3874	(1,7)
四组	$[30_2/-60]_s$	2.592	(1,7)	2.8786	(1,5)	2.8814	(1,7)
	$[45_2/-45]_s$	3.930	(1,6)	3.8049	(1,5)	4.3874	(1,7)
	$[60_2/-30]_s$	6.323	(1,6)	5.8858	(1,4)	6.4291	(1,6)
五组	$[30_2/-60_2]_s$	3.089	(1,6)	3.0725	(1,5)	3.0918	(1,7)
	$[60_2/-30_2]_s$	6.040	(1,6)	5.6176	(1,5)	6.2405	(1,6)

表2-2 静水压力下圆柱壳屈曲载荷($t = 6.350$mm，$R=190.5$mm，$L/R=5$，$R/t=30$)

组别	缠绕方式	文献[156]		A类		B类	
		屈曲载荷/MPa	模态	屈曲载荷/MPa	模态	屈曲载荷/MPa	模态
一组	$[0_2/90]_s$	0.910	(1,4)	0.8919	(1,3)	1.0664	(1,4)
	$[0/90/0]_s$	1.827	(1,3)	1.6995	(1,3)	1.9463	(1,3)
	$[0/90_2]_s$	1.875	(1,3)	1.7198	(1,3)	1.9598	(1,3)
	$[90/0_2]_s$	3.330	(1,3)	3.3144	(1,3)	3.5346	(1,3)
	$[90/0/90]_s$	3.378	(1,3)	3.3378	(1,3)	3.5511	(1,3)
	$[90_2/0]_s$	4.130	(1,3)	3.8259	(1,2)	4.3467	(1,3)
二组	$[0_2/90_2]_s$	1.344	(1,3)	1.1662	(1,3)	1.4187	(1,3)
	$[(0/90)_2]_s$	1.979	(1,3)	1.8484	(1,3)	2.0897	(1,3)
	$[0/90_2/0]_s$	2.296	(1,3)	2.1895	(1,3)	2.4251	(1,3)
	$[90/0_2/90]_s$	2.930	(1,3)	2.8716	(1,3)	3.0690	(1,3)
	$[(90/0)_2]_s$	3.247	(1,3)	3.2126	(1,3)	3.4315	(1,3)
	$[(90_2/0_2)]_s$	3.875	(1,3)	3.8947	(1,3)	4.1023	(1,3)

续表

组别	缠绕方式	文献[156]		A 类		B 类	
		屈曲载荷/MPa	模态	屈曲载荷/MPa	模态	屈曲载荷/MPa	模态
三组	$[45/{-}45_2]_s$	2.075	(1,3)	2.0713	(1,3)	3.0125	(1,3)
	$[-45/45/{-}45]_s$	2.103	(1,3)	2.0713	(1,3)	3.0125	(1,3)
	$[-45_2/45]_s$	1.951	(1,4)	2.0713	(1,3)	3.0125	(1,3)
	$[45_2/{-}45_2]_s$	2.055	(1,3)	2.0713	(1,3)	3.0125	(1,3)
	$[(45/{-}45)_2]_s$	2.117	(1,3)	2.0713	(1,3)	3.0125	(1,3)
	$[45/{-}45_2/45]_s$	2.075	(1,3)	2.0713	(1,3)	3.0125	(1,3)
四组	$[30_2/{-}60]_s$	1.379	(1,4)	1.4262	(1,3)	2.2093	(1,3)
	$[45_2/{-}45]_s$	1.951	(1,4)	2.0713	(1,3)	3.0125	(1,3)
	$[60_2/{-}30]_s$	2.586	(1,3)	3.0333	(1,3)	3.7725	(1,3)
五组	$[30_2/{-}60_2]_s$	1.675	(1,4)	1.5588	(1,3)	2.3300	(1,3)
	$[60_2/{-}30_2]_s$	2.537	(1,3)	2.9175	(1,3)	3.6668	(1,3)

表 2-3　石墨纤维复合材料的性能参数

参数	符号	数值	单位
弹性模量	E_{11}	149.66	GPa
	E_{22}	9.93	GPa
泊松比	ν_{12}	0.28	—
剪切模量	G_{12}	4.48	GPa

表 2-4　边界条件

边界条件及 共同点/不同点	文献[156]	A 类	B 类
边界条件	$u\|_{\alpha=0,L}=0$ $\upsilon\|_{\alpha=0,L}=0$ $\omega\|_{\alpha=0,L}=0$ $N_\alpha\|_{\alpha=0,L}=0$	$\upsilon\|_{\alpha=0,L}=0$ $\omega\|_{\alpha=0,L}=0$ $N_\alpha\|_{\alpha=0,L}=0$ $M_\alpha\|_{\alpha=0,L}=0$	$\upsilon\|_{\alpha=0,L}=0$ $\omega\|_{\alpha=0,L}=0$ $\dfrac{\partial\omega}{\partial\alpha}\Big\|_{\alpha=0,L}=0$ $N_\alpha\|_{\alpha=0,L}=0$
共同点	$\upsilon\|_{\alpha=0,L}=0$ ， $\omega\|_{\alpha=0,L}=0$ ， $N_\alpha\|_{\alpha=0,L}=0$		
不同点	$u\|_{\alpha=0,L}=0$	$M_\alpha\|_{\alpha=0,L}=0$	$\dfrac{\partial\omega}{\partial\alpha}\Big\|_{\alpha=0,L}=0$

2.4.2　对比验证

前文通过数值分析表明,以梁振动模态形函数求解圆柱壳体屈曲载荷的结果偏大,三角类形函数的边界假设更接近物理边界。本节将解析解与试验结果进行对比,验证该解析方法的正确性和有效性。

蔡泽[48]采用小挠度理论,讨论了碳纤维/树脂复合材料叠层圆柱壳在外压下的稳定性,对三层正交对称铺层[90/0/90]圆柱壳进行了外压试验。碳纤维、树脂的性能参数如表 2-5 所示。根据各组分材料的性能参数,按照混合率计算纤维/树脂复合材料的力学性能。圆柱壳体两端内胶接 45 钢,壳体长度 L 为 320mm,内半径 R_{Inner} 为 115mm。表 2-6 给出了解析解与文献试验结果。根据试验记载,壳体屈曲在轴向有 1 个半波,圆周方向有 4 个半波,解析得到的屈曲模态与试验结果完全吻合。对比屈曲载荷与试验结果,解析解的平均误差为 7.19%,与文献误差14.47%相比,计算精度明显提高,表明在指导工程实际时具有很好的精度。

表 2-5　碳纤维、树脂的性能参数

参数	碳纤维		树脂		单位
	符号	数值	符号	数值	
弹性模量	E_f	198	E_m	3.1	GPa
泊松比	ν_f	0.23	ν_m	0.35	—
密度	ρ_f	1.84	ρ_m	1.15	g/cm³

表 2-6　静水压力下圆柱壳屈曲载荷

编号	t/mm	R/t	纤维比/%	试验结果/MPa	文献误差/%	解析解/MPa	误差/%	模态
No.01	1.69	68.05	47	0.617	13.94	0.5555	9.97	(1,4)
No.02	1.64	70.12	47	0.625	18.88	0.5660	9.44	(1,4)
No.03	1.62	70.99	48	0.542	10.89	0.5099	5.92	(1,4)
No.04	1.41	81.56	55	0.467	11.99	0.4306	7.79	(1,4)
No.05	1.35	85.19	57	0.450	17.78	0.4125	8.33	(1,4)
No.06	1.43	80.42	65	0.467	7.92	0.4872	4.33	(1,4)
No.07	1.38	83.33	70	0.417	19.90	0.4360	4.56	(1,4)
平均值					14.47		7.19	

Hur 等[98]对静水压力作用下正交铺设[0/90]$_{12}$ 碳纤维复合材料圆柱壳体进行了试验研究,复合材料圆柱壳体两端与金属法兰胶接。壳体材料为碳纤维预浸带

（USN125），其性能参数如表 2-7 所示。表 2-8 给出了圆柱壳体的几何尺寸、试验结果及解析解。结果表明，总体平均误差为 5.89%；壳体屈曲时的模态特征均为 $(1,3)$，而根据试验记载，壳体失稳时圆周方向有两个波清晰可见。Cai 等[144]对金属-纤维复合壳体结构的屈曲载荷进行了试验研究。金属-纤维复合壳体结构是指以薄壁金属外表面缠绕纤维复合材料，壳体材料性能参数如表 2-9 所示，试验结果与解析解如表 2-10 所示。由表 2-10 可见，解析解与试验结果相比误差为 8.37%。

表 2-7　碳纤维复合材料（USN125）性能参数

参数	符号	数值	单位
	E_{11}	162	GPa
弹性模量	E_{22}	9.6	GPa
	E_{33}	9.6	GPa
	ν_{12}	0.298	—
泊松比	ν_{13}	0.298	—
	ν_{23}	0.47	—
	G_{12}	6.1	GPa
剪切模量	G_{13}	6.1	GPa
	G_{23}	3.5	GPa

表 2-8　静水压力下圆柱壳屈曲载荷比较

编号	R_{Inner}/mm	L/mm	t/mm	R/t	试验结果/MPa	解析解/MPa	模态(m,n)	误差/%
No.01		600	2.69	58.74	0.55	0.5249	$(1,3)$	4.56
No.02	158	600	2.68	58.96	0.55	0.5205	$(1,3)$	5.36
No.03		600	2.65	59.62	0.55	0.5074	$(1,3)$	7.75
平均值								5.89

表 2-9　T700-12K 和 2124 Al 性能参数

参数	T700-12K		2124 Al		单位
	符号	数值	符号	数值	
弹性模量	E_{11}	90	E	68	GPa
	E_{22}	7			GPa
泊松比	ν_{LT}	0.33	ν	0.34	—
	ν_{TL}	0.33			
剪切模量	G_{12}	5	G	27	GPa

表 2-10　静水压力下圆柱壳屈曲载荷

R/mm	缠绕方式	t/mm	R/t	L/mm	P_{cr}/MPa		模态(m,n)	误差/%
					试验结果	解析解		
45	$[\pm65]_5$	3.1	14.52	159	12.9	11.82	$(1,3)$	8.37

Moon 等[135]对$[(\pm30)_{10}/90_4]$、$[(\pm45)_{10}/90_4]$和$[(\pm60)_{10}/90_4]$三种缠绕方式的圆柱壳体进行试验，研究几何尺寸相同的情况下不同缠绕方式对结构屈曲载荷的影响，发现轴向方向$[(\pm45)_{10}/90_4]$缠绕方式下壳体结构呈拉伸变形，$[(\pm60)_{10}/90_4]$缠绕方式下壳体结构呈压缩变形，表明不同的缠绕方式对结构变形方式有显著影响；还发现圆周方向$[(\pm60)_{10}/90_4]$缠绕方式下壳体结构的应变最小，表明刚度较大。本节在对该文献中参数进行求解，计算壳体结构的面内刚度、耦合刚度及弯曲刚度。采用壳体实测厚度（如表 2-11 中的 $t_{Helical}$ 和 t_{Hoop}）计算，面内刚度、耦合刚度和弯曲刚度可分别表示为

$$
\begin{aligned}
A_{ij} &= \sum_{k=1}^{20} Q_{ij}^{(k)}(z_k - z_{k-1}) + \sum_{k=21}^{24} Q_{ij}^{(k)}(z_k - z_{k-1}) \\
B_{ij} &= \frac{1}{2}\sum_{k=1}^{20} Q_{ij}^{(k)}(z_k^2 - z_{k-1}^2) + \frac{1}{2}\sum_{k=21}^{24} Q_{ij}^{(k)}(z_k^2 - z_{k-1}^2) \\
D_{ij} &= \frac{1}{3}\sum_{k=1}^{20} Q_{ij}^{(k)}(z_k^3 - z_{k-1}^3) + \frac{1}{3}\sum_{k=21}^{24} Q_{ij}^{(k)}(z_k^3 - z_{k-1}^3)
\end{aligned}
\tag{2-66}
$$

表 2-11　壳体结构尺寸与试验结果

ID	缠绕方式	结构尺寸/mm					结果/MPa		误差/%	平均值/%
		R/t	$t_{Helical}$	t_{Hoop}	t_{Total}	L	试验结果	解析解		
301		18.73	6.58	1.43	8.01		4.30	3.709	13.74	
302		18.75	6.64	1.36	8.00		4.40	3.701	15.89	
303	$[(\pm30)_{10}/90_4]$	18.73	6.40	1.61	8.01	695	3.80	3.685	3.03	10.11
304		18.73	6.49	1.52	8.01		4.01	3.698	7.78	
451		18.47	7.15	0.97	8.12		5.80	5.597	3.50	
452		18.45	7.09	1.04	8.13		5.62	5.651	0.55	
453	$[(\pm45)_{10}/90_4]$	18.43	7.17	0.97	8.14	695	5.47	5.637	3.05	3.55
454		18.16	7.27	0.99	8.26		5.50	5.890	7.09	
601		19.23	6.82	0.98	7.80		7.18	6.615	7.87	
602		19.16	6.88	0.95	7.83		6.97	6.678	4.19	
603	$[(\pm60)_{10}/90_4]$	19.26	6.76	1.03	7.79	695	7.33	6.607	9.86	5.67
604		18.80	6.93	1.05	7.98		7.14	7.087	0.74	

假设每个模型中的斜交缠绕层厚度相等，则每层厚度表示为 $t_{\text{Helical}}/N_{\text{Helical}}$。同理，环向缠绕层中每层厚度为 $t_{\text{Hoop}}/N_{\text{Hoop}}$，$z_k$ 可表示为

$$
\begin{cases}
z_k = -\dfrac{t_{\text{Helical}}}{N_{\text{Helical}}}\dfrac{N_{\text{Total}}}{2} + k\dfrac{t_{\text{Helical}}}{N_{\text{Helical}}}, & 0 \leqslant k \leqslant 20 \\[3mm]
z_k = \dfrac{t_{\text{Helical}}}{N_{\text{Helical}}}\left(N_{\text{Helical}} - \dfrac{N_{\text{Total}}}{2}\right) + (k-20)\dfrac{t_{\text{Hoop}}}{N_{\text{Hoop}}}, & 21 \leqslant k \leqslant 24
\end{cases}
\tag{2-67}
$$

式中，$N_{\text{Helical}}=20$，$N_{\text{Hoop}}=4$，$N_{\text{Total}}=24$。式 (2-66) 中，令

$$
\begin{aligned}
A_{ij} &= A_{ij}^{\text{Helical}} + A_{ij}^{\text{Hoop}} \\
B_{ij} &= B_{ij}^{\text{Helical}} + B_{ij}^{\text{Hoop}} \\
D_{ij} &= D_{ij}^{\text{Helical}} + D_{ij}^{\text{Hoop}}
\end{aligned}
\tag{2-68}
$$

其中，

$$
A_{ij}^{\text{Helical}} = \sum_{k=1}^{20} Q_{ij}^{(k)} \frac{t_{\text{Helical}}}{N_{\text{Helical}}}
$$

$$
A_{ij}^{\text{Hoop}} = \sum_{k=21}^{24} Q_{ij}^{(k)} \frac{t_{\text{Hoop}}}{N_{\text{Hoop}}}
$$

$$
B_{ij}^{\text{Helical}} = \frac{1}{2}\sum_{k=1}^{20} Q_{ij}^{(k)} \left\{ \left(-\frac{t_{\text{Helical}}}{N_{\text{Helical}}}\frac{N_{\text{Total}}}{2} + k\frac{t_{\text{Helical}}}{N_{\text{Helical}}}\right)^2 - \left[-\frac{t_{\text{Helical}}}{N_{\text{Helical}}}\frac{N_{\text{Total}}}{2} + (k-1)\frac{t_{\text{Helical}}}{N_{\text{Helical}}}\right]^2 \right\}
$$

$$
B_{ij}^{\text{Hoop}} = \frac{1}{2}\sum_{k=21}^{24} Q_{ij}^{(k)} \left\{ \left[\frac{t_{\text{Helical}}}{N_{\text{Helical}}}\left(N_{\text{Helical}} - \frac{N_{\text{Total}}}{2}\right) + (k-20)\frac{t_{\text{Hoop}}}{N_{\text{Hoop}}}\right]^2 \right.
$$

$$
\left. - \left[\frac{t_{\text{Helical}}}{N_{\text{Helical}}}\left(N_{\text{Helical}} - \frac{N_{\text{Total}}}{2}\right) + (k-21)\frac{t_{\text{Hoop}}}{N_{\text{Hoop}}}\right]^2 \right\}
$$

$$
D_{ij}^{\text{Helical}} = \frac{1}{3}\sum_{k=1}^{20} Q_{ij}^{(k)} \left\{ \left(-\frac{t_{\text{Helical}}}{N_{\text{Helical}}}\frac{N_{\text{Total}}}{2} + k\frac{t_{\text{Helical}}}{N_{\text{Helical}}}\right)^3 - \left[-\frac{t_{\text{Helical}}}{N_{\text{Helical}}}\frac{N_{\text{Total}}}{2} + (k-1)\frac{t_{\text{Helical}}}{N_{\text{Helical}}}\right]^3 \right\}
$$

$$
D_{ij}^{\text{Hoop}} = \frac{1}{3}\sum_{k=21}^{24} Q_{ij}^{(k)} \left\{ \left[\frac{t_{\text{Helical}}}{N_{\text{Helical}}}\left(N_{\text{Helical}} - \frac{N_{\text{Total}}}{2}\right) + (k-20)\frac{t_{\text{Hoop}}}{N_{\text{Hoop}}}\right]^3 \right.
$$

$$
\left. - \left[\frac{t_{\text{Helical}}}{N_{\text{Helical}}}\left(N_{\text{Helical}} - \frac{N_{\text{Total}}}{2}\right) + (k-21)\frac{t_{\text{Hoop}}}{N_{\text{Hoop}}}\right]^3 \right\}
$$

表 2-11 给出了解析解与试验结果的对比，对于$[(\pm30)_{10}/90_4]$、$[(\pm45)_{10}/90_4]$和$[(\pm60)_{10}/90_4]$三种缠绕方式，解析解与试验结果的平均误差分别为 10.11%、3.55%和 5.67%，准确预测了静水压力作用下纤维缠绕圆柱耐压壳体结构屈曲载荷。材料的性能参数如表 2-12 所示。

表 2-12　材料性能参数

参数	符号	数值	单位
弹性模量	E_{11}	121	GPa
	E_{22}	8.6	GPa
	E_{22}	8.6	GPa
泊松比	ν_{12}	0.253	—
	ν_{13}	0.253	—
	ν_{23}	0.421	—
剪切模量	G_{12}	3.35	GPa
	G_{13}	3.35	GPa
	G_{23}	2.68	GPa

对比验证表明，在不考虑材料缺陷和几何缺陷的情况下，解析解与试验结果的误差基本在 10%以内，用该解析方法指导工程应用具有足够的有效性和准确性。在 Cai 等和 Moon 等开展的试验中，模型径厚比小于 20，属于中厚壳体范围，本书将附加载荷考虑在内，将纤维复合材料圆柱壳体屈曲载荷的数值求解从薄壁壳体推广应用到中厚壳体中，对指导工程应用具有重要意义。

2.5　本章小结

本章建立了纤维缠绕复合材料圆柱壳体稳定性控制方程，采用 Galerkin 方法选取形函数建立特征方程并求解屈曲载荷。与以往的数值求解不同，本章考虑了附加载荷的影响，通过几何变形关系、本构方程和静力平衡方程，分别选取三角类形函数和梁振动模态形函数建立了特征方程并求解。数值分析表明，纤维缠绕角度对转角变形具有影响，梁振动模态形函数忽略转角变形，使得解析解变大，误差增大；三角类形函数的边界假设更能模拟实际边界条件。本章利用数值解法解决了中厚壳体稳定性求解问题，且具有良好的精度，能够很好地指导工程实际。

第3章 屈曲特性

随着静水压力的增大，达到临界失稳载荷后，壳体结构丧失稳定性，表现为特定的屈曲模态，圆周方向呈现若干波形。Simitses 和 Han[155,156]对不同几何特征下壳体的屈曲载荷进行了数值求解，但没有揭示几何因素对稳定性的影响规律。Moon 等[135]对相同几何特征下三种缠绕方式的圆柱壳体的稳定性进行了研究，结果表明，缠绕方式的变化对结构稳定性有重要影响，但是并没有对缠绕角度和层数的影响进行评估。

针对上述两个问题，本章在前文理论分析模型的基础上，主要从屈曲模态特征和屈曲载荷两个角度开展研究，最后对稳定性进行优化，研究纤维缠绕角度和层数对临界失稳载荷的影响。

3.1 几何因素对稳定性的影响

不同缠绕方式下圆柱壳体失稳后所表现出的屈曲模态特征不尽相同，本节主要分析不同缠绕方式下几何因素对稳定性的影响。

3.1.1 径厚比对稳定性的影响

选取文献[156]中四组铺层方式为研究对象，壳体壁厚 t 为 6.350mm，长度 L 为 952.5mm，径厚比为 $20 \leqslant R/t \leqslant 100$。图 3-1 给出了 A 组缠绕方式下径厚比 R/t 与临界失稳载荷 P_{cr} 的关系。A 组缠绕层数为 6 层，缠绕角度关于中面对称，仅有 0°和 90°。由图 3-1 可知，对于不同缠绕方式的壳体结构，曲线由若干光滑曲线段组成，缠绕方式不同，光滑曲线段的数量不等，每一段对应特定数目的失稳半波数。

表 3-1 给出了圆周半波数与径厚比区间的对应关系。结合图表分析，随着径厚比增大，圆周半波数增多，临界失稳载荷降低。观察图 3-1 可知，不同缠绕方式的临界失稳载荷有较大差异。当 0°层所占比例较大时，离中面距离越远，壳体的临界失稳载荷越小，失稳半波数越多；0°层比例减小，90°层增多，壳体结构的临界失稳载荷逐渐增大，失稳半波数逐渐减少；90°层的位置距离中面越远，壳体临界失稳载荷越大，失稳半波数越少。

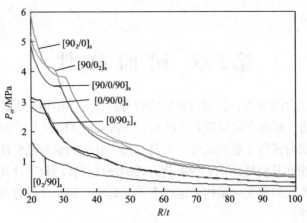

图 3-1　A 组径厚比对稳定性的影响

表 3-1　A 组径厚比区间与半波数

缠绕方式	半波数 n						
	2	3	4	5	6	7	8
$[0_2/90]_s$		[20,31]	[32,45]	[46,61]	[62,77]	[78,95]	[96,100]
$[0/90/0]_s$	[20,23]	[24,39]	[40,57]	[58,77]	[78,99]	100	
$[0/90_2]_s$	[20,25]	[26,42]	[43,62]	[63,83]	[84,100]		
$[90/0_2]_s$	[20,27]	[28,47]	[48,70]	[71,95]	[96,100]		
$[90/0/90]_s$	[20,29]	[30,50]	[51,73]	[74,99]	100		
$[90_2/0]_s$	[20,30]	[31,53]	[54,77]	[78,100]			

　　B 组缠绕层数为 8 层，其中 0°层和 90°层各占 50%。如图 3-2 所示，当 90°层所处位置发生变化时，临界失稳载荷呈规律性变化，具体表现为：当 90°层位于中面处时，结构临界失稳载荷最小；当 90°层向两侧偏移时，结构临界失稳载荷逐渐增大，曲线分段数量逐渐减少，最大失稳半波数减少（表 3-2）；当 90°层在最外层时，结构临界失稳载荷达到最大，临界失稳载荷曲线的光滑段数目最少，最大失稳半波数最少。

　　C 组缠绕层数为 6 层，且相邻两层缠绕角度之间的夹角为 90°，主要由 30°和 60°组成。如图 3-3 所示，纤维缠绕角度越大（60°或−60°），并且该层离中面距离越远，结构临界失稳载荷越大。与图 3-1 对比可知，C 组中各曲线分布密集，最大临界失稳载荷在 2.5～4.5MPa，A 组分散，最大临界失稳载荷在 1.5～6MPa。由表 3-3 和表 3-1 对比可知，C 组各缠绕方式中最大失稳半波数为 6 和 7，A 组中各缠绕方式中最大失稳半波数在 5～8。

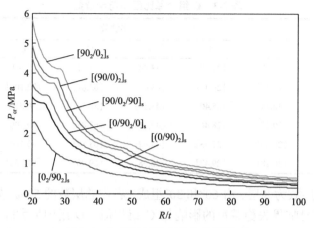

图 3-2　B 组径厚比对稳定性的影响

表 3-2　B 组径厚比区间与半波数

缠绕方式	半波数 n					
	2	3	4	5	6	7
$[0_2/90_2]_s$	[20,21]	[22,36]	[37,52]	[53,70]	[71,90]	[91,100]
$[(0/90)_2]_s$	[20,24]	[25,41]	[42,60]	[61,81]	[82,100]	
$[0/90_2/0]_s$	[20,25]	[26,42]	[43,63]	[64,86]	[87,100]	
$[90/0_2/90]_s$	[20,27]	[28,46]	[47,68]	[69,92]	[93,100]	
$[(90/0)_2]_s$	[20,27]	[28,48]	[49,70]	[71,95]	[96,100]	
$[90_2/0_2]_s$	[20,29]	[30,50]	[51,74]	[75,100]		

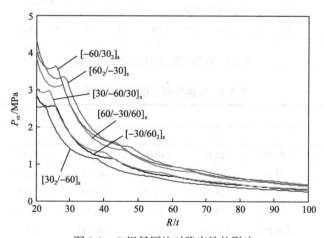

图 3-3　C 组径厚比对稳定性的影响

表 3-3　C 组径厚比区间与半波数

缠绕方式	半波数 n					
	2	3	4	5	6	7
$[30_2/-60]_s$	[20,22]	[23,37]	[38,54]	[55,71]	[72,90]	[91,100]
$[-30/60_2]_s$	[20,25]	[26,42]	[43,61]	[62,81]	[82,100]	
$[30/-60/30]_s$	[20,24]	[25,40]	[41,57]	[58,76]	[77,96]	[97,100]
$[60/-30/60]_s$	[20,27]	[28,46]	[47,66]	[67,88]	[89,100]	
$[-60/30_2]_s$	[20,26]	[27,43]	[44,62]	[63,82]	[83,100]	
$[60_2/-30]_s$	[20,28]	[29,47]	[48,68]	[69,90]	[91,100]	

　　D 组缠绕层数为 8 层,由 60°和 30°组成,各占总层数的 50%。如图 3-4 所示,D 组缠绕角度对临界失稳载荷的影响与 C 组相似,D 组中最大临界失稳载荷在 2.5～4.5MPa,曲线平滑分布均匀。与图 3-2 类似,当不同角度的纤维层占比相等时,各曲线的分段组成均匀,界限清晰,曲线不相交。径厚比区间与失稳半波数的关系如表 3-4 所示。

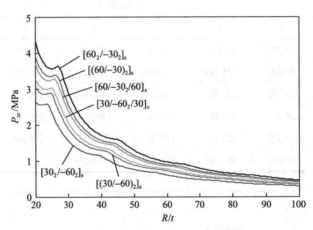

图 3-4　D 组径厚比对稳定性的影响

表 3-4　D 组径厚比区间与半波数

缠绕方式	半波数 n					
	2	3	4	5	6	7
$[30_2/-60_2]_s$	[20,23]	[24,39]	[40,56]	[57,75]	[76,94]	[95,100]
$[(30/-60)_2]_s$	[20,24]	[25,41]	[42,59]	[60,78]	[79,99]	100
$[30/-60_2/30]_s$	[20,25]	[26,42]	[43,60]	[61,80]	[81,100]	
$[60/-30_2/60]_s$	[20,26]	[27,43]	[44,62]	[63,83]	[84,100]	
$[(60/-30)_2]_s$	[20,26]	[27,44]	[45,63]	[64,84]	[85,100]	
$[60_2/-30_2]_s$	[20,27]	[28,45]	[46,65]	[66,86]	[87,100]	

3.1.2 长径比对稳定性的影响

本节研究长径比对稳定性的影响，选取对象与 3.1.1 节中相同，壳体壁厚 t 为 6.350mm，半径为 190.5mm，长径比为 $1 \leqslant L/R \leqslant 20$。由图 3-5 可知，对于 A 组不同缠绕方式的壳体结构，其临界失稳载荷曲线均由若干段光滑的曲线组成，而每一条光滑曲线均由一定数目的分段曲线组成，每条分段曲线分别表示不同长径比下的失稳半波数，失稳时的圆周半波数与壳体结构的长径比区间如表 3-5 所示。90°层离中面距离越近，壳体结构的稳定性越差，临界失稳载荷越小，曲线分段越多，最大半波数为 6。随着 90°层离中面距离的增大，或者 90°层的增多，壳体的稳定性会逐渐增强，临界失稳载荷增大，曲线分段减少，最大半波数为 4。随着长径比的增大，各缠绕方式壳体结构的临界失稳载荷降低，失稳半波数减少，当长径比 $L/R \leqslant 1.5$ 时，临界失稳载荷减小较快，结构稳定性迅速降低。

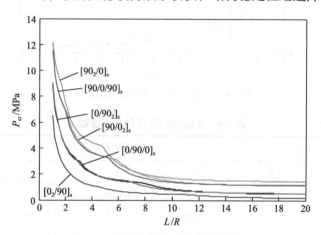

图 3-5 A 组长径比对稳定性的影响

表 3-5 A 组长径比区间与半波数

缠绕方式	半波数 n				
	6	5	4	3	2
$[0_2/90]_s$	[1,1.4]	[1.5,2.4]	[2.5,4.6]	[4.7,10.9]	[11,20]
$[0/90/0]_s$		[1,1.4]	[1.5,3]	[3.1,7.7]	[7.8,20]
$[0/90_2]_s$		[1,1.3]	[1.4,2.7]	[2.8,6.6]	[6.7,20]
$[90/0_2]_s$			[1,2]	[2.1,5.8]	[5.9,20]
$[90/0/90]_s$			[1,1.9]	[2,5.1]	[5.2,20]
$[90_2/0]_s$			[1,1.7]	[1.8,4.7]	[4.8,20]

如图 3-6 所示，随着长径比的增大，B 组各缠绕方式壳体结构的临界失稳载

荷减小，稳定性降低，失稳半波数减少，当长径比从 1 增加到 1.5 时，临界失稳载荷减小较快，结构稳定性迅速降低。结合图 3-6 和表 3-6 可知，90°层离中面距离越近，壳体结构的稳定性越低，临界失稳载荷越小，曲线分段越多，最大半波数为 6；当 90°层离中面距离增大时，壳体结构的稳定性增强，临界失稳载荷逐渐增大，曲线分段减少，最大半波数为 4。

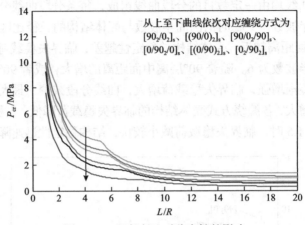

图 3-6　B 组长径比对稳定性的影响

表 3-6　B 组长径比区间与半波数

缠绕方式	半波数 n				
	6	5	4	3	2
$[0_2/90_2]_s$	[1,1.3]	[1.4,1.8]	[1.9,3.6]	[3.7,8.7]	[8.8,20]
$[(0/90)_2]_s$		[1,1.3]	[1.4,2.8]	[2.9,7.1]	[7.2,20]
$[0/90_2/0]_s$		[1,1.1]	[1.2,2.5]	[2.6,6.6]	[6.7,20]
$[90/0_2/90]_s$			[1,2.2]	[2.3,5.9]	[6,20]
$[(90/0)_2]_s$			[1,2]	[2.1,5.6]	[5.7,20]
$[90_2/0_2]_s$			[1,1.8]	[1.9,5.2]	[5.3,20]

结合图 3-7 和表 3-7 可知，C 组中各缠绕方式的纤维缠绕角度越大（60°或–60°），并且该层离中面距离越远，壳体结构的临界失稳载荷越大，结构稳定性越强，最大失稳半波数为 5；60°或–60°缠绕层离中面距离越近，壳体结构的临界失稳载荷越小，结构稳定性越低，最大失稳半波数为 6；随着长径比的增大，各缠绕方式的临界失稳载荷呈减小趋势，失稳半波数逐渐减小，最终稳定在 2 个半波数。相似地，对于各缠绕方式，当长径比从 1 增大到 1.5 时，临界失稳载荷减小较快，结构稳定性迅速降低。

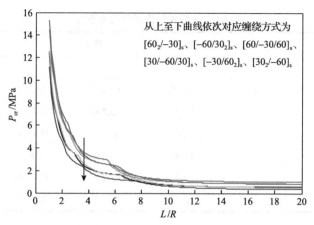

图 3-7 C 组长径比对稳定性的影响

表 3-7 C 组长径比区间与半波数

缠绕方式	半波数 n				
	6	5	4	3	2
$[30_2/-60]_s$	[1,1.3]	[1.3,2]	[2.1,3.5]	[3.6,7.5]	[7.6,20]
$[60_2/-30]_s$		[1,1.3]	[1.4,2.4]	[2.5,5.3]	[5.4,20]
$[30/-60/30]_s$	[1,1.1]	[1.2,1.8]	[1.9,3.1]	[3.2,6.9]	[7,20]
$[-60/30_2]_s$		[1,1.5]	[1.6,2.8]	[2.9,6.1]	[6.2,20]
$[60/-30/60]_s$		[1,1.4]	[1.5,2.5]	[2.6,5.5]	[5.6,20]
$[-30/60_2]_s$		[1,1.6]	[1.7,2.8]	[2.9,6.2]	[6.3,20]

D 组中各缠绕方式如图 3-8 所示，结合表 3-8 可知，60°或–60°缠绕层离中面距离越远，壳体结构临界失稳载荷越大，稳定性越强，最大失稳半波数为 5；相

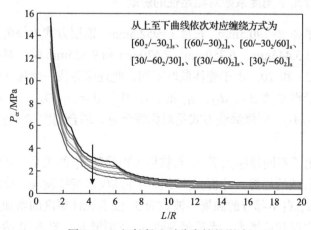

图 3-8 D 组长径比对稳定性的影响

表 3-8　D 组长径比区间与半波数

缠绕方式	半波数 n				
	6	5	4	3	2
$[30_2/-60_2]_s$	[1,1.1]	[1.2,1.8]	[1.9,3.2]	[3.3,7]	[7.1,20]
$[60_2/-30_2]_s$		[1,1.4]	[1.5,2.6]	[2.7,5.7]	[5.8,20]
$[(30/-60)_2]_s$		[1.1,1.7]	[1.8,3]	[3.1,6.6]	[6.7,20]
$[30/-60_2/30]_s$		[1,1.6]	[1.7,2.9]	[3,6.4]	[6.5,20]
$[(60/-30)_2]_s$		[1,1.5]	[1.6,2.7]	[2.8,5.9]	[6,20]
$[60/-30_2/60]_s$		[1,1.5]	[1.6,2.7]	[2.8,6.1]	[6.2,20]

反地，当 60°或-60°缠绕层离中面距离越近，壳体结构临界失稳载荷越小，稳定性越弱，最大失稳半波数为 6；随着长径比的增大，各缠绕方式的临界失稳载荷呈减小趋势，失稳半波数逐渐减小，最终稳定在 2 个半波数；当长径比 $L/R \leqslant 1.5$ 时，临界失稳载荷减小较快，结构稳定性迅速降低。

3.2　刚度系数对稳定性的影响

在本构方程中，面内载荷与壳体变形的关系通过刚度矩阵建立，矩阵中的三个参数面内刚度 A_{ij}、耦合刚度 B_{ij} 及弯曲刚度 D_{ij} 因纤维缠绕角度、缠绕顺序及纤维厚度的变化而不同。前文研究表明，纤维缠绕方式不同，壳体结构的临界失稳载荷有显著差别，其实质是刚度矩阵的差别。本节将探索不同径厚比、不同纤维缠绕方式的圆柱壳体结构，其刚度矩阵与临界失稳载荷及屈曲模态的关系。

3.2.1　不同径厚比下刚度系数对稳定性的影响

对于壳体半径 R=190.5mm、长度 L=952.5mm、铺层方式为 $[\pm\theta]_s$ 的圆柱壳体，当壁厚 t 分别为 5.443mm、6.350mm、7.620mm 和 9.525mm 时，对应的径厚比分别为 35、30、25 和 20。由于壳体壁厚不同，此处应寻找一个独立于壳体壁厚的参数，引入无量纲参数 d_{11}、d_{12}、a_{11} 和 a_{12}，其中 d_{11}=D_{11}/D_{22}，d_{12}=D_{12}/D_{22}，a_{11}=A_{11}/A_{22}，a_{12}=A_{12}/A_{22}。纤维缠绕方式是对称缠绕时，耦合刚度 B_{ij} 等于零，故不对其进行研究。

图 3-9 给出了不同径厚比下 d_{11} 与临界失稳载荷 P_{cr} 的关系。曲线分为左右两部分，呈左增右减的趋势。分析壳体结构的屈曲模态特征发现，曲线左半部分的圆周半波数为 2，右半部分的圆周半波数为 3。随着壳体厚度的增加及径厚比的减小，最大临界失稳载荷增大，无量纲参数 d_{11} 逐渐增大。图 3-10 给出了不同径厚

比下 d_{12} 与临界失稳载荷的关系。可以发现，与 d_{11} 规律相似，曲线左半部分的圆周半波数为 2，右半部分的圆周半波数为 3，随着临界失稳载荷的增加，无量纲参数 d_{12} 逐渐增大。

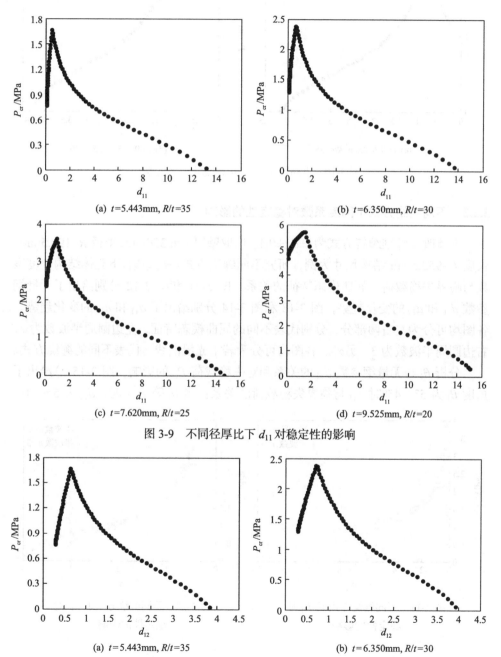

(a) t=5.443mm, R/t=35

(b) t=6.350mm, R/t=30

(c) t=7.620mm, R/t=25

(d) t=9.525mm, R/t=20

图 3-9 不同径厚比下 d_{11} 对稳定性的影响

(a) t=5.443mm, R/t=35

(b) t=6.350mm, R/t=30

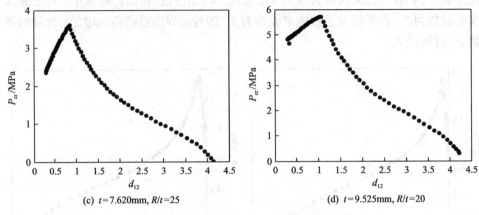

(c) $t=7.620\text{mm}$, $R/t=25$ (d) $t=9.525\text{mm}$, $R/t=20$

图 3-10　不同径厚比下 d_{12} 对稳定性的影响

3.2.2　不同缠绕方式下刚度系数对稳定性的影响

本节改变纤维缠绕方式为 $[\pm\theta_1/\pm\theta_2]_s$，选取壁厚 $t=6.350\text{mm}$，半径 $R=190.5\text{mm}$，长度 $L=952.5\text{mm}$ 结构尺寸为例，研究不同缠绕方式 $[\pm\theta_1/\pm\theta_2]_s$ 下壳体结构刚度系数与临界失稳载荷、屈曲模态特征的关系。图 3-11 和图 3-12 分别给出了无量纲参数 d_{11} 和 d_{12} 的变化趋势，图 3-13 和图 3-14 分别给出了 a_{11} 和 a_{12} 的变化趋势。各图均可分为左右两部分，分别代表不同的屈曲模态特征，左边圆周半波数为 2，右边圆周半波数为 3。另外，各图均可分为若干光滑曲线，代表不同的缠绕方式。

分析 θ_1 与无量纲参数 d_{11} 的关系和对失稳载荷 P_{cr} 的影响，图 3-15(a) 给出了角度 θ_1 为 5°～45°时 d_{11} 与临界失稳载荷的关系：当 θ_1 等于 5°时，d_{11} 为 5～14；

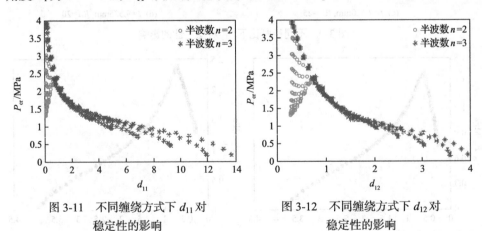

图 3-11　不同缠绕方式下 d_{11} 对　　　图 3-12　不同缠绕方式下 d_{12} 对
　　　稳定性的影响　　　　　　　　　　稳定性的影响

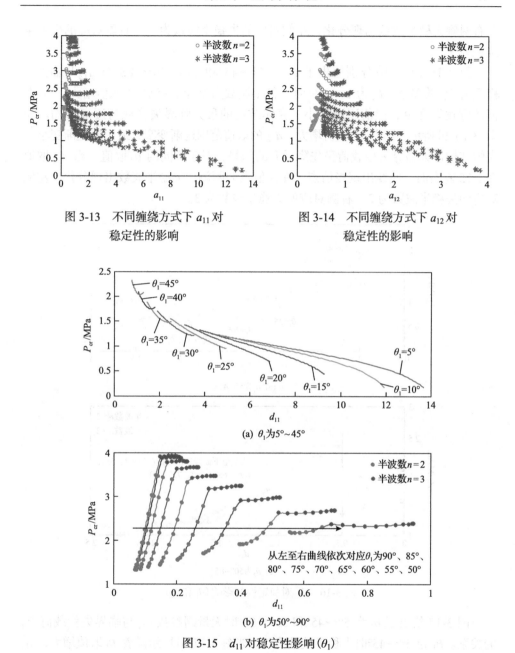

图 3-13　不同缠绕方式下 a_{11} 对
稳定性的影响

图 3-14　不同缠绕方式下 a_{12} 对
稳定性的影响

(a)　θ_1 为 5°~45°

(b)　θ_1 为 50°~90°

图 3-15　d_{11} 对稳定性影响（θ_1）

当 θ_1 等于 20°时，d_{11} 为 3~7。随着 θ_1 取值增大，d_{11} 的取值范围逐渐变窄，取值逐渐变小，壳体结构的最大临界失稳载荷逐渐增加，θ_1 为 5°～45°时失稳半波数为 2。当 $\theta_1 > 45°$时，如图 3-15（b）所示，随着 θ_1 取值增大，d_{11} 的取值范围逐渐变窄，并且取值逐渐变小，壳体结构临界失稳载荷逐渐增加，曲线出现驻点，在驻点的左右两侧失稳半波数出现分化，左侧对应的失稳半波数为 2，右侧对应的失稳半波数为 3。

图 3-16(a)和(b)分别给出了 θ_1 为 5°～45°和 θ_2 为 50°～85°时 d_{12} 与临界失稳载荷 P_{cr} 的关系。θ_1 为 5°～45°时失稳半波数为 2 个，随着 θ_1 取值增大，d_{12} 取值范围逐渐变窄，取值逐渐变小，壳体结构的最大临界失稳载荷逐渐增加。如图 3-16(b)所示，随着 θ_2 取值增大，d_{12} 的取值范围逐渐变窄，最大值逐渐变小，壳体结构最大临界失稳载荷呈先降后升的趋势，对于不同的 θ_2 取值，当 d_{12} 取值在 0.75 左右时，曲线出现极值点，在极值点的两侧，失稳半波数出现分化，左侧对应的失稳半波数为 2，右侧对应的失稳半波数为 3。

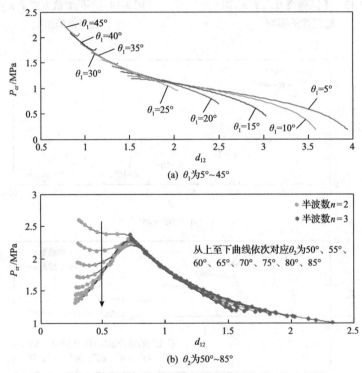

(a) θ_1为5°～45°

(b) θ_2为50°～85°

图 3-16　d_{12} 对稳定性的影响(θ_1 和 θ_2)

图 3-17 给出了 θ_1 为 5°～45°和 50°～90°时无量纲参数 a_{11} 与临界失稳载荷 P_{cr} 的关系。θ_1 为 5°～45°时失稳半波数为 2，如图 3-17(a)所示随着 θ_1 取值增大，a_{11} 取值范围逐渐变窄，壳体结构的最大临界失稳载荷逐渐增大。当 $\theta_1>45°$时，如图 3-17(b)所示，随着 θ_1 取值增大，a_{11} 的取值范围逐渐变窄。对每条曲线而言，曲线包括两个阶段，第一阶段是类线性段，临界失稳载荷随无量纲系数增加显著增大，该段的失稳半波数为 2；第二阶段是类水平段，曲线呈平缓趋势，失稳半波数为 3。每条曲线驻点对应最大临界失稳载荷，该点是类水平段的起点。

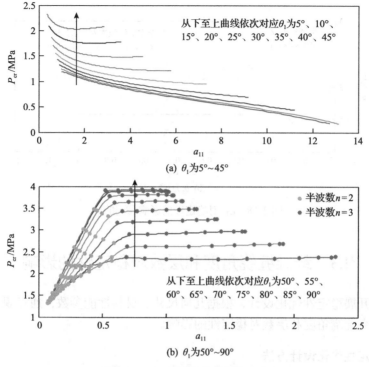

(a) θ_1 为 5°～45°

(b) θ_1 为 50°～90°

图 3-17 a_{11} 对稳定性的影响(θ_1)

图 3-18(a)和(b)分别给出了 θ_1 为 5°～45°和 θ_2 为 50°～85°时无量纲参数 a_{12} 与临界失稳载荷的关系。θ_1 为 5°～45°时失稳半波数为 2，随着 θ_1 取值增大，a_{12} 的取值范围逐渐变窄，取值逐渐变小，壳体结构的最大临界失稳载荷逐渐增加。如图 3-18(b)所示，随着 θ_2 取值增大，a_{12} 取值范围逐渐变窄。对每条曲线而言，曲线出现极值点，在极值点的两侧失稳半波数出现分化，左侧对应的失稳半波数为 2，右侧对应的失稳半波数为 3。

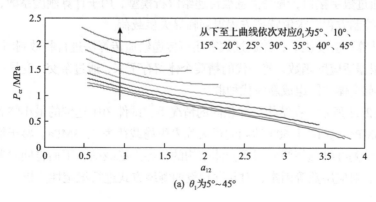

(a) θ_1 为 5°～45°

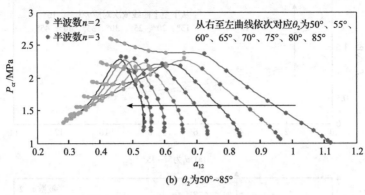

(b) θ_2为50°~85°

图 3-18　　a_{12} 对稳定性的影响（θ_1 和 θ_2）

3.3　纤维缠绕角度和层数对稳定性的影响

本节开展稳定性优化设计，根据几何尺寸、材料性能参数，通过规划纤维缠绕方式研究缠绕角度和层数对稳定性的影响。

3.3.1　稳定性优化设计方法

稳定性优化设计方法主要由三部分组成，分别为遗传算法、数字接口和解析方案，如图 3-19 所示。遗传算法主要包含缠绕参数的输出和适应度函数的输入。数字接口主要是在遗传算法和解析方案中传递缠绕参数信息和分析结果。具体分析流程如下：

（1）遗传算法生成初始种群，初始种群包含一定数量随机创建的个体，每个个体被声明为缠绕参数。

（2）通过数字接口，缠绕信息被传递给解析模型，用于计算刚度系数，建立稳定性微分控制方程，求解特征方程得到临界失稳载荷。

（3）计算适应度函数，并通过数字接口传递给遗传算法进行收敛判断。

（4）根据适应度函数，前一代的精英个体留存下来，通过杂交、变异产生的新个体与精英个体共同组成新一代种群。

如表 2-11 所示，在结构尺寸相同的情况下，试件 301 达到的最小临界失稳载荷为 4.30MPa，而试件 603 达到的最大临界失稳载荷为 7.33MPa。鉴于解析方案可以准确预测纤维缠绕圆柱耐压壳体结构的临界失稳载荷，下面将同时考虑纤维缠绕角度和对应层数等因素，对几种预设的缠绕方式进行稳定性分析。

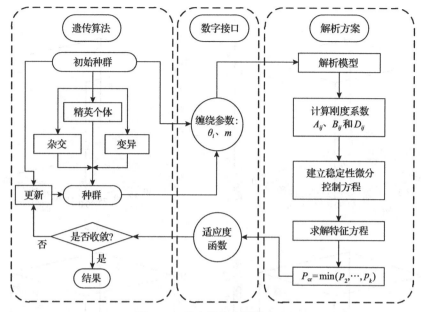

图 3-19　稳定性优化设计方法

3.3.2　纤维缠绕角度和对应层数对临界失稳载荷的影响

纤维缠绕方式规划为 $[(\pm\theta_1)_m/(\pm\theta_2)_{12-m}]$、$[(\pm\theta_1)_m/(\pm\theta_2)_{6-m}]_s$ 和 $[(\pm\theta_1)_m/(\pm\theta_2)_{12-2m}/(\pm\theta_3)_m]$，通过稳定性优化设计研究纤维缠绕角度和对应层数对临界失稳载荷的影响。

图 3-20 给出了 $[(\pm\theta_1)_m/(\pm\theta_2)_{12-m}]$ 缠绕方式下不同 m 值时，纤维缠绕角度对临界失稳载荷 P_{cr} 的影响。当 $m\leqslant 6$ 且 $\theta_2\leqslant 30°$ 时，临界失稳载荷存在多个极值点；当 $\theta_2\geqslant 30°$ 且 $\theta_1\geqslant 45°$ 时，临界失稳载荷随着纤维缠绕角度的增大而增大，曲面光滑。当 $m\leqslant 6$ 时，$\pm\theta_2$ 缠绕层占总层数的比例大于等于 50%，观察图中的等高线可知，临界失稳载荷在 θ_2 处的梯度变化较大，说明 θ_2 对临界失稳载荷的影响大于 θ_1 的影响。当 $7\leqslant m\leqslant 11$ 和 $\theta_1\leqslant 45°$ 时，临界失稳载荷出现局部波动，有多个极值点；当 $\theta_1\geqslant 45°$ 时，临界失稳载荷随纤维缠绕角度的增大而增大。由图中的等高线可以看出，临界失稳载荷在 θ_1 处的梯度较大，随 θ_2 变化极为平缓，说明 θ_1 对临界失稳载荷的影响大于 θ_2 的影响。

表 3-9 给出了不同 m 取值时，$[(\pm\theta_1)_m/(\pm\theta_2)_{12-m}]$ 缠绕方式下所得到的最大临界失稳载荷。对于不同的 m 值，纤维缠绕角度在 80°～90° 取得最大值，与 FWT604 的解析解相比，各 m 值所对应的临界失稳载荷最优解增幅均大于 24%。最大增幅为 26.14%，对应最优解为 $[(\pm 90)_{10}/(\pm 85)_2]$，临界失稳载荷为 8.6998MPa。

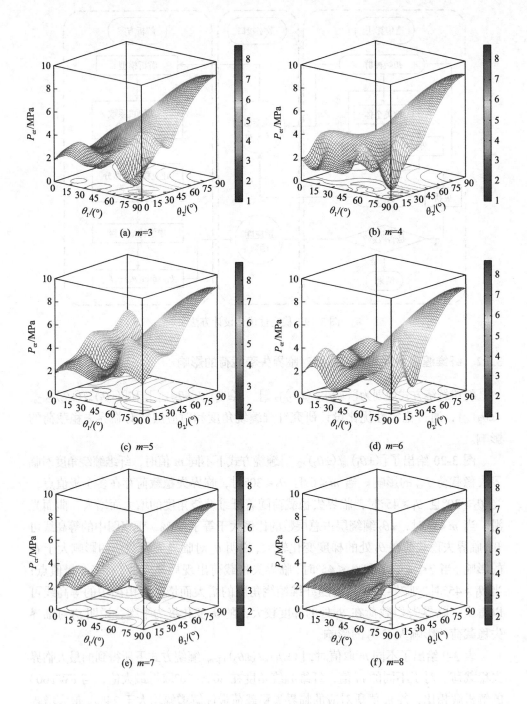

(a) $m=3$

(b) $m=4$

(c) $m=5$

(d) $m=6$

(e) $m=7$

(f) $m=8$

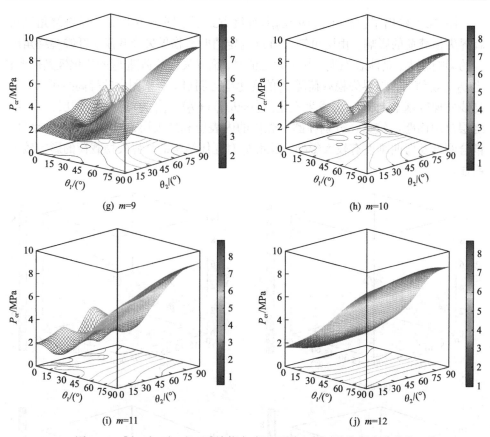

图 3-20　$\left[\left(\pm\theta_1\right)_m/\left(\pm\theta_2\right)_{12-m}\right]$缠绕方式下不同 m 值时的临界失稳载荷

表 3-9　$\left[\left(\pm\theta_1\right)_m/\left(\pm\theta_2\right)_{12-m}\right]$缠绕方式下的优化结果

m 取值	缠绕方式	P_{cr}/MPa	增幅/%
3	$\left[\left(\pm85\right)_3/\left(\pm90\right)_9\right]$	8.6932	26.04
4	$\left[\left(\pm85\right)_4/\left(\pm85\right)_8\right]$	8.6499	25.42
5	$\left[\left(\pm90\right)_5/\left(\pm80\right)_7\right]$	8.5551	24.04
6	$\left[\left(\pm90\right)_6/\left(\pm85\right)_6\right]$	8.6841	25.91
7	$\left[\left(\pm80\right)_7/\left(\pm90\right)_5\right]$	8.5571	24.07
8	$\left[\left(\pm85\right)_8/\left(\pm90\right)_4\right]$	8.6803	25.86
9	$\left[\left(\pm85\right)_9/\left(\pm85\right)_3\right]$	8.6449	25.34
10	$\left[\left(\pm90\right)_{10}/\left(\pm85\right)_2\right]$	8.6998	26.14
11	$\left[\left(\pm85\right)_{11}/\left(\pm85\right)_1\right]$	8.6449	25.34
12	$\left[\left(\pm85\right)_{12}\right]$	8.6449	25.34

　　图 3-21 给出了 $[(\pm\theta_1)_m/(\pm\theta_2)_{6-m}]_s$ 缠绕方式下不同 m 值时，纤维缠绕角度对临界失稳载荷的影响。由图可知，当 m 为定值时，临界失稳载荷受纤维缠绕角度 θ_1 的影响较大，具体表现为：当 θ_1 为定值时，临界失稳载荷随 θ_2 的变化极其微弱；当 θ_2 为定值时，临界失稳载荷随 θ_1 的变化趋势明显。观察图中的等高线可知，等高线的梯度基本上随着 θ_1 发生变化。$[(\pm\theta_1)_m/(\pm\theta_2)_{6-m}]_s$ 为对称缠绕铺层，$\pm\theta_1$ 缠绕层离中面距离较远，分别在圆柱壳体的内表层和外表层，对壳体的面内刚度、耦合刚度及弯曲刚度有较大影响，因此 θ_1 对壳体结构的临界失稳载荷的影响较为明显。

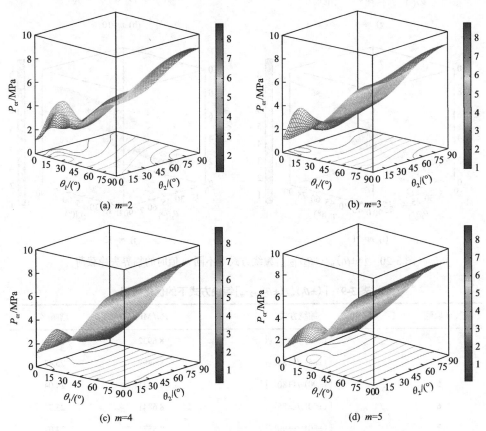

图 3-21　$[(\pm\theta_1)_m/(\pm\theta_2)_{6-m}]_s$ 缠绕方式下不同 m 值时的临界失稳载荷

　　表 3-10 给出了 $[(\pm\theta_1)_m/(\pm\theta_2)_{6-m}]_s$ 缠绕方式下不同 m 值时所得到的最大临界失稳载荷。与 $[(\pm\theta_1)_m/(\pm\theta_2)_{12-m}]$ 缠绕方式相似，最大临界失稳载荷发生在纤维缠绕角度 80°～90°。各 m 值所对应的临界失稳载荷最优解增幅均大于 25%，不同 m 值对应的最大临界失稳载荷相差不大，增幅范围在 25.39%～25.79%。

表 3-10 $[(\pm\theta_1)_m/(\pm\theta_2)_{6-m}]_s$ 缠绕方式下的优化结果

m 取值	缠绕方式	P_{cr}/MPa	增幅/%
2	$[(\pm85)_2/(\pm90)_4]_s$	8.6755	25.79
3	$[(\pm85)_3/(\pm90)_3]_s$	8.6620	25.59
4	$[(\pm85)_4/(\pm90)_2]_s$	8.6535	25.47
5	$[(\pm85)_5/(\pm90)_1]_s$	8.6483	25.39

通过分析得到 $[(\pm\theta_1)_m/(\pm\theta_2)_{6-m}]_s$ 缠绕方式下的最大临界失稳载荷提高 25.79%，$[(\pm\theta_1)_m/(\pm\theta_2)_{12-m}]$ 缠绕方式下的最大临界失稳载荷提高 26.14%，$[(\pm\theta_1)_m/(\pm\theta_2)_{12-2m}/(\pm\theta_3)_m]$ 缠绕方式下的最大临界失稳载荷提高 29.42%。为了验证分析平台的高效性和准确性，与有限元分析进行对比。表 3-11 给出了有限元计算结果，同时给出了解析解与有限元结果之间的误差。对于 $[(\pm\theta_1)_m/(\pm\theta_2)_{12-m}]$ 缠绕方式，解析解与有限元结果之间的误差保持在 6.9% 以内；对于 $[(\pm\theta_1)_m/(\pm\theta_2)_{6-m}]_s$ 和 $[(\pm\theta_1)_m/(\pm\theta_2)_{12-2m}/(\pm\theta_3)_m]$ 缠绕方式，解析解与有限元结果之间的误差分别保持在 2.4% 和 4.3% 以内。在计算效率方面，基于解析模型和遗传算法的一体式分析平台具有明显的优势，对于解析模型，一个计算周期所占用的中央处理器(central processing unit, CPU)时间为 1.65s，而对于有限元模型，一个计算周期所占用的 CPU 时间为 160s。

表 3-11 有限元结果对比($[(\pm\theta_1)_m/(\pm\theta_2)_{12-m}]$ 缠绕方式)

缠绕方式	缠绕角度	P_{cr}/MPa		误差/%
		有限元结果	解析解	
$[(\pm\theta_1)_m/(\pm\theta_2)_{12-m}]$	$[(\pm85)_3/(\pm90)_9]$	8.4918	8.6932	2.37
	$[(\pm85)_4/(\pm85)_8]$	8.8055	8.6499	1.77
	$[(\pm90)_5/(\pm80)_7]$	9.1769	8.5551	6.78
	$[(\pm90)_6/(\pm85)_6]$	8.5722	8.6841	1.31
	$[(\pm80)_7/(\pm90)_5]$	9.1889	8.5571	6.88
	$[(\pm85)_8/(\pm90)_4]$	8.7035	8.6803	0.27
	$[(\pm85)_9/(\pm85)_3]$	8.8055	8.6449	1.82
	$[(\pm90)_{10}/(\pm85)_2]$	8.3829	8.6998	3.78
	$[(\pm85)_{11}/(\pm85)_1]$	8.8055	8.6449	1.82
	$[(\pm85)_{12}]$	8.8055	8.6449	1.82

表 3-12 有限元结果对比(其余两种缠绕方式)

缠绕方式	缠绕角度	P_{cr}/MPa		误差/%
		有限元结果	解析解	
$[(\pm\theta_1)_m/(\pm\theta_2)_{6-m}]_s$	$[(\pm85)_2/(\pm90)_4]_s$	8.4761	8.6755	2.35
	$[(\pm85)_3/(\pm90)_3]_s$	8.5574	8.6620	1.22
	$[(\pm85)_4/(\pm90)_2]_s$	8.6381	8.6535	0.18
	$[(\pm85)_5/(\pm90)_1]_s$	8.7174	8.6483	0.79
$[(\pm\theta_1)_m/(\pm\theta_2)_{12-2m}/(\pm\theta_3)_m]$	$[(\pm80)_2/(\pm75)_8/(\pm85)_2]$	8.3441	8.5762	2.78
	$[(\pm85)_3/(\pm65)_6/(\pm85)_3]$	8.2985	8.6543	4.29
	$[(\pm90)_4/(\pm60)_4/(\pm85)_4]$	8.4417	8.7462	3.61
	$[(\pm85)_5/(\pm60)_2/(\pm90)_5]$	8.5847	8.9261	3.98

3.4 本章小结

本章通过理论研究对两个问题进行了解决:①揭示了壳体几何特征变化对结构稳定性的影响规律;②评估了纤维缠绕角度和层数对临界失稳载荷的影响。主要结论如下:

(1)几何参数(径厚比或长径比)在一定范围内时,临界失稳载荷曲线由若干光滑曲线段组成,每段代表特定数目的失稳半波数,壳体屈曲模态特征和临界失稳载荷呈规律性变化。

(2)对$[\pm\theta]_s$缠绕方式的壳体结构而言,刚度系数对稳定性的影响呈一定规律,刚度系数能够直观表征屈曲模态特征和临界失稳载荷的变化。

(3)对于$[\pm\theta_1/\pm\theta_2]_s$缠绕方式的圆柱壳体,当缠绕角度在一定范围内时,刚度系数对稳定性的影响呈一定规律。

(4)考虑纤维缠绕角度和层数,对三种预设缠绕方式进行稳定性优化设计,结构稳定性有大幅提高,最大可提高29.42%,通过有限元分析验证了优化方法具有高效准确的特点。

第4章 面内损伤

在工程实际中，无论是壳体结构稳定性不足发生屈曲，还是壳体内部应力过大，均会导致复合材料结构发生损伤。为分析复合材料耐压壳体在极限压力下的损伤演化行为，需建立一种合理且准确的损伤刚度退化策略。针对此问题，本章以区分材料失效模式的 Hashin 强度准则作为材料损伤起始的判据，基于连续介质损伤力学理论，提出基于材料临界耗散能的损伤刚度连续退化策略，结合有限元方法建立复合材料耐压壳体面内损伤数值分析模型，并通过壳体静水压力试验验证。开展不同几何尺寸、不同缠绕角度的复合材料耐压壳体损伤研究，揭示诸因素对强度和稳定性的影响。

4.1 面内损伤数值模型

4.1.1 连续线性退化策略

假设材料发生损伤后的应力与应变服从线性退化规律，材料发生损伤时，新裂纹的萌生及扩展往往伴随能量的耗散，因此，材料损伤演化过程可由损伤区域内材料的耗散能控制，如图 4-1 所示。图中，A 点表示材料损伤的起始，B 点表示材料完全损伤，C 点表示损伤过程中的任意一点；直线 OA 的斜率表示未损伤材料的弹性模量 E_0，直线 OC 的斜率表示损伤后的弹性模量 E_d；$\triangle OAC$ 的面积表示损伤过程中的耗散能 G，$\triangle OAB$ 的面积对应材料的临界耗散能 G_c，当 $G=G_c$ 时，材料完全失效。

利用数值方法分析复合材料结构的损伤行为时，发生材料损伤的最小尺度为单元，若不同尺寸的单元都采用相同的损伤本构关系，将导致在损伤演化过程中单元与单元之间的临界耗散能不一致[157]。因此，为了降低材料损伤分析过程中计算结果对网格的依赖性，引入单元特征长度 L_e，其计算公式如下：

$$L_e = \begin{cases} 1.12\sqrt{A}, & \text{四边形单元} \\ 1.52\sqrt{A}, & \text{三角形单元} \end{cases} \tag{4-1}$$

式中，A 为单元面积。

至此，可将本构方程中的应力-应变关系转化为等效应力-等效位移关系，如图 4-2 所示。等效应力与等效位移的计算公式如下。

纤维拉伸：

$$\delta_{eq}^{ft} = L_e \sqrt{\langle \varepsilon_{11} \rangle^2 + \alpha \varepsilon_{12}^2}, \quad \sigma_{eq}^{ft} = \frac{\langle \sigma_{11} \rangle \langle \varepsilon_{11} \rangle + \alpha \tau_{12} \varepsilon_{12}}{\delta_{eq}^{ft} / L_e} \tag{4-2}$$

纤维压缩：

$$\delta_{eq}^{fc} = L_e \langle -\varepsilon_{11} \rangle, \quad \sigma_{eq}^{fc} = \langle -\sigma_{11} \rangle \tag{4-3}$$

基体拉伸：

$$\delta_{eq}^{mt} = L_e \sqrt{\langle \varepsilon_{22} \rangle^2 + \varepsilon_{12}^2}, \quad \sigma_{eq}^{mt} = \frac{\langle \sigma_{22} \rangle \langle \varepsilon_{22} \rangle + \tau_{12} \varepsilon_{12}}{\delta_{eq}^{mt} / L_e} \tag{4-4}$$

基体压缩：

$$\delta_{eq}^{mc} = L_e \sqrt{\langle -\varepsilon_{22} \rangle^2 + \varepsilon_{12}^2}, \quad \sigma_{eq}^{mc} = \frac{\langle -\sigma_{22} \rangle \langle -\varepsilon_{22} \rangle + \tau_{12} \varepsilon_{12}}{\delta_{eq}^{mc} / L_e} \tag{4-5}$$

式中，ε_{11}、ε_{22} 和 σ_{11}、σ_{22} 分别为对应方向上的正应变和正应力；τ_{12} 和 ε_{12} 分别为面内剪切应力和剪切应变；α 为 Hashin 强度准则中的系数，反映剪切应力对纤维拉伸损伤的影响，本例中，取 $\alpha = 1$[83]；$\langle \cdot \rangle$ 为 Macauley 运算符，定义为 $\langle x \rangle = (x + |x|)/2$。

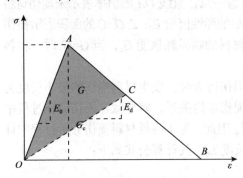 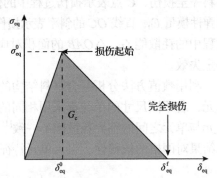

图 4-1　连续线性退化策略　　　　图 4-2　损伤材料等效力-等效位移关系

对于任意一种材料失效模式，其损伤变量可写为

$$d = \frac{\delta_{eq}^f (\delta_{eq} - \delta_{eq}^0)}{\delta_{eq} (\delta_{eq}^f - \delta_{eq}^0)} \tag{4-6}$$

　　在数值分析过程中,材料损伤引起的结构刚度变化会严重影响计算的收敛性。因此, 对于四种材料失效模式, 分别引入黏性阻尼系数 η, 使材料的切线刚度矩阵在很小的时间步增量内始终保持正定。利用式(4-7)可将特定失效模式的损伤变量正则化:

$$d'_{t+\Delta t} = \frac{\eta}{\eta + \Delta t} d'_t + \frac{\Delta t}{\eta + \Delta t} d_{t+\Delta t} \qquad (4\text{-}7)$$

式中, $d'_{t+\Delta t}$ 为当前时间步对应正则化后的损伤变量; d'_t 为上一个子步结束时对应的正则化损伤变量; $d_{t+\Delta t}$ 为当前未正则化的损伤变量; Δt 为时间步增量。

　　上述连续线性退化策略共含 8 个未知参数, 分别为纤维拉伸临界耗散能 G_c^{ft} 及其对应的黏性阻尼系数 η^{ft}、纤维压缩临界耗散能 G_c^{fc} 及其对应的黏性阻尼系数 η^{fc}、基体拉伸临界耗散能 G_c^{mt} 及其对应的黏性阻尼系数 η^{mt}、基体压缩临界耗散能 G_c^{mc} 及其对应的黏性阻尼系数 η^{mc}。本书将在静力学拉伸与压缩试验数据的基础上, 以数值仿真结果与试验数据之间的累积误差最小化为目标, 通过优化的方式确定参数取值。

　　为了量化数值仿真结果与试验结果之间的差异性,引入累积误差 f_{CE}, f_{CE} 越小, 表示数值仿真结果与试验结果越接近, 其定义如下:

$$f_{CE} = \frac{1}{N} \sqrt{\sum_{i=1}^{N} (F \Big|_{\varepsilon = \varepsilon_i}^{FEM} - F \Big|_{\varepsilon = \varepsilon_i}^{Ex})^2} \qquad (4\text{-}8)$$

式中, N 为试验数据点的数量; $F \Big|_{\varepsilon = \varepsilon_i}^{FEM}$ 为数值计算中当应变 ε 为 ε_i 时所对应的外部载荷; $F \Big|_{\varepsilon = \varepsilon_i}^{Ex}$ 为试验过程中当应变 ε 为 ε_i 时所对应的外部载荷。

　　在数值仿真计算中, 总载荷被所设定的子步数均分后逐次施加在模型上, 对于某个特定试验数据点 $(\varepsilon_i^{Ex}, F_i^{Ex})$, 很难在数值仿真结果中找到与之严格相等的应变值 ε_i^{FEM} 所对应的数据点, 因此将与试验应变最为接近的仿真数据点作为近似值, 用于式(4-8)的计算。数值计算最小子步数设为试验数据点总数的 5 倍, 从而尽可能减小这种近似引起的误差。

　　采用遗传算法对累积误差进行优化。遗传算法基于群体搜索技术, 将一个种群视为一组问题解, 通过对当前种群进行选择、交叉、变异等一系列操作生成新的种群, 在反复迭代过程中使种群逐渐进化至包含最优解的状态。遗传算法对所解决的优化问题并没有过高的数学要求, 可以用来优化任意形式的目标函数, 并且由于变异操作的存在, 遗传算法在搜索过程中不易陷入局部最优解。遗传算法优化程序在 MATLAB 中编写, 针对拉伸与压缩两种工况, 分别将 G_c^{ft}、η^{ft}、G_c^{mt}、

η^{mt} 与 $G_{\mathrm{c}}^{\mathrm{fc}}$、$\eta^{\mathrm{fc}}$、$G_{\mathrm{c}}^{\mathrm{mc}}$、$\eta^{\mathrm{mc}}$ 作为输入参数，对应累积误差作为适应度函数，并基于有限元软件 ANSYS APDL 进行二次开发，实现参数化模型建立、仿真分析、累积误差计算，以及与 MATLAB 间的参数传递，其流程如图4-3所示。

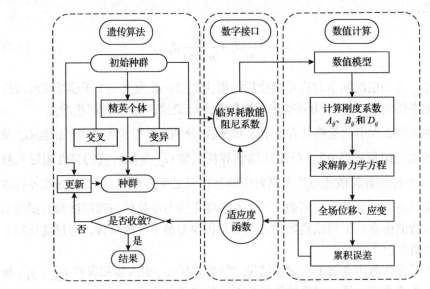

图4-3　累积误差最小化优化流程

综合考虑种群的多样性与计算耗时，在遗传算法程序中，种群规模设置为500，交叉概率设置为80%，种群中10%的精英个体将会被保留并延续至下一代，同时为防止程序陷入局部最优解，变异概率设置为1%，最大世代数为100，程序将会在世代数达到100或者连续10代种群未发生进化时停止。输入变量的取值范围通过初步试算确定。

(1)优化目标：$\min f_{\mathrm{CE}}$。

(2)适应度函数：$f_{拉伸}(G_{\mathrm{c}}^{\mathrm{ft}},\eta^{\mathrm{ft}},G_{\mathrm{c}}^{\mathrm{mt}},\eta^{\mathrm{mt}}) = \dfrac{1}{f_{\mathrm{CE}}}$，$f_{压缩}(G_{\mathrm{c}}^{\mathrm{fc}},\eta^{\mathrm{fc}},G_{\mathrm{c}}^{\mathrm{mc}},\eta^{\mathrm{mc}}) = \dfrac{1}{f_{\mathrm{CE}}}$。

(3)约束条件：$G_{\mathrm{c}}^{\mathrm{ft}} \in [0,150]$，$\eta^{\mathrm{ft}} \in [0,0.5]$，$G_{\mathrm{c}}^{\mathrm{mt}} \in [0,100]$，$\eta^{\mathrm{mt}} \in [0,0.1]$；$G_{\mathrm{c}}^{\mathrm{fc}} \in [0,200]$，$\eta^{\mathrm{fc}} \in [0,0.01]$，$G_{\mathrm{c}}^{\mathrm{mc}} \in [0,100]$，$\eta^{\mathrm{mc}} \in [0,0.01]$。

最终优化结果在表4-1中给出。

表 4-1　优化后的刚度退化策略参数

参数	拉伸					压缩				
	$G_{\mathrm{c}}^{\mathrm{ft}}$	η^{ft}	$G_{\mathrm{c}}^{\mathrm{mt}}$	η^{mt}	f_{CE}	$G_{\mathrm{c}}^{\mathrm{fc}}$	η^{fc}	$G_{\mathrm{c}}^{\mathrm{mc}}$	η^{mc}	f_{CE}
数值	129	0.395	2	0.004	19.22	167	0.0007	64	0.0009	222.08

利用优化后的退化策略参数对试验样件进行数值仿真分析，数值结果与试验结果绘制在图 4-4 中。由图可以看出，在拉伸工况下，数值仿真计算结果与试验数据初段吻合较好，数值方法准确预测出材料损伤起始的时刻。材料发生损伤后，试验数据表明，随着应变的增加，拉伸载荷仍然维持在高位，但数值模型表现出拉伸载荷下降，从而引起累积误差 f_{CE} 增大。对于压缩工况，数值模型在应变小于 -4000 时与试验结果吻合良好，随着压缩应变的增大，数值仿真计算结果与试验结果出现偏离。材料发生破坏后，数值模型预测的压缩载荷急剧下降，但在试验中，样件发生破坏后内部应力得到释放，应变迅速下降，断裂样件上下部分在压缩载荷的作用下紧紧相连，压缩载荷在破坏瞬间并没有发生明显的突变，因此导致压缩工况下的累积误差 f_{CE} 大于拉伸工况。

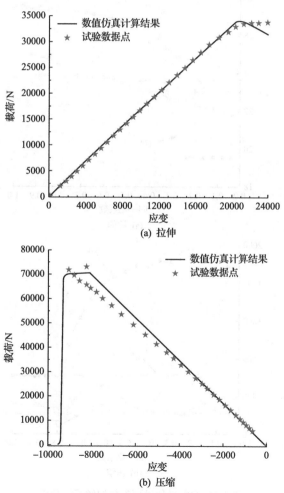

(a) 拉伸

(b) 压缩

图 4-4　优化后的刚度退化模型结果与试验数据对比

　　为探究退化策略中各参数对仿真结果准确度的影响，对参数 G_c^{ft}、η^{ft}、G_c^{mt}、η^{mt} 与 G_c^{fc}、η^{fc}、G_c^{mc}、η^{mc} 进行敏感性分析。如图 4-5 所示，参数的横坐标在其取值范围内进行归一化处理，并将结果绘制在同一个坐标系内。由图 4-5(a) 可以看出，当 G_c^{ft} 取值较小时，它对累积误差 f_{CE} 的影响较小，随着 G_c^{ft} 的增大，累积误差 f_{CE} 迅速增大，并最终趋于稳定；对于参数 η^{ft}，累积误差 f_{CE} 随着 η^{ft} 的增大先减小后增大；对于另外两个参数 G_c^{mt} 与 η^{mt}，累积误差 f_{CE} 随着二者的增加单调增加。图 4-5(b) 表明，压缩工况下，累积误差 f_{CE} 受 G_c^{fc} 的影响较大，而对 G_c^{mc} 与 η^{mc} 并不敏感；当 η^{fc} 取值较小时，η^{fc} 对累积误差 f_{CE} 有显著影响，而当 η^{fc} 取值较大时，累积误差 f_{CE} 几乎不变。

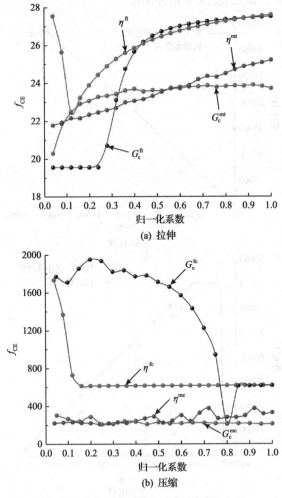

(a) 拉伸

(b) 压缩

图 4-5　刚度退化模型参数的敏感性分析

4.1.2　有限元模型

　　基于所提出的损伤刚度退化策略,利用有限元软件 ANSYS 建立复合材料耐压壳体有限元模型,如图 4-6(a)所示。壳体右端装配有金属平端盖,左端施加固定约束,外圆柱面及端盖上施加静水压力,从而模拟耐压壳体在水下受压的工况。

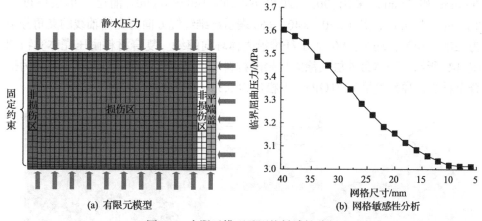

(a) 有限元模型　　　　　　　　(b) 网格敏感性分析

图 4-6　有限元模型及网格敏感性分析

　　受加工工艺及制造误差的影响,实际的复合材料耐压壳体并不是一个完美的圆柱。例如,纤维缠绕的起始点和终点处的壳体厚度会有微小变化,加工过程中树脂的不均匀分布也会使壳体产生不圆度,而圆柱壳体的性能对几何缺陷具有较强的敏感性。因此,为了使所建立的数值模型尽可能接近实际产品,本节将几何缺陷引入模型,将壳体结构的一阶屈曲模态变形作为初始几何缺陷,缺陷幅值与单层厚度保持一致。

　　利用有限元方法分析壳体损伤过程中,边界条件附近的应力集中现象会导致壳体在外部压力远低于极限载荷时边界处过早发生损伤,从而降低了边界区域的刚度,使得计算难以收敛。为了避免上述情况的发生,在复合材料圆柱壳体的两端分别分割出两个宽度相等的圆环作为非损伤区,圆环的宽度为壳体总长度的5%,圆柱壳体的主体部分作为损伤区。损伤区域单元按照后续 4.2.1 节中的策略进行退化,而非损伤区域单元本构保持线弹性关系且刚度不发生退化。设置非损伤区,可以使应力集中现象发生在非损伤区域内,既提高了整个模型的计算收敛性,也不会对复合材料壳体主体区域的力学行为造成影响。

　　为了保证数值计算结果的可靠性,需开展网格敏感性分析,其结果如图 4-6(b)所示。由图可以看出,随着网格的细化,数值预测的壳体临界屈曲压力不断减小，并在网格尺寸小于 10mm 后趋于稳定。因此，本章中的数值模型网格尺寸设定为 10mm。

4.1.3　面内损伤模型验证

本节通过复合材料耐压壳体静水压力试验验证建立的面内损伤数值模型的准确性。壳体几何尺寸如图 4-7 所示。其长度 L、内径 D 及总厚度 t 分别为 375mm、200mm 和 3mm，采用 $[90_4/(\pm20/90_2/\pm40/90_2/\pm60/90_2)_2/90_2]$ 铺层，单层厚度为 0.1mm，共 30 层，其中 ±20、±40、±60 表示纤维缠绕方向与壳体轴线的夹角分别为 $\pm20°$、$\pm40°$、$\pm60°$，90 表示纤维沿壳体环向缠绕。复合材料耐压壳体实物如图 4-8 所示。壳体最外层喷涂柔性聚酯材料防止渗水，两端的法兰及平端盖为铝合金材质，弹性模量为 71GPa，泊松比为 0.33。

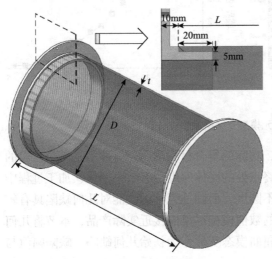

图 4-7　试验壳体主要几何尺寸　　　　图 4-8　耐压壳体实物样件

试验在翱翔国家重点实验室进行，通过试验测得该复合材料耐压壳体的极限承压能力为 3.06MPa，此时壳体已经发生屈曲，沿圆周方向形成三个屈曲波形。随着水泵不断向高压釜内注水，壳体产生了明显的压缩变形，此时高压釜内压力不升反降，壳体进入后屈曲状态。当压力为 2.60MPa 时，壳体屈曲波形波谷处的纤维发生断裂，壳体发生最终破坏。壳体从开始受压至最终破坏的整个变形过程如图 4-9 所示。

利用本章所建立的面内损伤数值模型对复合材料耐压壳体进行非线性屈曲分析，得到壳体的极限载荷为 3.13MPa，与试验结果误差为 2.3%。图 4-10 给出了数值仿真计算得出的壳体变形过程。对比图 4-9 可以发现，数值模型预测的壳体屈曲波形与试验捕捉到的屈曲波形完全一致，并且数值模型成功预测出壳体在屈曲

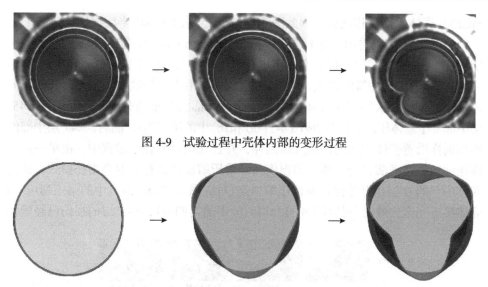

图 4-9 试验过程中壳体内部的变形过程

图 4-10 数值仿真计算得出的壳体变形过程(中部剖面图)

波形的波谷处发生破坏。与试验结果稍有不同的是，在数值仿真过程中，当外部压力接近壳体的极限载荷时，壳体产生屈曲大变形并迅速发生破坏，并没有试验过程中的后屈曲状态。此外，在试验过程中，壳体破坏后发生泄漏，高压釜内压力骤降，导致除已经发生纤维断裂的部分外，壳体其余部分又恢复至初始形态，因此在最终破坏形貌上试验结果与数值仿真结果有所区别。

综上，通过与试验结果进行对比，本节建立的复合材料耐压壳体面内损伤模型的可行性和准确性均得到验证。在本章后续小节中，将使用该模型对不同几何尺寸和缠绕角度复合材料耐压壳体的面内损伤演化过程进行分析。

4.2 壳体几何尺寸对面内损伤的影响

本节分别对不同厚度及不同长度的壳体进行分析，记录壳体损伤的起始及损伤演化的过程，并探究壳体厚度和长度对壳体损伤演化的影响。

4.2.1 壳体厚度与长度对损伤的影响

1. 壳体厚度对损伤的影响

以内径 D=200mm、长度 L=375mm、$[90/0/+45/-45]_s$ 铺层方式壳体为例，选取 8mm、9mm、10mm、11mm、12mm 五种壳体厚度，分别进行面内损伤分析。壳体损伤演化过程及其对应的损伤模式，包括纤维压缩损伤(fiber compression failure, FCF)、基体拉伸损伤(MTF)、基体压缩损伤(matrix compression

MCF)。壳体采用对称铺层，因此图 4-11 中只绘制出壳体内半层损伤演化情况。

　　由图 4-11 可以看出，对于厚度为 8mm 和 9mm 的壳体，当外部压力增大到一定程度时，壳体中部的 90°层率先出现纤维压缩损伤(对应图 4-11(a)和(b)中的第一列)。随着压力的继续增大，90°层中部的损伤沿壳体轴线向两端逐渐延伸，同时损伤面积的扩大降低了壳体的刚度，壳体内部载荷重新分配，进而引发 ±45°层中部发生基体压缩损伤(对应图 4-11(a)和(b)中的第二列)。随后，±45°层中部的损伤同样沿着壳体轴线向两端逐渐延伸，并且在损伤演化的过程中，由单一的基体压缩损伤逐渐演化为基体压缩损伤与纤维压缩损伤共存的混合损伤模式，此时壳体中部的 0°层也开始出现基体压缩损伤(对应图 4-11(a)和(b)中的第三列)。当壳体接近完全失效时(对应图 4-11(a)和(b)中的第四列)，±45°层的损伤已经延伸

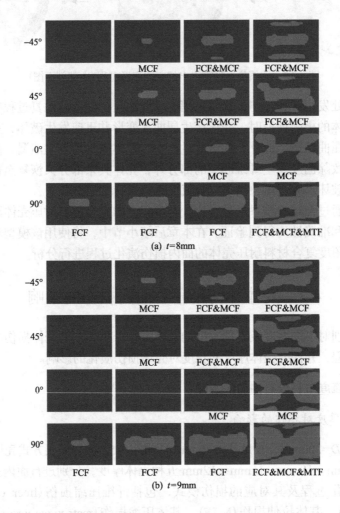

(a) $t=8\text{mm}$

(b) $t=9\text{mm}$

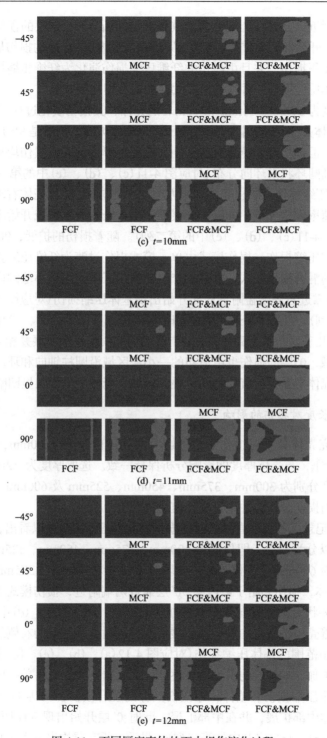

图4-11 不同厚度壳体的面内损伤演化过程

至壳体端部附近，并且在圆周方向的其他部位间断分布。0°层的损伤在延伸至端部附近之后，开始向环向扩展，呈"X"形状。最内层 90°层的损伤最明显，整层均出现了大面积损伤，并且由最初的纤维压缩损伤演化为纤维压缩损伤、基体压缩损伤及基体拉伸损伤三种损伤模式共存的混合损伤模式。

对于厚度为 10mm、11mm 和 12mm 的壳体，其损伤演化过程与厚度为 8mm 和 9mm 的壳体并不完全相同。当外部压力逐渐增大时，仍然是 90°层率先出现纤维压缩损伤，但损伤起始位置有所区别，这三种厚度的壳体损伤均从壳体两端附近起始，呈细圆环状沿环向分布（对应图 4-11（c）、（d）、（e）中的第一列）。随后，90°层的纤维压缩损伤沿圆柱壳体轴线方向朝中部扩展，并且壳体右端靠近端盖处的损伤扩展速率大于左端，同时±45°层靠近端盖处的局部区域开始出现基体压缩损伤（对应图 4-11（c）、（d）、（e）中的第二列）。随着损伤的扩展，90°层与±45°层相继出现基体压缩损伤，损伤模式由单一模式损伤过渡为纤维压缩损伤与基体压缩损伤共存的混合损伤模式，并且±45°层已损伤区域的附近小范围内产生新的损伤，同时 0°层靠近右侧端盖附近局部开始出现基体压缩损伤（对应图 4-11（c）、（d）、（e）中的第三列）。当壳体接近完全失效时（对应图 4-11（c）、（d）、（e）中的第四列），90°层的损伤几乎遍布整个壳体，而±45°层的局部损伤逐渐扩展并相互联结，形成大片损伤区域，0°层的损伤也由最初的一小块区域沿圆柱轴向和环向同时扩展，并且在靠近壳体端盖处所有层损伤重叠的区域，壳体发生了明显凹陷。

2. 壳体长度对损伤的影响

下面探究壳体长度对损伤演化的影响。壳体内径 D=200mm，铺层方式为 $[90/0/+45/-45]_s$，与壳体厚度的影响分析保持一致。选取厚度为 12mm 的壳体为例，壳体长度分别为 300mm、375mm、450mm、525mm 及 600mm，分别对这些壳体进行面内损伤分析，并记录损伤演化过程。

图 4-12 记录了各长度壳体的面内损伤演化过程。由图可以看出，损伤演化的规律同样可以分为两类，即长度为 300mm、375mm、450mm、525mm 的壳体为一类，长度为 600mm 的壳体为另一类。对于长度为 300mm、375mm、450mm、525mm 的壳体，损伤起始于最内层 90°层靠近两端附近，损伤模式为纤维压缩损伤并且呈圆环状沿圆周方向分布（对应图 4-12（a）、（b）、（c）、（d）中的第一列）。随后损伤沿着壳体轴线方向朝中部扩展，与此同时，±45°层的右侧靠近端盖附近也开始出现小范围的基体压缩损伤（对应图 4-12（a）、（b）、（c）、（d）中的第二列）。随着压力的增加，±45°层的损伤面积逐渐扩大，损伤模式也由单一的基体压缩损伤过渡为纤维压缩损伤和基体压缩损伤共存的混合损伤，90°层的纤维压缩损伤则继续向壳体中部扩展，并在中部汇聚，此时 0°层开始出现基体压缩损伤（对应图 4-12（a）、（b）、（c）、（d）中的第三列）。最后，所有层均出现大面积损伤，且除

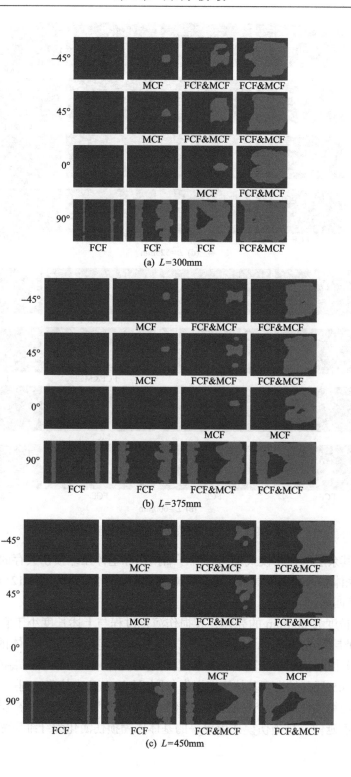

(a) L=300mm

(b) L=375mm

(c) L=450mm

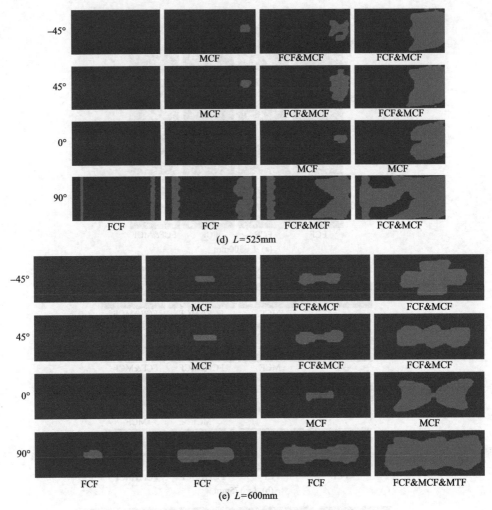

(d) L=525mm

(e) L=600mm

图 4-12　不同长度壳体的面内损伤演化过程

0°层外，其余层的损伤模式均为纤维压缩损伤和基体压缩损伤共存的混合损伤。此外，在壳体靠近端盖的局部区域还能观察到明显凹陷(对应图 4-12(a)、(b)、(c)、(d)中的第四列)。

　　对于长度为 600mm 的壳体，其损伤演化过程与上述长度小于它的壳体有所不同。90°层最先出现纤维压缩损伤，但损伤的起始部位为壳体的中部(对应图 4-12(e)中的第一列)。随后，90°层损伤沿着壳体轴线方向朝两端扩展，同时壳体中部的±45°层开始出现基体压缩损伤(对应图 4-12(e)中的第二列)。当 0°层开始出现基体压缩损伤时，90°层的损伤已经延伸至壳体两端附近，±45°层的损伤也向两端小幅度延伸，且损伤模式由单一的基体压缩损伤演化为纤维压缩损伤与基体压缩损伤共存的混合损伤（对应图 4-12 (e) 中的第三列）。当壳体临近破坏时，壳体中部区域由于所有层均已损伤，对应区域的刚度急剧下降，因此产生明显的凸起变形，此时所有层均已出现大面积损伤，除了 0°层为单一的基体压缩损伤外，其余层均为混合损伤。

通过研究不同厚度与不同长度壳体的损伤演化过程，可以发现损伤均起始于90°层，0°层最晚出现损伤，且±45°层与 90°层都经历了由单一损伤模式向混合损伤模式过渡的转变。而当壳体长度较短时，0°层呈现混合损伤，随着壳体长度增加，0°层仅呈现单一的基体损伤模式。壳体的长度和厚度不尽相同，但损伤演化的过程大致上都可以分为两大类，第一类包括厚度较小或者长度较长的壳体，它们的损伤从壳体中部起始，沿轴向朝两端扩展（对应图 4-11 (a)、(b) 及图 4-12 (e)）；第二类包括厚度较大或者长度较短的壳体，它们的损伤起始于两端附近且呈圆环形，逐渐向壳体中部聚拢（对应图 4-11 (c)、(d)、(e) 及图 4-12 (a)、(b)、(c)、(d)）。此外，第一类损伤模式中壳体的 90°层在临近破坏时出现了基体拉伸损伤，这是由于壳体稳定性不足发生了屈曲变形，位于屈曲波形波谷区域的壳体受到拉伸应力，从而产生基体拉伸损伤。第二类损伤模式中壳体的 ±45°层和 0°层的损伤起始均靠近端盖一侧，并且在后来的损伤扩展过程中靠近端盖附近区域的损伤情况相较于固定端附近区域更严重。这是由于相比于左端的固定约束，端盖的刚度相对较小，在受压过程中端盖也产生了一定的变形，从而导致端盖附近区域应力更大，更容易发生损伤。

综合上述分析可以发现，较薄较长的壳体的损伤演化规律符合第一类，而较厚较短的壳体的损伤演化规律符合第二类，其更深层次的原因在于引发壳体损伤的因素不同。对于较薄较长的壳体，其结构稳定性较弱，当外界载荷接近壳体的临界失稳载荷时，壳体由于屈曲会产生大变形，使得屈曲波形的波峰波谷处的应力水平升高，从而引起壳体损伤。对于较厚较短的壳体，其结构稳定性较强，当外部载荷还未接近壳体的临界失稳载荷时，壳体内部的应力水平已经达到材料的强度极限，从而引起壳体损伤。因此，可将壳体损伤演化类型分为由结构失稳主导的壳体屈曲损伤演化和由材料强度不足主导的壳体强度破坏损伤演化两类。关于如何确定某一壳体的损伤演化类型，以及壳体长度与厚度对壳体力学行为的影响将在 4.2.2 节详细讨论。

4.2.2 几何尺寸对壳体强度与稳定性的影响

损伤演化过程分为由结构失稳主导的壳体屈曲损伤演化和由材料强度不足主导的壳体强度破坏损伤演化两大类，而壳体的极限承压能力是由壳体的临界失稳载荷与壳体发生强度破坏时对应的外部压力二者中的较小值确定的，因此只需要确定壳体在外部水压的作用下是优先发生结构失稳还是强度破坏，就能确定壳体的损伤演化规律。

本节利用壳体的临界失稳载荷 P_{cr} 与临界强度压力 P_{str}(临界强度压力是指在不考虑壳体失稳的前提下,壳体出现首层失效所对应的外载荷)两个指标,判断壳体损伤演化类型。表 4-2 列出了前述所有壳体对应的临界失稳载荷与临界强度压力。结合表中数据及前述各壳体的损伤演化过程,证明了利用 P_{cr} 与 P_{str} 的相对大小来确定壳体损伤的演化模式的可行性,即当临界失稳载荷大于临界强度压力时,壳体发生屈曲损伤演化;当临界强度压力大于临界失稳载荷时,壳体发生强度破坏损伤演化。

表 4-2　前述算例对应的临界失稳载荷与临界强度压力

厚度/mm	P_{cr}/MPa	P_{str}/MPa	相对大小	长度/mm	P_{cr}/MPa	P_{str}/MPa	相对大小
8	32.93	39.35	$P_{cr}<P_{str}$	300	99.31	59.46	$P_{cr}>P_{str}$
9	43.91	44.35	$P_{cr}<P_{str}$	375	88.08	59.46	$P_{cr}>P_{str}$
10	56.77	49.36	$P_{cr}>P_{str}$	450	77.57	59.46	$P_{cr}>P_{str}$
11	71.50	54.42	$P_{cr}>P_{str}$	525	61.75	59.46	$P_{cr}>P_{str}$
12	88.08	59.46	$P_{cr}>P_{str}$	600	51.96	59.46	$P_{cr}<P_{str}$

为确定不同长度与不同厚度壳体的损伤演化模式,本节同样以内径 D=200mm、[90/0/+45/−45]$_s$ 对称铺层的壳体为例,壳体长径比 L/D 的取值范围为[1,5],壳体厚径比 t/D 的取值范围为[0.01,0.1],分别计算这些壳体的临界失稳载荷与临界强度压力,并将结果绘制在图 4-13 和图 4-14 中。

图 4-13 绘制了五种不同长度壳体的临界失稳载荷与临界强度压力随壳体厚度的变化规律。图中,黑色曲线表示临界失稳载荷,灰色曲线表示临界强度压力,实线部分表示壳体的极限承压能力。以长径比 L/D=2 的壳体为例,当壳体的厚径比小于 0.06 时,黑色曲线位于灰色曲线的下方,意味着壳体的极限承压能力受到壳体稳定性的限制,在外部压力的作用下壳体优先发生失稳破坏;当壳体的厚径比大于 0.06 时,灰色曲线位于黑色曲线的下方,表示壳体在外部压力的作用下优

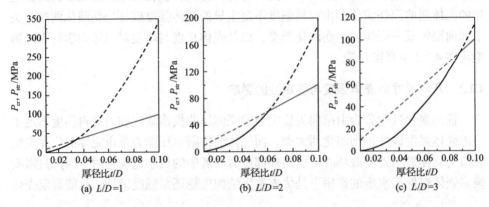

(a) L/D=1　　　　　(b) L/D=2　　　　　(c) L/D=3

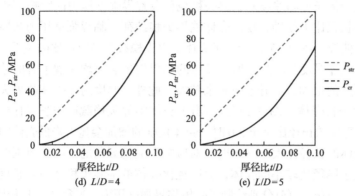

(d) $L/D=4$ (e) $L/D=5$

图 4-13 壳体极限承压能力与几何尺寸的关系

先发生强度破坏。由图 4-13 还可以看出，对于长径比 $L/D \leqslant 3$ 的壳体，随着壳体厚度的增加，均存在由失稳破坏过渡到强度破坏的转变，并且壳体的长度越长，失稳破坏所占的比例就越大。而对于长径比为 4 和 5 的壳体，在所给定的厚径比范围内，只发生失稳破坏。

图 4-14(a)绘制了不同长度与不同厚度壳体的极限承压能力。壳体的极限承压能力是由临界失稳载荷与临界强度压力中的较小值决定的，因此在图中将两者中较大值进行透明化处理，不透明曲面即对应壳体极限承压能力。图 4-14(b)绘制了壳体极限承压能力在底面的投影。从投影图中可以更加直观地区分不同长度、不同厚度壳体在极限载荷下的损伤模式。当壳体长径比小于 3.5 时，随着壳体厚度的增加，壳体的损伤模式存在由屈曲损伤模式向强度破坏损伤模式的转变(图中强度破坏损伤与屈曲损伤的分界处)，并且随着壳体长度的增加，发生损伤模式转变时所对应的壳体厚度也呈递增趋势。当壳体长径比大于 3.5 时，这一转变过程消失，意味着厚径比在 0.01～0.1 范围的壳体均优先发生屈曲损伤。

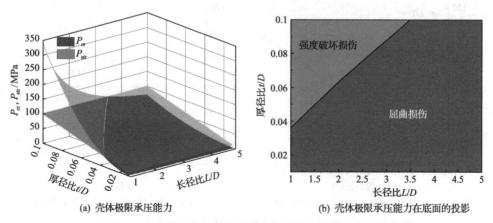

(a) 壳体极限承压能力   (b) 壳体极限承压能力在底面的投影

图 4-14 不同几何尺寸壳体的极限承压能力与损伤模式

为探究壳体长度与厚度对临界失稳载荷及临界强度压力的影响，图 4-15 分别以厚径比和长径比为横轴，绘制壳体临界失稳载荷、临界强度压力与厚径比和长径比的关系曲线。图 4-15(a)记录了壳体临界失稳载荷与厚径比的关系，由图可以看出，随着壳体厚度的增加，所有壳体的临界失稳载荷均呈现上升的趋势，并且随着壳体厚度的增加，上升速率越来越大。此外，厚度对短壳体临界失稳载荷的影响显著大于长壳体。图 4-15(b)给出了壳体临界失稳载荷与长径比的关系，分析可知，当壳体的长径比小于 3.0 时，壳体长度的增加会显著降低壳体的临界失稳载荷；当壳体的长径比大于 3.0 时，对应临界失稳载荷的下降趋势则变得平缓。另外，相较于厚径比较小的壳体，大厚径比壳体的临界失稳载荷对长度的变化更为敏感。图 4-15(c)与(d)分别绘制了壳体临界强度压力与厚径比、长径比的关系。由图可以明显看出，临界强度压力与壳体的厚径比正线性相关。图 4-15(c)中不同长度壳体对应的曲线几乎完全重叠在一起，以及图 4-15(d)中的水平直线表明，壳体长度对其临界强度压力几乎没有影响。

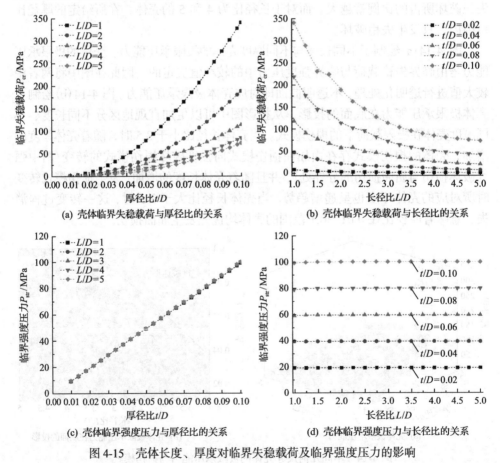

(a) 壳体临界失稳载荷与厚径比的关系　　(b) 壳体临界失稳载荷与长径比的关系

(c) 壳体临界强度压力与厚径比的关系　　(d) 壳体临界强度压力与长径比的关系

图 4-15　壳体长度、厚度对临界失稳载荷及临界强度压力的影响

4.3 缠绕角度对面内损伤的影响

缠绕角度设计是复合材料耐压壳体设计过程中必不可少的环节，不同的缠绕角度会使壳体在各方向上的刚度不同，进而影响壳体受压时的力学行为。本节以 $[\pm\theta]_s$ 典型对称铺层方式为例，分别选取长径比 $L/D=2$ 的短壳体和长径比 $L/D=5$ 的长壳体，探究缠绕角度对壳体的承压能力及损伤演化的影响。

4.3.1 缠绕角度对短壳体的影响

图 4-16 绘制了长径比 $L/D=2$ 时缠绕角度对不同厚度壳体的临界失稳载荷的影响。图 4-16 中曲线由内至外对应 t/D 依次为 0.01、0.02、0.03、0.04、0.05、0.06、0.07、0.08、0.09、0.10。图 4-17 绘制了在相同外载荷下厚径比 $t/D=0.02$ 时壳体中部轴向应变与环向应变随缠绕角度的变化关系。

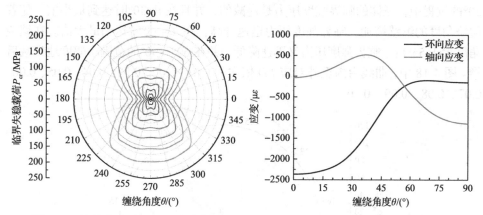

图 4-16 缠绕角度对 $L/D=2$ 壳体临界 失稳载荷的影响

图 4-17 相同外压下 $t/D=0.02$ 时壳体轴向应 变与环向应变随缠绕角度的变化关系

由图 4-16 可以看出，虽然壳体的厚度有所不同，但临界失稳载荷随着缠绕角度的变化规律相似。当缠绕角度 $\theta=0°$，即纤维方向与壳体轴线方向平行时，壳体的临界失稳载荷最小。0°铺层方式会导致壳体在轴向上的刚度很大而环向刚度很小（图 4-17 中壳体的轴向应变与环向应变更能直观地体现，即 0°铺层壳体环向应变较大，而轴向应变几乎为 0）。较小的环向刚度意味着壳体更容易出现环向的屈曲波形，从而导致临界失稳载荷较小。随着缠绕角度的增加，壳体环向刚度也增加，环向应变逐渐减小。观察图 4-17 可以发现，小角度铺层壳体的轴向应变为正值，意味着虽然壳体同时受到轴向压缩载荷，但小角度铺层的环向刚度仍然较小，在侧面压力和泊松比的共同作用下，壳体长度变长。当缠绕角度增加至 50°左右时，壳体的轴向应变由正转负。随着缠绕角度继续增加，壳体的临界失稳载荷达到最大值。对于不同厚度的壳体，临界失稳载荷达到最大值时所对应的缠绕角度有所区别，小厚径比壳体的临界失稳载荷达到最大值时对应的缠绕角度相较于厚壳体更大一些。例如，厚径比为 0.04 的壳体，当缠绕角度 θ 约为 70°时，临界失稳载荷最大，而厚径比为 0.1 的壳体临界失稳载荷最大时对应的缠绕角度为 50°。存在这样的差异是因为厚度较小的壳体相较于厚壳体更容易发生失稳在环向形成屈曲波，而缠绕角度的增大能显著提高环向刚度，从而使壳体具备一定抵抗屈曲变形的能力。在临界失稳载荷达到最大值后，随着缠绕角度继续增加，所有壳体的临界失稳载荷均出现了一定程度的下降，但厚径比小的壳体的下降趋势更明显一些。结合图 4-17 分析可知，当缠绕角度接近 90°时，壳体环向应变较小而轴向应变较大，壳体的轴向刚度过小在一定程度上降低了壳体的稳定性。

图 4-18 绘制了长径比 $L/D=2$ 时缠绕角度对不同厚度壳体的临界强度压力的影响。分析可知，壳体厚度的增加使壳体的临界强度压力对应有所上升，但不同厚度壳体的临界强度压力随缠绕角度的变化规律是一致的。当缠绕角度从 0°增加至 30°的过程中，壳体的临界强度压力是递减的，并且在 $\theta=30$°时达到最小值。随着缠绕角度的继续增加，临界强度压力迅速升高，在 $\theta=55$°时达到最大值。在缠绕角度大于 55°后，临界强度压力又迅速降低，并在 60°～90°的范围小幅度地先减后增。图 4-18 中，曲线由内至外对应 t/D 依次为 0.01、0.02、0.03、0.04、0.05、0.06、0.07、0.08、0.09、0.10。

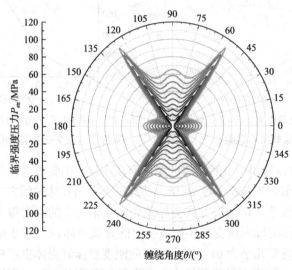

图 4-18　缠绕角度对 $L/D=2$ 壳体临界强度压力的影响

临界强度压力随缠绕角度的变化规律需要结合强度准则及层内应力状态分析。图 4-19 和图 4-20 分别绘制了相同外载荷下壳体失效系数及壳体应力随缠绕角度的变化规律。由图 4-19 可以看出，除了缠绕角度为 55°的壳体之外，其余缠绕角度的壳体的基体失效系数均大于纤维失效系数，表明大部分壳体的损伤起始均为基体损伤。基体损伤的判定依据 Hashin 强度准则，结合图 4-20 中的应力数据可知，当缠绕角度从 0°增加到 30°时，剪切应力 τ_{12} 从 0 迅速增加至–10MPa，虽然此时横向应力 σ_2 有所下降，但材料的横向压缩强度远大于剪切强度，因此 σ_2 对壳体失效系数的影响较小，基体失效系数升高，导致壳体临界强度压力下降。当缠绕角度从 30°增加至 55°时，材料的横向应力与剪切应力均减小，壳体临界强度压力迅速升高。当缠绕角度为 55°时，材料的横向应力与剪切应力均处于较低水平，因此对应的壳体临界强度压力为最大值。随着缠绕角度的继续增大，剪切应力在 0 附近小幅度变化，但横向应力开始增加，从而导致壳体临界强度压力降低。

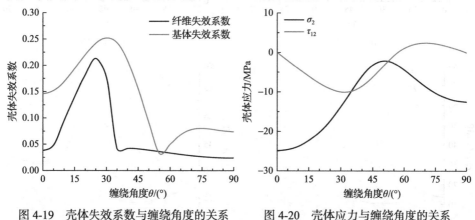

图 4-19　壳体失效系数与缠绕角度的关系　　图 4-20　壳体应力与缠绕角度的关系

本节已经验证可通过临界强度压力与临界失稳载荷的相对大小判断壳体的损伤演化模式，因此将不同厚度壳体的临界屈曲压力与临界强度压力随缠绕角度的变化曲线绘制出来，如图 4-21 所示。图中，灰色线条表示临界强度压力，黑色线条表示临界失稳载荷，实线部分表示两者之间的较小值，即壳体的极限承压能力。

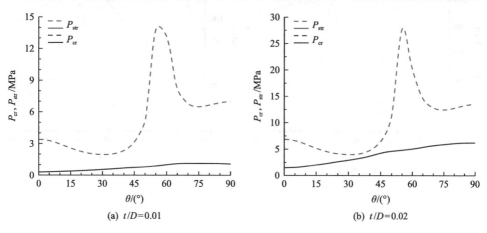

(a) $t/D=0.01$　　　　　　　　　　　　(b) $t/D=0.02$

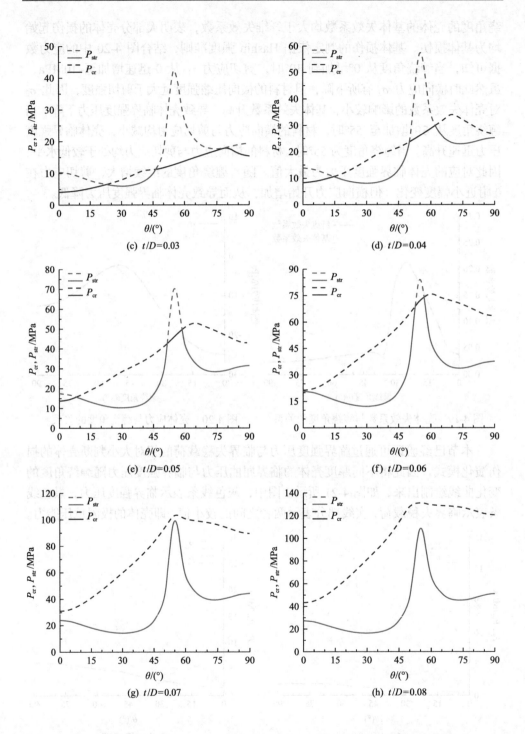

(c) t/D=0.03

(d) t/D=0.04

(e) t/D=0.05

(f) t/D=0.06

(g) t/D=0.07

(h) t/D=0.08

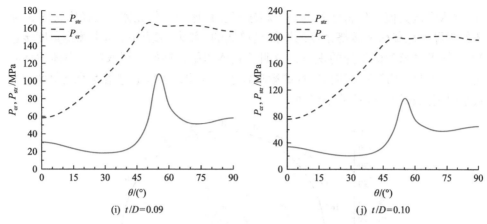

图 4-21　L/D=2 时不同厚度壳体的损伤模式与缠绕角度的关系

由图 4-21 显示的结果可以看出，当壳体的厚径比 $t/D \leqslant 0.02$ 时，临界失稳载荷曲线均位于临界强度压力曲线下方，说明该厚度壳体无论缠绕角度在 0°～90°如何变化，在材料尚未达到极限强度之前，均已发生屈曲失稳，即对应屈曲损伤模式。随着壳体厚度的增加，临界失稳载荷有明显提高，当壳体的厚径比 $t/D \geqslant 0.07$ 时，壳体的临界强度压力曲线均位于临界失稳载荷曲线下方，意味着这些厚度较大的壳体的材料损伤发生在屈曲失稳之前，对应强度破坏损伤模式。对于厚径比在 0.03～0.06 的壳体，缠绕角度的不同会影响壳体最终的损伤模式。对于厚径比为 0.03 的壳体，当缠绕角度介于 22°～45°时，这些缠绕角度对应较低的临界强度压力，因此将发生强度破坏损伤，其他缠绕角度均发生屈曲损伤。对于厚径比为 0.04 的壳体，发生强度破坏损伤的缠绕角度范围扩大至 15°～50°，并且由于壳体稳定性的显著提高，当缠绕角度大于 62°时，壳体也发生强度破坏损伤。对于厚径比为 0.05 的壳体，只有当缠绕角度小于 7°或者在 55°附近时，才会产生屈曲损伤，其余缠绕角度均发生强度破坏损伤。这是因为缠绕角度接近 0°时壳体的临界失稳载荷较小，而缠绕角度在 55°附近时壳体的临界强度压力极高。当壳体的厚径比为 0.06 时，壳体的临界失稳载荷已有显著提升，仅当缠绕角度为 55°左右时才会发生屈曲损伤，其余缠绕角度均发生强度破坏损伤。

4.3.2　缠绕角度对长壳体的影响

图 4-22 绘制了长径比 L/D=5 时缠绕角度对不同厚度壳体的临界失稳载荷的影响。图中，曲线由内至外对应 t/D 依次为 0.01、0.02、0.03、0.04、0.05、0.06、0.07、0.08、0.09、0.10。由图可以看出，不同厚度壳体的临界失稳载荷随缠绕角度的变化规律几乎一致。与长径比为 2 的壳体有所不同的是，长径比为 5 的壳体在缠绕角度从 0°增加至 90°的过程中，壳体的临界失稳载荷也随之增加，在缠绕角度为

90°时达到最大值。值得注意的是，相较于长径比较小的壳体，长径比为 5 的壳体的临界失稳载荷随缠绕角度的增加是单调的，并未出现短壳体中缠绕角度接近90°时临界失稳载荷下降的现象，说明长壳体的稳定性能主要取决于壳体的环向刚度，而轴向刚度对壳体稳定性的影响较小。因此，可以通过增大缠绕角度的方式来提高大长径比壳体的稳定性。

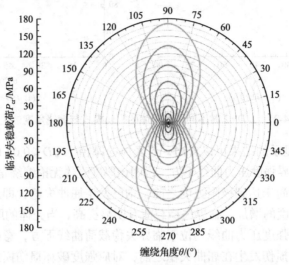

图 4-22　缠绕角度对 $L/D=5$ 壳体临界失稳载荷的影响

图4-23绘制了长径比 $L/D=5$ 时缠绕角度对不同厚度壳体的临界强度压力的影响。图中，曲线由内至外对应 t/D 依次为 0.01、0.02、0.03、0.04、0.05、0.06、0.07、

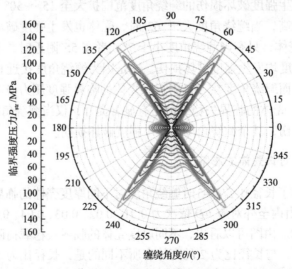

图 4-23　缠绕角度对 $L/D=5$ 壳体临界强度压力的影响

0.08、0.09、0.10。通过对比图 4-18 可以发现，长度的变化仅影响了不同缠绕角度壳体临界强度压力的幅值，而对临界强度压力与缠绕角度之间的变化关系没有影响。

图 4-24 绘制了长径比为 5 时不同厚度壳体的临界失稳载荷与临界强度压力的相对大小关系，用于判断壳体在不同缠绕角度下的损伤模式。壳体长度的增加显著降低了壳体的临界失稳载荷，而对临界强度压力几乎没有影响，导致厚径比 $t/D \leqslant$ 0.05 壳体的临界强度压力曲线始终位于临界失稳载荷曲线的上方，即无论这些壳体的缠绕角度为多少，在材料应力水平达到强度极限之前就已经发生了结构失稳，因此这些壳体的损伤模式均为屈曲损伤。当壳体的厚径比 $t/D \geqslant 0.06$ 时，厚度的增加使壳体的稳定性提高，情况开始出现变化。缠绕角度较小时，小角度铺层壳体的临界失稳载荷相对较低，小于临界强度压力，因此壳体结构的失稳优先于材料强度破坏，对应屈曲损伤模式。当缠绕角度接近 55°时，层内的应力水平较低，壳体拥有较高的临界强度压力，因此该缠绕角度范围内的壳体同样优先发生结构

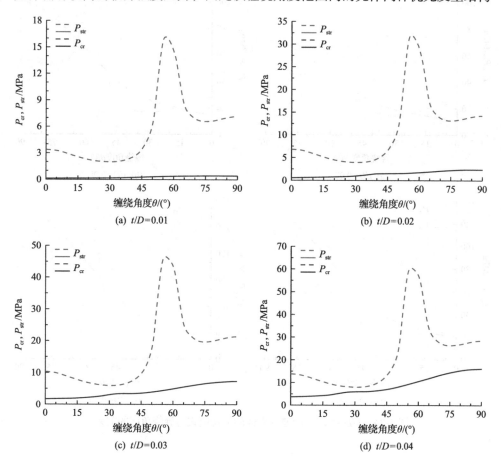

(a) $t/D=0.01$　　　　　　　　　　　　(b) $t/D=0.02$

(c) $t/D=0.03$　　　　　　　　　　　　(d) $t/D=0.04$

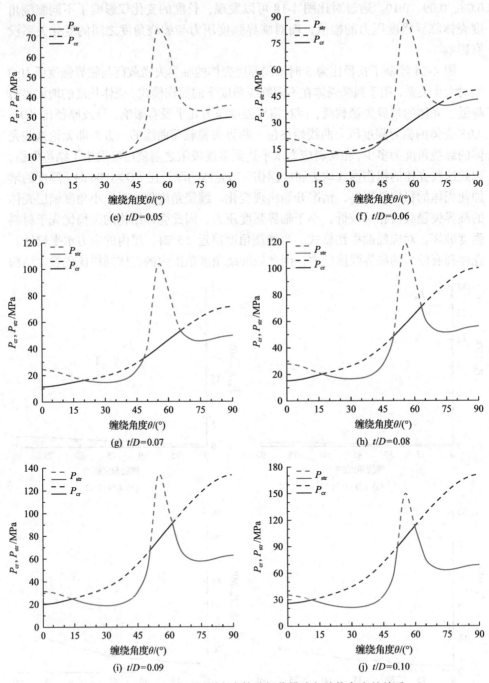

图 4-24　$L/D=5$ 时不同厚度壳体的损伤模式与缠绕角度的关系

失稳,对应屈曲损伤模式,而其余缠绕角度壳体尚未发生结构失稳,内部应力水平就已经达到材料的强度极限,故发生强度破坏损伤。此外,随着壳体厚度的增加,发生屈曲损伤对应的缠绕角度范围逐渐缩小,大多数缠绕角度壳体都发生强度破坏损伤。

4.4 本 章 小 结

本章以 Hashin 强度准则作为损伤起始判据,提出连续线性退化策略描述损伤材料的本构关系,采用材料的耗散能控制损伤演化速率,通过试验确定了退化策略参数,并结合有限元方法建立了复合材料耐压壳体面内损伤数值分析模型。利用静水压力试验对模型进行验证后,将模型应用于不同尺寸、不同铺层方式壳体的面内损伤研究,详细分析了壳体损伤演化过程,并将损伤演化模式总结为屈曲损伤演化模式与强度破坏损伤演化模式两大类。其中,屈曲损伤演化起始于壳体中部,沿轴向朝两端扩展,而强度破坏损伤演化起始于两端附近呈圆环形,逐渐向壳体中部聚拢,同时提出利用壳体临界失稳载荷与临界强度压力的相对大小判断壳体的损伤模式并得到验证。通过一系列算例,探究了壳体临界失稳载荷、临界强度压力与长径比、厚径比的关系,分析了缠绕角度对短壳体与长壳体损伤演化模式的影响,并从应力与应变的角度阐述了原因。

通过分析发现,较大的缠绕角度能够显著提高壳体的稳定性,而 55° 铺层能够有效降低壳体内部应力水平,提高壳体结构强度。在耐压壳体铺层设计过程中,需综合考虑壳体的临界失稳载荷与临界强度压力,通过合理的缠绕角度设计,使壳体的临界强度压力与临界失稳载荷相差较小,从而避免材料强度或者结构稳定性冗余,提高材料的利用效率。

第5章 分层损伤

分层损伤会在结构长期服役过程中不断扩展，使结构刚度不断下降，进而导致结构提前发生失效。分层损伤的数值评估主要有两类方法：一类为基于断裂力学的虚拟裂纹闭合技术，另一类为介于连续介质损伤力学和断裂力学之间的内聚力理论。虚拟裂纹闭合技术基于裂纹扩展所释放的能量等于闭合这段裂纹所需能量这一假设，通过获取裂纹尖端前后节点的应力和应变信息，计算裂纹扩展过程中的应变能释放率，结合分层起始与扩展准则，模拟分层损伤演化。内聚力理论考虑了物质的界面构成，通过选取合适的内聚力单元本构模型及参数，描述物质界面的损伤。本章利用内聚力单元和虚拟裂纹闭合技术，分别建立无损复合材料耐压壳体及含有初始分层缺陷的复合材料耐压壳体数值分析模型，并考虑壳体结构的几何缺陷，分析壳体在静水压力下的屈曲行为及分层损伤演化路径，探究初始分层损伤形状、面积、深度及缠绕角度对损伤演化路径的影响。

5.1 分层损伤数值模型

复合材料耐压壳体的几何尺寸如图 5-1 所示。壳体总长度 L=375mm，壳体内径 d=200mm，壳体厚度 t=4mm。材料的断裂韧性参数如表 5-1 所示。将壳体结构的一阶屈曲模态变形作为初始几何缺陷，缺陷幅值与单层厚度保持一致。

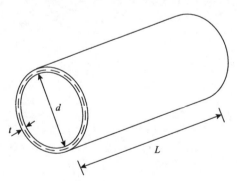

图 5-1 复合材料耐压壳体的几何尺寸示意图

表 5-1　材料的断裂韧性参数

参数	数值
层间拉伸强度	T=5.71MPa
层间剪切强度	S=39.84MPa
临界应变能释放率	$G_{\mathrm{I}}^{\mathrm{C}}$ =0.276N/mm,　$G_{\mathrm{II}}^{\mathrm{C}}=G_{\mathrm{III}}^{\mathrm{C}}$ =0.807N/mm

5.1.1　含初始分层损伤的数值模型

如图 5-2 所示，几何模型以初始分层损伤为界分为外层和内层两个部分。在有限元软件 ANSYS 中，选用三维八节点实体单元 SOLID185 对内层与外层分别进行网格划分，如图 5-3 所示，并将除初始分层损伤区域以外的内外两层节点进行匹配对应，从而保证未发生分层损伤区域节点位移的协调。在内层与外层初始分层损伤区域之间添加无摩擦约束，该约束只允许内层与外层之间发生切向滑移与法向分离，防止节点之间相互渗透。将初始分层损伤区域的边缘定义为裂纹尖端，作为分层损伤扩展的起点，并指定分层损伤在同一圆柱面内扩展。同时，裂纹尖端位置的应力变化较剧烈，因此将此处局部网格进行细化处理。壳体的右端部装配厚度为 20mm 的钢制平端盖(E=200GPa, v =0.3)，左端部施加固定约束，右端面及外圆柱表面施加静水压力。有限元模型在边界条件处会产生应力集中现象，因此在壳体的两端分别预留长度为 20mm 的圆环(图 5-3 中虚线包围区域)作为过渡区，该区域不发生分层损伤，从而提高整个模型计算收敛性。

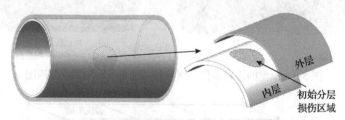

图 5-2　含初始分层损伤壳体的几何模型划分

三种分层损伤模式下初始分层损伤前缘的应变能释放率利用虚拟裂纹闭合技术分别计算，如图 5-4 所示。图中，矩形方块表示一个单元，而矩形线框顶部的黑色或白色圆点表示单元节点，裂纹上下表面节点具有同样的空间坐标但相互独立，因此裂纹表面单元可以朝着相反的方向变形，从而模拟裂纹的张开、滑开或者撕开。裂纹尖端及其他未发生分层损伤的上下表面在建模过程中进行了节点匹配，节点之间存在相互约束，即拥有相同的位移场。在有限元分析过程中，假设裂纹尖端周围的应力状态在裂纹发生微小扩展时不发生变化，通过提取裂纹尖端附近的节点力与节点位移，利用式(5-1)分别计算三种分层损伤模式对应的应变能

释放率 G_{I}、G_{II}、G_{III}：

$$G_{\mathrm{I}} = -\frac{1}{2\Delta S} F_z (w_{\mathrm{upper}} - w_{\mathrm{lower}})$$

$$G_{\mathrm{II}} = -\frac{1}{2\Delta S} F_x (u_{\mathrm{upper}} - u_{\mathrm{lower}}) \qquad (5\text{-}1)$$

$$G_{\mathrm{III}} = -\frac{1}{2\Delta S} F_y (v_{\mathrm{upper}} - v_{\mathrm{lower}})$$

为了探究分层损伤演化过程，需定义分层扩展准则。其中，Reeder 准则、Power-Law 准则及 B-K 准则需要通过大量的试验进行模型参数拟合，而复合材料层间断裂韧性试验数据较难获得。临界能量释放率扩展准则虽然不需要试验数据拟合参数，但该准则不具备区分分层损伤类型的能力。相比之下，线性扩展准则不仅形式简洁，不需要拟合模型参数，并且能够区分不同的分层损伤类型，其准确性已有试验数据验证[115]。因此，本章将采用线性扩展准则对复合材料耐压壳体分层损伤进行分析。

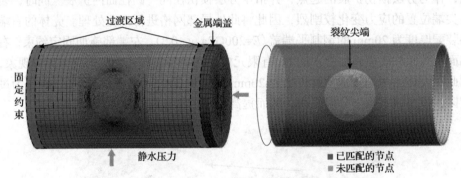

图 5-3 模型的边界条件、网格局部加密及对应节点的匹配

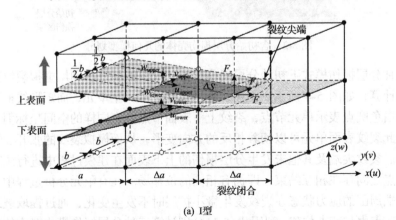

(a) I型

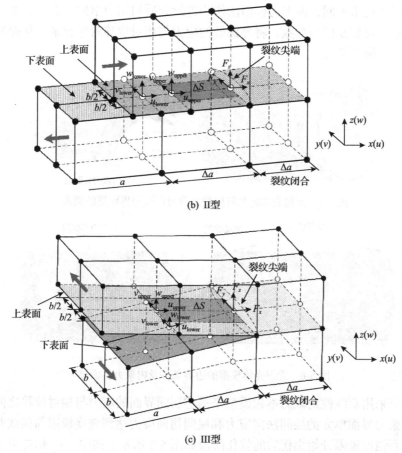

(b) II型

(c) III型

图 5-4 三种分层损伤模式对应的应变能释放率计算

5.1.2 无初始损伤的数值模型

本节建立无损复合材料耐压壳体数值模型，以不含初始分层损伤壳体的性能
参数作为基准，分析不同形式的初始分层损伤对其结构性能的影响程度。虚拟裂
纹闭合技术需要预先指定初始裂纹尖端及其扩展方向，因此该方法不适用于无损
复合材料耐压壳体建模。内聚力模型法作为用于模拟裂纹扩展的另一种常见方法，
不需要结构具有初始分层，因此适用于无损复合材料耐压壳体建模。

与含初始分层损伤壳体类似，在相同位置将几何模型划分为外层和内层两个
部分，如图 5-5 所示。同样用 SOLID185 单元分别对内外层进行网格划分。由于
无法预知分层损伤发生的具体部位，对整个壳体的网格进行加密。为了应用内聚
力模型描述层间界面的力学行为，在内外层的界面处插入零厚度 INTER205 界面
单元。模型的边界条件和载荷与含初始分层损伤壳体类似，如图 5-6 所示。与虚

拟裂纹闭合技术不同，内聚力模型法作为连续介质损伤力学的一部分，通过选取合适的本构模型及模型参数，将界面处的应力与相对位移联系起来，从而模拟分层损伤的起始与扩展。

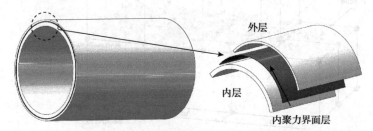

图 5-5　无损壳体的几何模型划分及内聚力界面层的插入

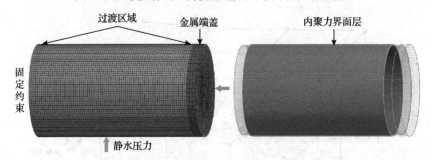

图 5-6　无损壳体模型的边界条件及内聚力界面层

本节采用双线性内聚力本构模型来描述层间界面的应力与相对位移之间的关系，内聚力界面单元的层间法向应力和层间切向应力达到强度极限前的线弹性阶段及达到强度极限开始损伤后的软化阶段如图 5-7 所示。图中，$\bar{u}_n$ 和 $\bar{u}_t$ 分别表示层间法向应力和层间切向应力达到最大值时所对应的法向与切向相对位移；u_n^c 和 u_t^c 分别表示界面完全损伤时所对应的法向与切向相对位移；曲线与坐标轴所围成的三角形面积即为对应断裂模式下的临界应变能释放率。

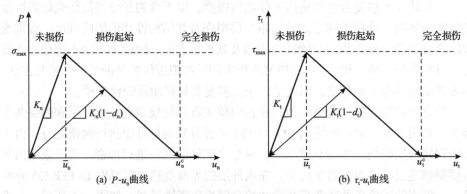

(a) P-u_n曲线　　　　　　　　　　(b) τ_t-u_t曲线

图 5-7　双线性内聚力本构模型层间应力与相对位移的关系

双线性内聚力本构模型的数学表达式为

$$P = K_n u_n (1 - d_n), \quad \tau_t = K_t u_t (1 - d_t) \tag{5-2}$$

式中，P 和 τ_t 分别为层间法向应力和切向应力；K_n 和 K_t 分别为层间界面的法向刚度和切向刚度；u_n 和 u_t 分别为界面上下表面法向和切向的相对位移；d_n 和 d_t 分别为法向分离与切向滑移两种层间损伤模式下的损伤变量，其定义为

$$d_n = \begin{cases} 0, & u_n \leqslant \bar{u}_n \\ \left(\dfrac{u_n - \bar{u}_n}{u_n} \right) \left(\dfrac{u_n^c}{u_n^c - \bar{u}_n} \right), & u_n > \bar{u}_n \end{cases}$$

$$d_t = \begin{cases} 0, & u_t \leqslant \bar{u}_t \\ \left(\dfrac{u_t - \bar{u}_t}{u_t} \right) \left(\dfrac{u_t^c}{u_t^c - \bar{u}_t} \right), & u_t > \bar{u}_t \end{cases} \tag{5-3}$$

混合模式下的层间损伤与界面的法向应力和切向应力均有关联，其层间法向应力和切向应力的表达式分别为

$$P = K_n u_n (1 - d_m), \quad \tau_t = K_t u_t (1 - d_m) \tag{5-4}$$

式中，d_m 为混合损伤模式下的损伤变量，可由式(5-5)计算：

$$d_m = \begin{cases} 0, & \varDelta_m < 1 \\ \left(\dfrac{\varDelta_m - 1}{\varDelta_m} \right) \chi, & \varDelta_m \geqslant 1 \end{cases} \tag{5-5}$$

其中，

$$\varDelta_m = \sqrt{\left(\dfrac{u_n}{\bar{u}_n} \right)^2 + \left(\dfrac{u_t}{\bar{u}_t} \right)^2}, \quad \chi = \dfrac{u_n^c}{u_n^c - \bar{u}_n} = \dfrac{u_t^c}{u_t^c - \bar{u}_t} \tag{5-6}$$

5.1.3 分层损伤模型验证

本节依照 ASTM D5528 标准，采用双悬臂梁(double cantilever beam, DCB)试验模型结合文献[158]和[159]中的试验数据，对虚拟裂纹闭合技术及内聚力模型模拟分层扩展的有效性进行验证。试验样件的主要几何尺寸如图 5-8(a)所示，由 24 层 0°玻璃纤维环氧树脂在室温状态下固化 7 天后再经 80℃固化 2h 而成，其材

料力学属性详见参考文献[159]。在 DCB 试验样件制备过程中，在其一端中面处预先插入 17μm 厚的聚四氟乙烯薄膜作为样件的预制分层。试验在型号为 Santam STM-150 的通用万能试验机上进行，并通过铰链连接，以防止试验过程中产生额外的弯矩。试验采用位移控制加载，加载速率为 0.75mm/min，记录试验过程中样件的变形、分层扩展长度及载荷情况。

根据试验样件的实际尺寸，在 ANSYS 中建立相应的有限元模型，模型同样采用三维八节点实体单元 SOLID185 并以 1mm 的尺寸进行网格划分。由于试验样件铺层方式为 $[0]_{24}$，为了简化计算，其上下悬臂分别沿厚度方向划分为三个单元。模型一端施加固定约束，另一端边界线上施加对称的位移载荷，并在预制分层处上下悬臂之间定义无摩擦约束，如图 5-8(b)所示，分别采用虚拟裂纹闭合技术与内聚力模型两种方式，将上下悬臂之间进行节点匹配或者插入界面单元，从而对 DCB 试验样件的分层扩展过程进行数值模拟，其计算结果与试验结果如图 5-9 所示。

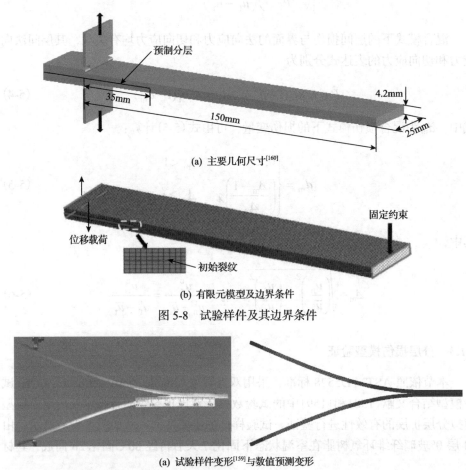

(a) 主要几何尺寸[160]

(b) 有限元模型及边界条件

图 5-8　试验样件及其边界条件

(a) 试验样件变形[159]与数值预测变形

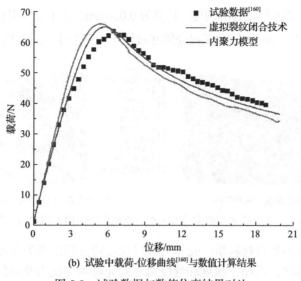

(b) 试验中载荷-位移曲线[160]与数值计算结果

图 5-9　试验数据与数值仿真结果对比

由图 5-9 可以看出，虚拟裂纹闭合技术与内聚力模型均能很好地模拟 DCB 试验样件的分层扩展过程，并且能够准确地预测出分层扩展过程中载荷随裂纹扩展长度的变化关系。因此，在模型的有效性得到验证后，分别采用这两种方式对复合材料耐压壳体的分层损伤演化过程进行分析。

5.2　分层损伤的影响因素

开展分层演化影响因素研究之前，首先进行无损复合材料耐压壳体分析，从而获得无损壳体的承压能力、变形等数据，用于后文对照。本算例的几何尺寸已在 5.1 节中介绍，采用 $[90_{10}/0_{10}]_s$ 对称铺层方式，单层厚度为 0.1mm。内聚力单元被设置在靠近壳体内壁处 90°层与 0°层的分界处，依据表 5-1 中的材料属性，内聚力界面最大层间法向应力 σ_{max}=5.71MPa，最大层间切向应力 τ_{max}=39.84MPa，并根据表中材料的断裂韧性参数，可设置分层损伤起始时的法向相对位移 u_n^c = 0.097mm、切向相对位移 u_t^c =0.041mm，从而保证法向分离或切向滑移至完全失效时所耗散的能量等于对应的临界应变能释放率。

对不含初始分层损伤的无损复合材料壳体进行非线性屈曲分析，得到壳体最终的极限承压能力为 6.47MPa，此时壳体已经产生了明显的屈曲变形，极限压力下壳体的最大变形为 20.092mm，内聚力界面层的法向与切向相对位移如图 5-10 所示。由图可以看出，内聚力界面层并未发生法向分离，而最大切向相对位移发生在壳体中部屈曲波形波谷的两侧，其值为 0.034mm，小于分层损伤起始时的切向相对位移 $u_t^c = 0.041$mm，因此无损壳体在极限压力下并未观测到明显的分层损伤。

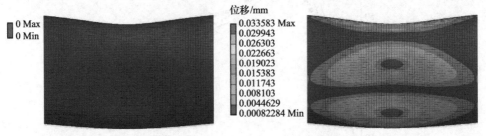

(a) 内聚力界面层的法向相对位移　　　　　　　　　(b) 内聚力界面层的切向相对位移

图 5-10　无损壳体完全失稳时内聚力界面层的法向与切向相对位移

下面将以无损复合材料耐压壳体的非线性屈曲分析结果为基础，分别研究初始分层损伤的形状、面积、深度和缠绕角度对壳体承压能力及分层损伤扩展规律的影响。

5.2.1　初始分层损伤形状与面积的影响

本节在壳体中部引入圆形、正方形、矩形、椭圆形等几种复合材料圆柱壳体常见的初始分层损伤形状，如图 5-11 所示。为了表述方便，每种初始分层损伤对应壳体分别用 I～VIII 进行编号。壳体几何尺寸与上述无损复合材料耐压壳体保持一致，同样采用 $[90_{10}/0_{10}]_s$ 对称铺层方式，单层厚度为 0.1mm。初始分层被设置在靠近壳体内壁 90° 与 0° 分界处，初始分层损伤尺寸采用其投影尺寸进行标注，具体尺寸参数及初始分层损伤曲面面积在表 5-2 中给出。

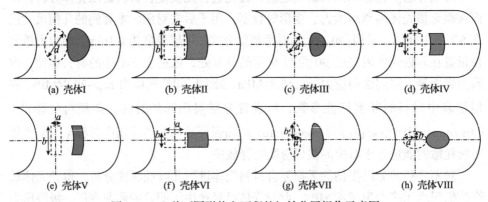

(a) 壳体I　　　(b) 壳体II　　　(c) 壳体III　　　(d) 壳体IV

(e) 壳体V　　　(f) 壳体VI　　　(g) 壳体VII　　　(h) 壳体VIII

图 5-11　八种不同形状和面积的初始分层损伤示意图

八种不同的初始分层损伤根据损伤面积的不同划分为 A、B 两组，B 组包括壳体 III、壳体 IV、壳体 V、壳体 VI、壳体 VII、壳体 VIII，它们的初始分层损伤

表 5-2 初始分层损伤尺寸与面积

组别	类型	尺寸/mm	损伤面积 S/mm^2
A 组	壳体 I	$d=100$	8123.1
	壳体 II	$a=88.56, b=88.56$	8124.8
B 组	壳体 III	$d=71.33$	4061.7
	壳体 IV	$a=63.18$	4061.3
	壳体 V	$a=44.28, b=88.56$	4062.4
	壳体 VI	$a=89.76, b=44.88$	4060.1
	壳体 VII	$a=24.99, b=49.98$	4061.3
	壳体 VIII	$a=50.60, b=25.30$	4062.7

面积均接近 4061mm²，损伤形状分别为圆形、正方形、矩形及椭圆形，其中矩形和椭圆形损伤又各包含两种损伤类型，即长边沿壳体环向(壳体 V、壳体 VII)或长边沿壳体轴向(壳体 VI、壳体 VIII)。A 组包括壳体 I 和壳体 II，损伤形状与壳体 III、壳体 IV 保持一致，但初始损伤面积翻倍。

对这八种复合材料耐压壳体分别进行非线性屈曲分析，探究含各种形式初始分层损伤壳体的屈曲行为、分层损伤的演化路径及不同初始分层形状和面积对壳体承压能力的影响。表 5-3 列出了各壳体的极限承压能力，同时引入损伤率 F_{damage} 这一无量纲参数，用于描述初始分层损伤对壳体承压能力的影响，其定义为

$$F_{\text{damage}} = \left(1 - \frac{P_{\text{ultimate}}}{P_{\text{ND}}}\right) \times 100\%$$

式中，P_{ultimate} 为含初始分层损伤壳体极限承压能力；P_{ND} 为无损壳体极限承压能力。

表 5-3 不同壳体的极限承压能力与对应损伤率

组别	类型	极限承压能力 $P_{\text{ultimate}}/\text{MPa}$	损伤率 $F_{\text{damage}}/\%$
A 组	壳体 I	4.87	24.73
	壳体 II	4.75	26.58
B 组	壳体 III	6.06	6.34
	壳体 IV	6.12	5.41
	壳体 V	6.28	2.94
	壳体 VI	5.98	7.57
	壳体 VII	6.35	1.85
	壳体 VIII	6.12	5.41

　　由表 5-3 可以看出，A 组中的壳体 I 和壳体 II 由于有更大的初始分层损伤面积，均有 24%以上的损伤率，而 B 组中壳体的损伤率均低于 10%。值得注意的是，B 组中所有壳体的初始分层损伤面积相同，但壳体 V 与壳体 VII 的损伤率均低于3%，明显小于同组中另外四种壳体。

　　图 5-12 为八种壳体最终失效时的形貌。由图可以看出，所有壳体在极限压力下均产生了明显的屈曲变形，其中壳体 I、壳体 II、壳体 V、壳体 VII 的凹陷区域位于初始分层损伤部位的中心，而壳体 III、壳体 IV、壳体 VI、壳体 VIII 的凹陷区域位于初始分层损伤的上下边缘处。本节将以壳体 I 为例，详细介绍壳体在外部静水压力作用下的变形过程。

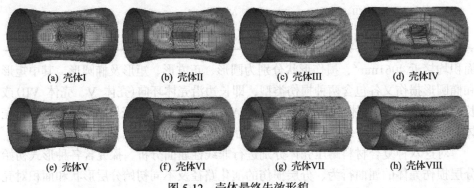

（a）壳体I　　　　　（b）壳体II　　　　　（c）壳体III　　　　　（d）壳体IV

（e）壳体V　　　　　（f）壳体VI　　　　　（g）壳体VII　　　　　（h）壳体VIII

图 5-12　壳体最终失效形貌

　　图 5-13 描绘了壳体 I 从受载起始至壳体最终失效的变形过程。为了更直观地表达壳体变形，在壳体变形图的下方绘制了壳体中截面剖面图。在加载初期，壳体绝大多数部分处于均匀压缩阶段，由于初始分层损伤区域的刚度稍弱于壳体其他部分，该区域变形量略大于其他部分，如图 5-13（a）所示。随着外部压力不断增大，壳体率先在初始分层损伤区域发生局部屈曲，局部屈曲导致的大变形使层间界面发生破坏，分层损伤开始扩展，同时，分层损伤的扩展将会降低层与层之间的约束，导致壳体局部区域层与层之间出现法向分离现象（图 5-13（b））。法向分离现象的产生使壳体圆柱形结构失去对称性，承压能力大幅下降，壳体急剧变形，最终发生如图 5-13（c）所示的全局屈曲失效。

　　图 5-14 绘制了这八种含有不同类型初始分层损伤壳体及无损壳体外部压力与壳体最大变形之间的关系。其中，ND 表示无损壳体，星号"*"表示损伤扩展起始压力 $P_{initial}$。由图可以看出，当外部压力小于 4MPa 时，所有壳体均处于均匀压缩阶段，所对应的压力-形变曲线均为线性且几乎保持一致。在外部压力超过 4MPa后，A 组的壳体 I 和壳体 II 由于其初始分层损伤面积大，对应的压力-形变曲线率先表现出非线性，并且随着压力增加，曲线斜率迅速增大，壳体很快失去承载能力。B 组中的六个壳体的压力-形变曲线能够将线性趋势保持至外部压力达到

5MPa，在外部压力超过 5MPa 后，这些壳体的压力-形变曲线也逐步由线性向非线性过渡。壳体 Ⅲ、壳体 Ⅳ、壳体 Ⅵ、壳体 Ⅷ 在外部压力达到 6MPa 后开始丧失承载能力，而壳体 Ⅴ 和壳体 Ⅶ 的最大承压能力可达到 6.2MPa 以上。B 组中的壳体极限压力相互之间相差并不大，但它们由稳态过渡到完全失稳的过程有明显差异。壳体 Ⅵ 和壳体 Ⅷ 的压力-形变曲线变化规律与 A 组中的两个壳体类似，即曲线一旦呈现出非线性后，曲线的斜率在很小的压力增量内急剧增大，壳体很快被压溃，而壳体 Ⅲ、壳体 Ⅳ、壳体 Ⅴ 和壳体 Ⅶ 的压力-形变曲线即使已经呈现出非线性，但曲线变化更为平滑，表现出更强的抵抗屈曲变形的能力。

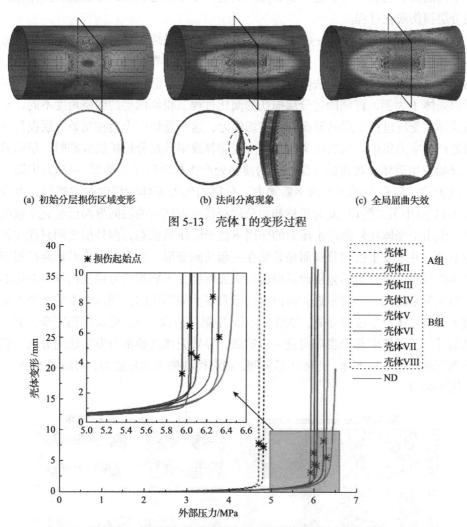

(a) 初始分层损伤区域变形　　　(b) 法向分离现象　　　(c) 全局屈曲失效

图 5-13　壳体 Ⅰ 的变形过程

图 5-14　含不同初始分层损伤及无损壳体的压力-形变曲线

　　总结上述分析，壳体 V 与壳体 VII 的极限承压能力与无损壳体最为接近，仅有不到 3% 的降低。壳体 III、壳体 IV、壳体 V、壳体 VII 具有相对较强的抵抗屈曲变形的能力，而壳体 VI 和壳体 VIII 一旦发生屈曲就会很快被压溃。结合图 5-11 不难看出，壳体 V 与壳体 VII 的初始分层损伤在轴线方向上的尺寸最小，而壳体 VI 和壳体 VIII 的初始分层损伤在轴线方向上的尺寸最大，即含初始分层损伤壳体的极限承压能力对轴向损伤尺寸更为敏感。这些壳体的初始分层损伤面积相同，但初始分层损伤在轴向与环向上的尺寸不一致，导致壳体在屈曲过程中表现出完全不同的力学响应。为了进一步探究产生这种差异性的原因，需要重点关注壳体的分层损伤演化过程。

　　图 5-15 给出了壳体 I～壳体 VIII 从损伤起始至最终破坏时层间界面的法向分离及切向滑移情况。图中，蓝色区域表示未发生层间界面损伤，灰色区域表示层间界面已经损伤但未发生法向分离，白色区域则表示已经产生法向分离现象。同样以壳体 I 为例，详细阐述分层损伤的演化过程。相邻两层的缠绕角度不同，导致壳体在受压过程中层间界面存在剪切应力，这一剪切应力会在初始分层损伤前缘处产生应力集中。当裂纹尖端处的应变能释放率满足分层扩展准则时，层间界面开始发生破坏，在初始分层损伤的前缘处产生相对滑动，如图 5-15(a) 中第一阶段所示。随着外部压力的不断增大，分层损伤沿壳体轴线向两端扩展，对应图 5-15(a) 中第二阶段。此时虽然初始分层损伤附近区域的层间界面已经完全被破坏，但由于壳体在外部静水压力的作用下处于受压缩状态，内外层之间只存在相对滑动，并未发生法向分离而是紧贴在一起共同变形。当分层损伤沿轴向扩展至壳体两端附近时，大部分层间界面已经失去刚度，大面积的分层损伤导致壳体的变形量越来越大，此时靠近壳体内壁的子壳发生局部屈曲，屈曲产生的大变形促使子壳与壳体产生法向分离，如图 5-15(a) 中第三阶段所示。分层损伤完全扩展至两端后，于壳体中部沿着环向进一步扩展，导致壳体其他部分发生法向分离，壳体承压能力进一步下降，壳体变形加剧，最终彻底失去承压能力，对应图 5-15(a) 中第四阶段。

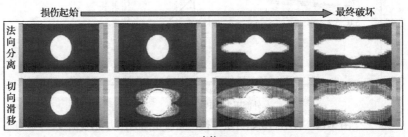

(a) 壳体 I

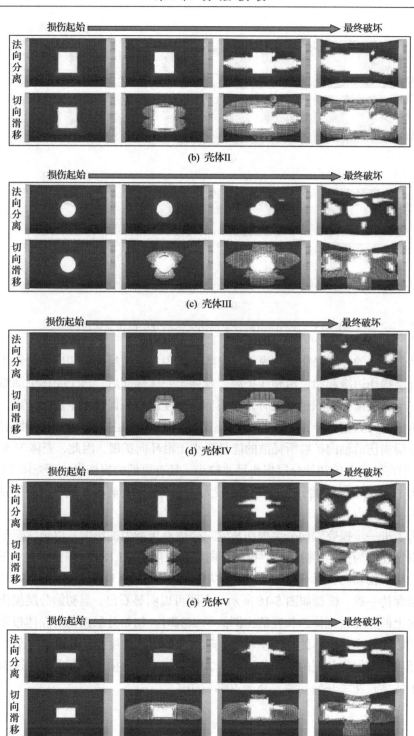

(b) 壳体Ⅱ

(c) 壳体Ⅲ

(d) 壳体Ⅳ

(e) 壳体Ⅴ

(f) 壳体Ⅵ

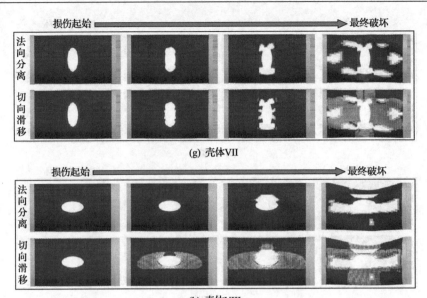

(g) 壳体Ⅶ

(h) 壳体Ⅷ

图 5-15　含不同初始分层损伤壳体的分层损伤演化过程

其余壳体的分层损伤演化规律与壳体 I 类似，均在层间剪切应力的作用下从初始分层损伤边缘起始，沿轴线扩展，延伸至壳体端部后，再于壳体中部沿环向扩展。当分层损伤面积足够大时，层间界面刚度的减弱促使发生法向分离，导致壳体承压能力大幅下降，并迅速被破坏。所有壳体的分层损伤优先沿着轴向扩展，表明分层损伤沿轴向扩展所耗散的能量要小于沿环向扩展。因此，壳体 V 和壳体 Ⅶ 由于在轴向上的初始分层损伤尺寸较小，具有更低的损伤率，而壳体 Ⅵ 和壳体 Ⅷ 在轴向上的初始分层损伤尺寸较大，分层损伤更容易扩展，从而使壳体很快丧失承压能力。

为了进一步探究轴向分层损伤长度对壳体承压能力的影响，以包含矩形初始分层损伤壳体为例，其初始分层损伤环向投影长度 b=63.18mm 保持恒定，正则化初始分层损伤轴向投影长度 $\tilde{a}(\tilde{a}=a/L)$ 以 0.1 为间隔从 0.1 逐次递增至 0.9，其余模型参数保持一致，模型如图 5-16 所示。由图可以明显看出，当初始分层损伤在轴线方向上的长度占壳体总长度的比例低于 20% 时，初始分层损伤对壳体极限承压能力的影响较小，壳体的损伤率较低。轴向初始损伤长度占比超过 20% 后，损伤率会随着轴向损伤长度的增加快速上升，直到初始轴向损伤长度占比超过 50%，损伤率的增长速率开始变缓，介于 40%～50%。

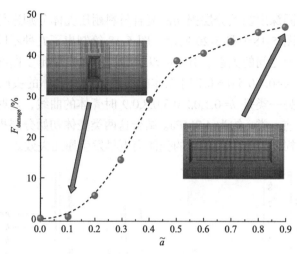

图 5-16　不同轴向损伤长度壳体的损伤率

5.2.2　初始分层损伤深度的影响

本节将探究初始分层损伤的深度位置对壳体的屈曲、承压能力及分层损伤演化的影响。算例壳体的初始分层损伤形状为圆形，如图 5-11 中的壳体 I 所示，初始损伤投影直径 d=100mm。壳体采用 $[0_4/90_4]_5$ 正交铺层方式。为提高计算效率，将缠绕角度相同的单层在厚度方向上划分为同一单元，其他模型参数保持一致。初始分层损伤被分别设置在 0°层与 90°层的界面处，如图 5-17 所示，同时引入无量纲参数 $h=t_1/t$，用于描述初始分层损伤的深度。图中，t_1 表示初始分层损伤距离壳体外表面的厚度，t_2 表示初始分层损伤距离壳体内表面的厚度，t 表示壳体总厚度。壳体沿厚度方向共划分为 10 层，因此 h=0.1, 0.2, 0.3,…, 0.9。

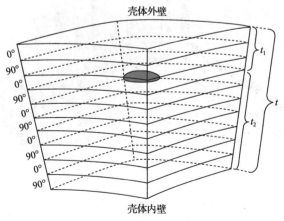

图 5-17　不同初始分层损伤深度示意图

对九种含不同深度初始分层损伤的复合材料耐压壳体分别进行非线性屈曲分析，所得结果如图 5-18～图 5-20 所示。图 5-18 绘制出了九种不同损伤深度壳体的变形与外部压力之间的关系。由图可以看出，壳体压力-形变曲线大致上可以分为两类：一类是 h=0.4,0.5,0.6,0.7 时壳体的曲线，这些壳体的极限承压能力均在 4.35MPa 左右，另一类是 h=0.1,0.2,0.3,0.8,0.9 时壳体的曲线，这些壳体的最终失效压力明显高于前一类，约为 4.7MPa。结合这两类壳体初始分层损伤的深度不难看出，初始分层损伤位于中面附近的壳体会更早发生屈曲失效。

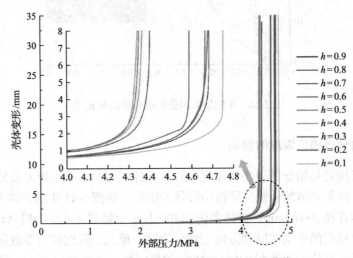

图 5-18　不同损伤深度壳体的压力-形变曲线

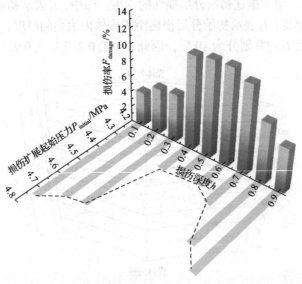

图 5-19　不同损伤深度壳体的损伤率及损伤扩展起始压力

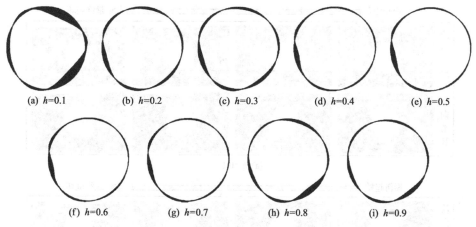

图 5-20　分层损伤扩展时的壳体变形

　　图 5-19 绘制了这九种壳体的损伤率。由图可以看出，初始分层损伤在中面附近的壳体的损伤率较高，意味着中面附近的壳体分层损伤对壳体承压能力的影响大于靠近壳体内壁或者外壁的分层损伤。各壳体分层损伤扩展起始时对应的外部压力同样被绘制在图 5-19 中。结果表明，初始分层损伤接近中面的壳体的损伤起始压力明显低于初始分层损伤靠近内外壁面的壳体，产生这种差异的主要原因是壳体的屈曲模式不同。图 5-20 绘制了当分层损伤开始扩展时壳体的变形情况。由壳体横截面的波形可以看出，$h=0.4,0.5,0.6,0.7$ 的壳体在分层损伤开始扩展时发生了局部屈曲，而 $h=0.1,0.2,0.3,0.8,0.9$ 的壳体发生的是全局屈曲。初始分层损伤的存在将壳体的局部区域划分为内外两个子壳。当初始分层损伤靠近壳体内外壁面时，两个子壳的厚度相差很大，其中一个子壳很厚而另一个子壳很薄，压力主要由厚子壳来承受，并且在这局部区域内，厚子壳的刚度与壳体其他未损伤区域的刚度差异不明显，因此壳体首先发生的是全局屈曲，由全局屈曲导致的大变形促使分层损伤扩展。相反，当初始分层损伤靠近壳体中面时，内外两个子壳的厚度相差不大，此时两个子壳共同承受外部压力，但子壳的厚度大约只有壳体厚度的1/2，局部区域内的刚度远弱于壳体其他未损伤部位，因此壳体率先发生局部屈曲，由局部屈曲变形进而导致分层损伤的扩展。壳体发生局部屈曲所对应的外部压力小于全局屈曲，因此初始分层损伤靠近中面的壳体的损伤起始压力较低。

　　随后对不同深度初始分层损伤壳体的分层扩展规律进行讨论。图 5-21 给出了九种壳体从损伤起始到最终破坏的分层损伤演化过程。由图可以看出，对于 $h \leqslant 0.7$ 的壳体，层间界面在层间剪切应力的作用下发生破坏，层与层之间产生相对滑移，但并未发生法向分离。随后分层损伤沿着壳体轴线向两端扩展。当层间损伤面积足够大时，除了 $h=0.1$ 和 $h=0.5$ 的壳体以外，其余壳体均产生明显的法向分离现象。$h=0.1$ 的壳体直至最终破坏也未发生法向分离，一方面是因为壳体外壁附近的

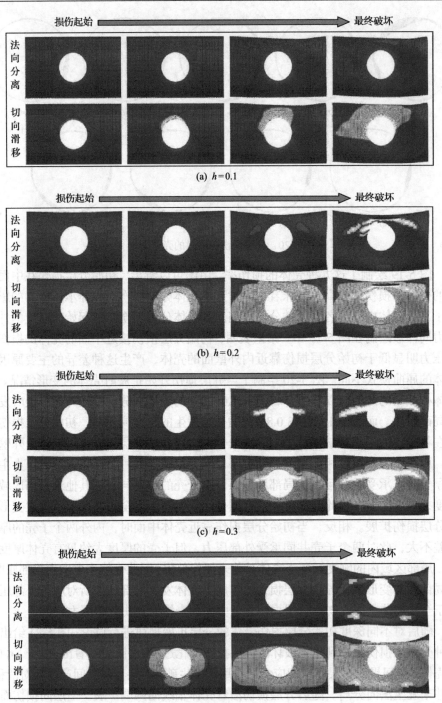

(a) $h = 0.1$

(b) $h = 0.2$

(c) $h = 0.3$

(d) $h = 0.4$

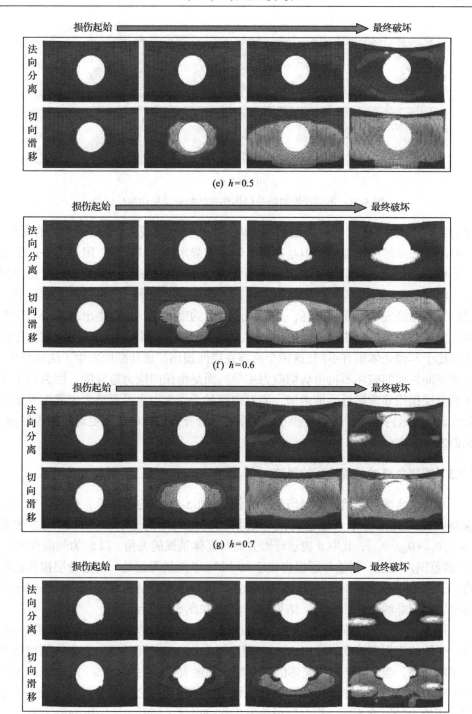

(e) h=0.5

(f) h=0.6

(g) h=0.7

(h) h=0.8

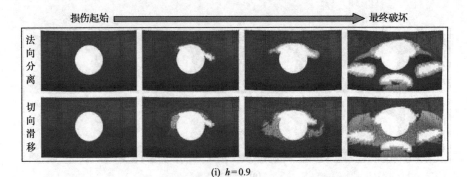

图 5-21　不同深度初始分层损伤壳体的分层损伤演化过程

应力要小于壳体内壁，另一方面是因为内层的子壳厚度较大，较难产生大的变形，而外层子壳虽然厚度很小，但是直接受到外部静水压力的作用，阻止了外层子壳向外拱起。对于 $h=0.5$ 的壳体，分层损伤位于壳体的中面上，而由分层损伤分割出的内外子壳厚度相等，稳定性也较接近，即使分层损伤已经扩展至壳体两端，层间界面已经发生大面积破坏，层与层之间的约束减弱，也很难出现两子壳朝不同方向屈曲从而产生法向分离的现象。$h=0.8$ 和 $h=0.9$ 两个壳体的分层损伤演化规律相比于其他壳体稍有不同，这两个壳体在层间损伤扩展初期便发生了法向分离，说明层间界面的破坏不再由剪切应力主导，而是由法向应力造成的，因为两个壳体的分层损伤非常贴近壳体内壁，靠近内壁的子壳应力水平要略大于靠近外壁的子壳，且靠近内壁的子壳厚度很小，意味着靠近壳体内壁的子壳更容易向内屈曲，从而发生法向分离。

5.2.3　缠绕角度对分层扩展的影响

本节以含圆形初始分层损伤壳体为例（如图 5-11 中的壳体 I），分析研究不同缠绕角度对壳体极限承压能力及分层损伤演化规律的影响。壳体铺层方式为 $[90_{10}/0_{10}/+\theta_{10}/-\theta_{10}]$，其中 θ 表示纤维方向与壳体轴线的夹角，以 5° 为间隔在 5°～85° 的范围内取值。初始分层损伤位于 $+\theta$ 层与 $-\theta$ 层的界面处，初始分层损伤投影直径 $d=100\text{mm}$，其他模型参数保持一致。对这些不同缠绕角度的复合材料耐压壳体分别进行非线性屈曲分析，结果如图 5-22 和图 5-23 所示。

图 5-22 绘制了不同缠绕角度壳体的损伤率。由图可以看出，当缠绕角度 $\theta=5°$ 时，壳体的损伤率较低，约为 5.5%。随着缠绕角度 θ 的不断增大，壳体的损伤率也不断升高。当 $\theta=60°$ 时，壳体的损伤率达到最大值，约为 14%。随后壳体的损伤率随着缠绕角度的增大迅速降低，表明不同缠绕角度之间的分层损伤对壳体极限承压能力的影响不同，当分层损伤发生在 ±60° 层之间时，这一影响最为明显。

初始分层损伤界面两侧不同的缠绕角度不仅影响壳体的极限承压能力，还会

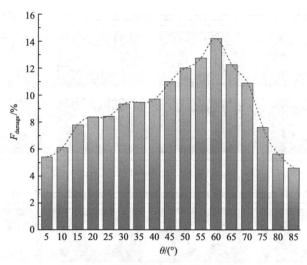

图 5-22　不同缠绕角度壳体的损伤率

影响壳体分层损伤的扩展规律。以 15°、30°、45°、60°和 75°五种典型缠绕角度为
例，分别记录这五种壳体从损伤起始到最终破坏的分层损伤演化过程，并绘制在
图 5-23 中。

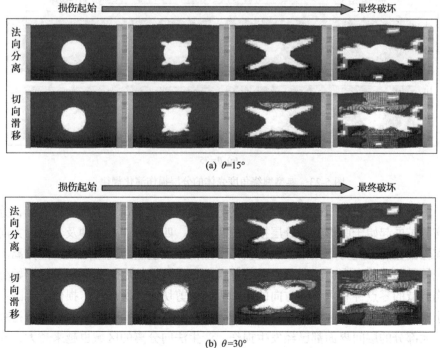

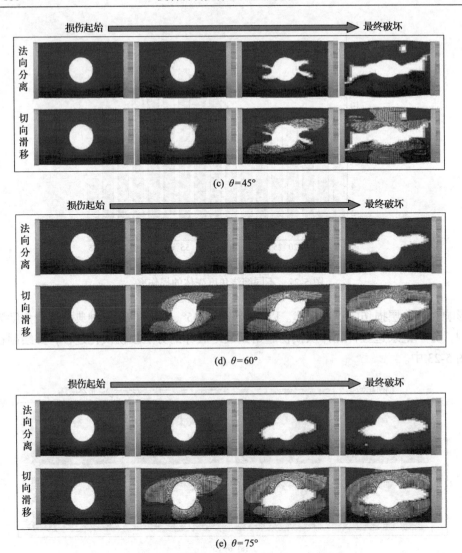

图 5-23　典型缠绕角度壳体的分层损伤演化规律

图 5-23(a)展示了 θ 为 15°时壳体的分层损伤演化规律。由图可以看到，分层损伤的扩展起始于圆形初始分层损伤的两点钟、四点钟、八点钟及十点钟方向，层间界面在法向应力的作用下发生破坏，并很快发生层与层之间的法向分离。随着壳体变形不断增大，法向分离沿着各自的方向持续扩展。与此同时，初始分层损伤区域的零点钟和六点钟方向的层间界面被剪切应力所破坏，损伤沿着圆周方向小幅度扩展，但该区域并未发生法向分离。随着剪切损伤沿着圆周方向持续扩展，大部分的层间界面都已经发生损伤，产生法向分离的区域也越来越大，壳体刚度明显下降进而导致壳体最终失效。

图 5-23(b)和(c)分别展示了 θ 为 30°和 45°时壳体的分层损伤演化规律,与 θ 为 15°时壳体的分层损伤演化规律类似,不同之处在于,在壳体产生法向分离之后,由剪切应力造成的切向滑移损伤并不是沿着圆周方向扩展,而是沿着轴线方向小幅扩展。

θ 为 60°时壳体的损伤扩展规律与 15°、30°、45°时的稍有不同,如图 5-23(d)所示,造成分层损伤扩展的主要因素不再是层间的法向应力,而是剪切应力。层间界面在剪切应力的作用下发生破坏,但是由于外部的压力作用,壳体处于受压缩状态,内外层之间只发生了相对滑动,仍然紧紧挨在一起。随着外部压力的不断增大,分层损伤沿着壳体轴线方向朝两端扩展。层间界面的损伤使内层与外层之间的约束变弱,当分层损伤扩展到一定程度时,内外层之间发生法向分离,使壳体的承压能力进一步降低,最终发生破坏。

如图 5-23(e)所示,θ 为 75°时壳体呈现出的分层损伤扩展规律与 60°时的类似,稍有不同的是,75°时壳体分层损伤沿轴向扩展的趋势更加明显。在分层损伤已经扩展至壳体端部附近后,壳体的中部才开始发生法向分离,并且在 θ 为 60°和 75°时壳体的法向分离扩展不再像 θ 为 15°、30°或 45°时壳体表现出的从四个点出发呈"X"形状扩展,而是在初始分层损伤圆形的左右两侧沿轴向扩展。

不同缠绕角度间的分层损伤扩展规律有所不同,可以归因于不同缠绕角度的壳体在轴向和环向上的刚度具有明显的差异性。缠绕角度 θ 接近 0°,意味着纤维方向与壳体轴线方向的夹角较小,壳体抵抗轴向变形的能力较强。相反,缠绕角度 θ 接近 90°,则说明此时壳体具有较大的环向刚度。复合材料耐压壳体在实际工作环境中,不仅在圆柱表面受均布侧向压力,还在端盖处承受沿壳体轴向的压力,在这两部分外载荷及材料泊松比的共同影响下,壳体发生变形。图 5-24 绘制了这五种典型缠绕角度壳体处于均匀压缩阶段时的轴向应变和环向应变。图中,左侧的虚线表示壳体的环向应变,可以看出,在相同的外部压力作用下,壳体的环向应变随着缠绕角度 θ 的增大而减小,这也意味着缠绕角度大的壳体更不容易产生环向变形;右侧的实线表示壳体的轴向应变,可以看出,θ 为 15°、30°和 45°时壳体的轴向应变比较接近,而 θ 为 60°和 75°时,壳体的轴向应变远大于这三个壳体,意味着 60°和 75°时壳体在承压过程中的轴向压缩变形更为明显。因此,不难理解为何壳体的缠绕角度会对分层扩展规律产生影响,θ 为 15°、30°和 45°时,三个壳体虽然具有较大的环向变形,但在 5.2.1 节初始分层损伤形状影响的研究中已经发现切向滑移分层损伤更倾向于沿着轴向扩展,而这三个壳体的轴向刚度相对较大,因此并未产生大面积的切向滑移损伤,而是以法向分离为主。在后续的损伤扩展中,θ 为 30°和 45°时,壳体的切向滑移损伤沿轴向仅发生小幅度延展,而 θ 为 15°时,壳体的切向滑移损伤沿环向扩展。θ 为 60°和 75°时,壳体的轴向刚度相对较弱,会产生更加明显的轴向压缩变形,较大的轴向变形会促进层间切向滑移的产生及分层损伤沿轴向的扩展。在层间界面出现大面积损伤后，才发生层与层之间的法向分离。

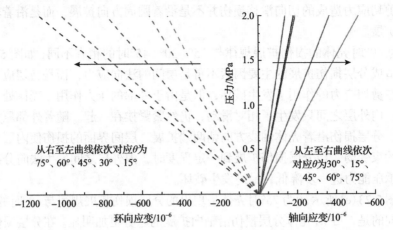

图 5-24　典型缠绕角度壳体处于均匀压缩阶段时的轴向与环向应变

5.3　本章小结

本章利用虚拟裂纹闭合技术建立了含初始分层损伤复合材料耐压壳体的数值模型，利用内聚力理论建立了无损复合材料耐压壳体数值模型作为对照，对比分析了含初始分层损伤的复合材料耐压壳体在静水压力作用下的屈曲行为及分层损伤演化路径。通过典型算例，探究了初始分层损伤形状、面积、深度和缠绕角度对壳体承压能力及分层演化路径的影响。主要结论如下：

(1) 对含圆形、正方形、矩形和椭圆形等八种不同形状和面积的初始分层损伤壳体的非线性屈曲进行了分析。结果表明，初始分层损伤面积会显著影响壳体的极限承压能力，壳体的极限承压能力对分层损伤轴向尺寸更为敏感。分层损伤的扩展是由壳体整体或局部屈曲产生的大变形导致的，并且分层损伤优先沿着轴向扩展。随着初始分层损伤在轴向尺寸的增加，壳体的损伤率由快速增加到趋于稳定。

(2) 研究了损伤深度对壳体承压能力及分层演化路径的影响。结果表明，中面附近的分层损伤对壳体承压能力的影响程度大于靠近壳体内壁或者外壁的分层损伤，且初始分层损伤靠近中面的壳体更容易发生损伤扩展。当初始分层损伤靠近壳体外表面时，损伤扩展由层间的剪切应力主导，初始分层损伤靠近壳体内表面时，损伤扩展则由法向应力主导。

(3) 以 $[90_{10}/0_{10}/+\theta_{10}/-\theta_{10}]$ 铺层壳体为例，探究了缠绕角度对壳体极限承压能力

及分层扩展规律的影响。结果表明，随着缠绕角度 θ 的不断增大，壳体的损伤率不断升高，当 $\theta=60°$时，壳体的损伤率达到最大值，随后壳体的损伤率随着缠绕角度的增大迅速降低。不同缠绕角度的壳体由于轴向刚度和环向刚度不同，分层损伤扩展的规律也不一致。较大的轴向刚度会使切向滑移损伤很难沿轴向扩展，因此首先出现的是层与层之间的法向分离。壳体轴向刚度较小时，轴向更容易产生变形，从而促进层与层之间发生切向滑移，层间界面因剪切应力而遭到破坏，在层间界面被大面积破坏后才会产生法向分离现象。

第6章 承压性能优化和增强

第 2 章和第 3 章对壳体屈曲数值求解和屈曲特性进行了研究，第 4 章和第 5 章对壳体面内损伤和分层损伤的演化及影响因素进行了分析。工程实际中，薄壁壳体与厚壁壳体的屈曲和强度损伤的产生、发展和演化路径不同，因此壳体承压性能应统筹考虑结构屈曲、强度损伤两个方面。针对这些问题，本章建立静水压力下纤维复合材料壳体强度失效判断准则，研究结构屈曲变形和强度失效路径；搭建圆柱壳体承压能力优化设计平台，对不同壁厚下复合材料圆柱壳体的耐压性能进行优化设计，探求承压性能的限制因素，提出金属内衬增强方式，对玻璃纤维、硼纤维复合材料缠绕圆柱壳体的耐压性能优化与增强方式进行研究。

6.1　强　度　准　则

结构的强度与促使结构破坏的许多因素都有联系，强度不仅取决于材料性质，还与载荷条件及环境因素有关。在工程应用中，需要为设计者提供一种能够准确判定各类材料安全-破坏的强度准则。一般来说，对于各向同性材料，通常根据结构的功用先确定材料的失效标准，材料的失效可以是达到屈曲状态，也可以是一直到断裂。根据所能考虑到的其他影响因素及设计的传统经验，确定安全系数和材料的许用应力。按照许用应力建立安全-破坏准则，这就是强度规范或失效准则。

复合材料的强度具有方向性。复合材料的基本强度分为铺层主方向的拉伸强度和压缩强度、垂直于铺层主方向的拉伸强度和压缩强度、平面剪切强度，因此复合材料强度准则要解决的问题就是利用可以确定的几个单项基本强度，判定复合材料在各种应力组合状态下的强度。

6.1.1　Tsai-Wu 失效准则

Tsai[80]在 Hill 的各向异性塑性理论的基础上提出了 Tsai-Hill 强度准则。Tsai-Hill 强度准则考虑了材料的正交异性，并考虑了纤维增强复合材料的某些特点，是一个较为完整的判据。但是大量的试验结果表明，纤维增强复合材料在材料主方向上的挤压强度并不相等，有时横向拉压强度相差高达几倍之多，利用Tsai-Hill 强度准则来判定会带来很大的误差。Tsai 和 Wu[82]在综合许多准则的基础上提出了一个张量多项式准则，该准则的一般式为

$$F_i\sigma_i + F_{ij}\sigma_i\sigma_j + F_{ijk}\sigma_i\sigma_j\sigma_k + \cdots = 1 \tag{6-1}$$

对于平面应力状态，式中，i，j，$k = x$，y，s。在工程设计中，通常仅取张量多项式的前两项。因此，对于平面内力状态，该准则方程的展开式为

$$F_{xx}\sigma_x^2 + 2F_{xy}\sigma_x\sigma_y + F_{yy}\sigma_y^2 + F_{ss}\sigma_s^2 + 2F_{xs}\sigma_x\sigma_s + 2F_{ys}\sigma_y\sigma_s + F_x\sigma_x + F_y\sigma_y + F_s\sigma_s = 1$$
$$\tag{6-2}$$

在正轴条件下，由于材料的剪切强度不受剪应力方向的影响，即改变剪应力的方向，材料的力学状态不会发生变化，如图 6-1 所示。图 6-1(a) 的应力状态是剪应力为 $+\sigma_s$，此时准则方程为

$$F_{xx}\sigma_x^2 + 2F_{xy}\sigma_x\sigma_y + F_{yy}\sigma_y^2 + F_{ss}\sigma_s^2 + 2F_{xs}\sigma_x\sigma_s + 2F_{ys}\sigma_y\sigma_s + F_x\sigma_x + F_y\sigma_y + F_s\sigma_s = 1$$
$$\tag{6-3}$$

图 6-1(b) 的应力状态是剪应力为 $-\sigma_s$，此时准则方程为

$$F_{xx}\sigma_x^2 + 2F_{xy}\sigma_x\sigma_y + F_{yy}\sigma_y^2 + F_{ss}\sigma_s^2 - 2F_{xs}\sigma_x\sigma_s - 2F_{ys}\sigma_y\sigma_s + F_x\sigma_x + F_y\sigma_y - F_s\sigma_s = 1$$
$$\tag{6-4}$$

式 (6-3) 和式 (6-4) 所表示的状态是一致的，因此有

$$F_{xs} = F_{ys} = F_s = 0 \tag{6-5}$$

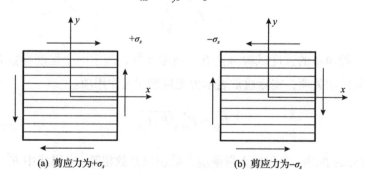

(a) 剪应力为 $+\sigma_s$　　　　　　　　　　(b) 剪应力为 $-\sigma_s$

图 6-1　正轴坐标系下的剪应力方向

正轴坐标系下平面应力状态的准则方程可以简化为

$$F_{xx}\sigma_x^2 + 2F_{xy}\sigma_x\sigma_y + F_{yy}\sigma_y^2 + F_{ss}\sigma_s^2 + F_x\sigma_x + F_y\sigma_y = 1 \tag{6-6}$$

式 (6-6) 中的强度参数，可通过简单的强度试验获得。

对材料进行纵向拉压基本强度试验，若材料的纵向拉伸强度为 X_t，纵向压缩

强度为 X_c，则此时准则方程为

$$F_{xx}X_t^2 + F_xX_t = 1$$
$$F_{xx}X_c^2 - F_xX_c = 1$$

(6-7)

联立这两个方程，可得

$$F_{xx} = \frac{1}{X_tX_c}, \quad F_x = \frac{1}{X_t} - \frac{1}{X_c}$$

(6-8)

对材料进行横向拉压基本强度试验，设 Y_t 为横向拉伸强度，Y_c 为横向压缩强度，则此时准则方程为

$$F_{yy}Y_t^2 + F_yY_t = 1$$
$$F_{yy}Y_c^2 - F_yY_c = 1$$

(6-9)

联立这两个方程，可得

$$F_{yy} = \frac{1}{Y_tY_c}, \quad F_y = \frac{1}{Y_t} - \frac{1}{Y_c}$$

(6-10)

设 S 为平面剪切强度，通过平面剪切强度试验，结合准则方程可得

$$F_{ss} = \frac{1}{S^2}$$

(6-11)

通过几种简单的强度试验得到五个强度参数，剩下一个强度参数 F_{xy} 是两个正应力分量的相关项，实际通常表示为无量纲相互作用项：

$$F_{xy} = F_{xy}^*\sqrt{F_{xx}F_{yy}}$$

(6-12)

根据 von Mises 准则，方程的无量纲应力乘积项系数相等，求得式中 F_{xy}^* 等于 $-1/2$。

Tsai-Wu 强度准则用于判定纤维缠绕圆柱耐压壳体是否发生层失效，Tsai-Wu 强度指数 ζ 用于表征层失效程度，对于每层纤维的 Tsai-Wu 强度指数 $\zeta^{(k)}$ 表述如下：

$$\zeta^{(k)} = F_{xx}\sigma_x^2 + 2F_{xy}\sigma_x\sigma_y + F_{yy}\sigma_y^2 + F_{ss}\sigma_s^2 + F_x\sigma_x + F_y\sigma_y$$

(6-13)

式 (6-13) 是在材料正轴坐标系下得到的 Tsai-Wu 准则方程。实际中，纤维以多种角度缠绕，此时需要转换方程给出偏轴坐标系下的强度判据，由偏轴应力变换到

正轴应力的转换方程可知：

$$\begin{bmatrix} \sigma_x \\ \sigma_y \\ \sigma_s \end{bmatrix} = \begin{bmatrix} m^2 & n^2 & 2mn \\ n^2 & m^2 & -2mn \\ -mn & mn & m^2-n^2 \end{bmatrix} \begin{bmatrix} \sigma_1 \\ \sigma_2 \\ \sigma_6 \end{bmatrix} \tag{6-14}$$

式中，$m=\cos\theta$，$n=\sin\theta$，θ 表示缠绕角度，将式 (6-14) 各分量代入式 (6-13) 中，有

$$\begin{aligned} \zeta^{(k)} = & F_{xx}(m^2\sigma_1 + n^2\sigma_2 + 2mn\sigma_6)^2 + F_{yy}(n^2\sigma_1 + m^2\sigma_2 - 2mn\sigma_6)^2 \\ & + F_{ss}[-mn\sigma_1 + mn\sigma_2 + (m^2-n^2)\sigma_6]^2 + F_x(m^2\sigma_1 + n^2\sigma_2 + 2mn\sigma_6) \\ & + F_y(n^2\sigma_1 + m^2\sigma_2 - 2mn\sigma_6) \\ & + 2F_{xy}(m^2\sigma_1 + n^2\sigma_2 + 2mn\sigma_6)(n^2\sigma_1 + m^2\sigma_2 - 2mn\sigma_6) \end{aligned} \tag{6-15}$$

当 $\zeta^{(k)} \geqslant 1$ 时，壳体发生层失效。

6.1.2 屈曲变形

静水压力作用下，壳体结构发生变形，外压小于临界失稳载荷时的变形称为静力变形，一般表现为线性；当外压逐渐增加、无限接近临界失稳载荷时，变形处于非稳态，会呈现出非线性。本节通过非线性分析，以文献 [98] 为例，对壳体结构的后屈曲路径进行分析，研究结构屈曲变形。

如图 6-2 模型所示，纤维缠绕方式为 $[0/90]_{12}$。选取同一母线上 O、P 和 Q 三个节点，O 点位于壳体母线的 1/4 处，P 点位于中点，Q 点位于壳体母线的 3/4 处，提取上述节点在轴向和径向的变形，得到如图 6-3～图 6-5 所示的载荷-形变曲线。在静力阶段，随着压力的增加，径向节点的变形增加缓慢；当压力接近结构临界失稳载荷时，径向的变形迅速增加，表现为非线性。在轴向，壳体结构发生屈曲之前，节点的变形与载荷呈线性关系，结构失稳前后，变形的非线性显著。

对于 O 点，在静力范围内，在轴压和侧压作用下，节点在轴向和径向呈压缩变形，进入非稳态阶段，径向变形迅速增大。与此同时，轴向变形出现补偿，出现恢复甚至拉伸现象。对于 P 点，在结构发生屈曲前，节点的轴向变形基本为线性，相比于 O 点变形量稍大；结构发生屈曲后，节点轴向变形稍有增加，径向变形迅速增大，与 O、Q 两点相比较变形量最大。Q 点发生的轴向变形最大，这是由于壳体的边界条件为左边界固定，即沿轴向，节点的轴向变形累积逐渐增大；Q 点径向变形量比 O 点稍微偏大，这是由非对称边界条件导致的，在对称边界条件下，根据壳体屈曲模态特征，两点的变形应为一致。

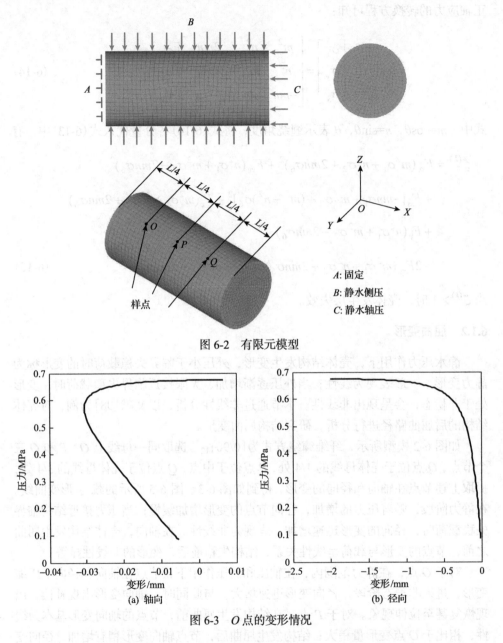

图 6-2　有限元模型

图 6-3　O 点的变形情况

图 6-6 表示圆柱耐压壳体结构在轴向压力和径向压力作用下的组合变形。在轴向压力作用下，壳体发生轴向压缩变形；在径向压力作用下，壳体发生径向压缩变形，出现轴向压缩与径向压缩相互补偿的现象，总体表现为压缩变形。

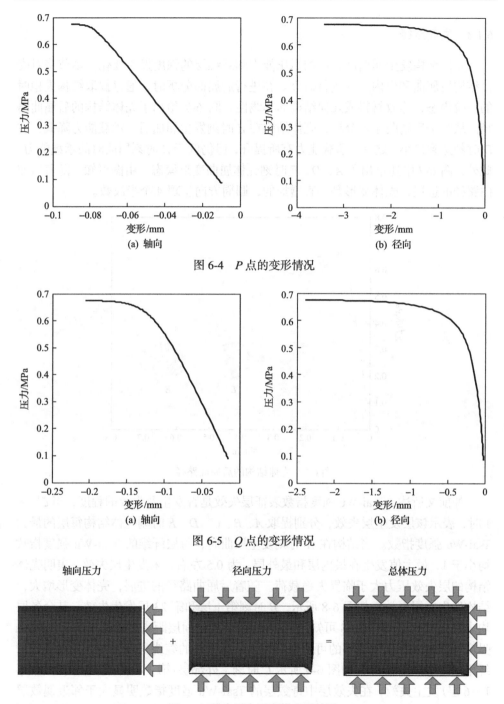

(a) 轴向　　　　　　　　　　　　　(b) 径向

图 6-4　P 点的变形情况

(a) 轴向　　　　　　　　　　　　　(b) 径向

图 6-5　Q 点的变形情况

图 6-6　静水压力下壳体变形情况

6.1.3　失效路径

　　壳体结构发生屈曲后，结构承压能力和纤维层的强度发生变化，本节将对壳体结构后屈曲和层内失效进行研究。在进行后屈曲分析时，通过提取结构失稳时的一阶模态，等效材料或几何结构的非线性。图 6-7 给出了壳体结构的后屈曲路径。从整个后屈曲路径分析，壳体结构在 A 时刻发生屈曲后，承载能力降低，在 D 时刻达到最小，之后，承载能力有所提升，但仍低于 A 时刻屈曲时的承载能力。此外，图 6-7 中还给出了 A、D、E 时刻壳体屈曲变形模态。由图可知，随着后屈曲路径的进展，壳体变形是一直增加的，圆周方向呈现 4 个半波数。

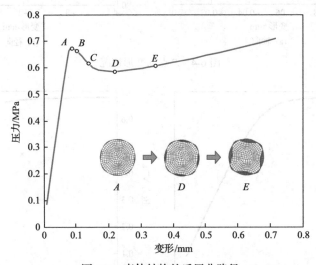

图 6-7　壳体结构的后屈曲路径

　　如前文所述，Tsai-Wu 强度指数表征层失效是否发生及失效的程度，当 $\zeta^{(k)} \geqslant$ 1 时，表示该层发生层失效，分别提取 A、B、C、D、E 时刻壳体结构每层的最大 Tsai-Wu 强度指数。当结构在 A 时刻发生屈曲时，每层纤维的 Tsai-Wu 强度指数均小于 1，最大值发生在最内层和最外层，为 0.5 左右，未发生层失效，表明壳体结构的层失效压力大于临界失稳载荷。随着后屈曲路径的进展，壳体变形增大，结构发生首层失效，如图 6-8 所示，B 时刻第 1 层和第 23 层发生失效，其余各层均未发生失效。分析图 6-8 可知，在 A、B 两点，离中面层距离越远的层，其 Tsai-Wu 强度指数越大，发生失效的可能性越大，且由纤维的缠绕角度可知，发生失效的纤维层缠绕角度为 0°。如图 6-9 所示 C 时刻，外部层（第 19～24 层）和内部层（第 1～6 层）发生失效，在失效层中奇数层的 Tsai-Wu 强度指数明显大于邻近偶数层的 Tsai-Wu 强度指数，表明 0°缠绕层的强度明显低于 90°缠绕层的强度。在 D 时刻（图 6-10），外部失效层向内扩展到第 17 层，内部失效层向外扩展到第 10 层。到 E

时刻(图 6-10),仅有第 13~15 层未发生失效。整体分析图 6-8~图 6-10 可知,在发生失效的纤维层中,0°缠绕层强度普遍低于 90°缠绕层强度,随着后屈曲路径的进展,内部失效层向中面的扩展速度大于外部层向中面层的扩展速度,在未发生失效的纤维层中,其 Tsai-Wu 强度指数由内向外是逐渐降低的。

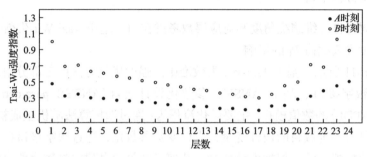

图 6-8 A、B 时刻各层的 Tsai-Wu 强度指数

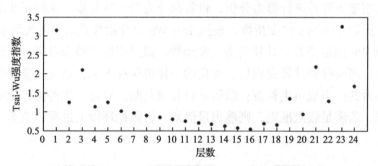

图 6-9 C 时刻各层的 Tsai-Wu 强度指数

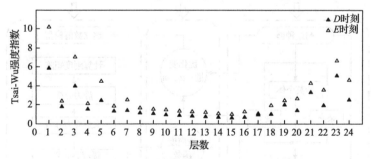

图 6-10 D、E 时刻各层的 Tsai-Wu 强度指数

6.2 纤维缠绕角度和层数对强度的影响

纤维复合材料结构的强度失效是一个过程,当某一区域或层的组合应力达到强度极限时,结构的总体刚度和强度发生变化,结构应力将重新分配,在载荷作

用下，强度失效区域逐渐扩展，直至结构丧失原始功能。静水压力下的耐压壳体对强度和变形条件要求苛刻，不允许结构刚度和强度发生剧烈变化，更不允许发生强度失效。

6.2.1　强度分析平台

本节同时将纤维缠绕角度和对应层数考虑在内，基于 Tsai-Wu 失效准则，研究它对强度失效载荷 P_F 的影响。

如图 6-11 所示，基于 Tsai-Wu 失效准则的强度优化方法由三部分组成，即遗传算法、数字接口、基于 ANSYS 参数化设计语言（ANSYS parametric design language, APDL）的数值模拟。主要优化流程为：通过遗传算法随机生成初始种群，初始种群具有一定数目的设计变量；设计变量参数化，通过数字接口把设计变量传递给数值模拟系统；根据设计变量、几何尺寸等信息建立参数化数值模型，计算结构的刚度矩阵并进行静力分析，将载荷分为若干载荷步，求解子步的单元应力分量，提取 Tsai-Wu 强度指数，根据 Tsai-Wu 强度指数确定强度失效载荷 P_F；根据 Tsai-Wu 强度指数，计算其适应度函数，以适应度函数为参考，评价当前个体的优劣；当前种群计算完成后，优良的个体被保存下来，杂交、变异生成新的个体，两者共同组成再生种群；最后进行收敛判断，对每一代种群产生的目标值进行筛选，若满足收敛准则，则输出最优解，否则循环以上过程，直至目标函数收敛。

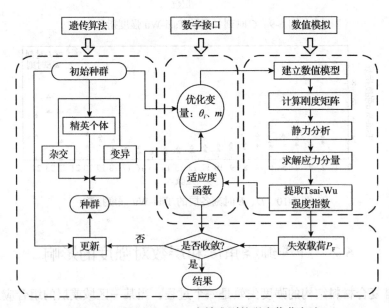

图 6-11　基于 Tsai-Wu 失效准则的强度优化方法

6.2.2　不同壁厚时纤维缠绕角度和层数对强度的影响

如图 6-12 所示，结构由纤维圆柱壳体和金属法兰组成，纤维圆柱壳体和金属法兰（ASTM A36 钢：E=200GPa，v =0.26）通过胶结组合在一起，在 APDL 数值模拟中，纤维圆柱壳体段用 SHELL281 单元表示，两端的金属法兰用 SOLID187 单元表示，接触面和目标面用于模拟纤维层与金属法兰的胶结状态，CONTA174 单元表示复合材料胶结面，TARGE170 单元表示金属法兰的刚性交界面。左端金属法兰处于全约束状态，复合材料圆柱壳体和右端法兰盖受均匀表面压力。

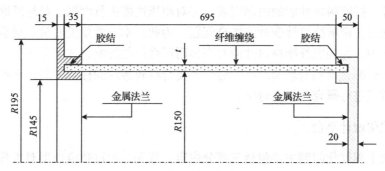

图 6-12　壳体结构组成（单位：mm）

纤维复合材料圆柱壳体结构在静水压力作用下有可能发生强度级别的材料失效，失效时对应的承载能力称为强度失效载荷。缠绕方案为 $[(\pm\theta_1)_m/(\pm\theta_2)_{N-m}]$，纤维总层数为 N（N=20、25 对应壳体厚度 t=8mm、10mm），缠绕参数为角度 θ_i，$0° \leqslant \theta_i \leqslant 90°$，$\Delta\theta_i$ =5°；层数变量为 m，$1 \leqslant m \leqslant 20$、25，$\Delta m$=1。图 6-13 和图 6-14 分别给出了壁厚为 8mm 和 10mm 时纤维缠绕角度对强度的影响。由图可以看出，缠绕角度对壳体强度的影响较大。

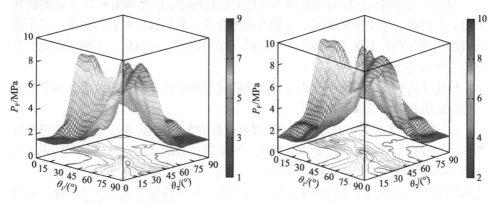

图 6-13　壳体强度失效载荷 P_F（t =8mm）　　　图 6-14　壳体强度失效载荷 P_F（t =10mm）

6.3　承压性能优化

前文对碳纤维薄壁圆柱壳体的强度失效研究表明，结构失稳时壳体并没有发生强度失效。然而，在工程实际中，稳定性和强度这两方面问题应统一对待，研究纤维复合材料壳体耐压问题应同时考虑稳定性和强度的影响。为解决这一问题，本节通过建立遗传算法与数值模拟之间的数值接口，搭建纤维复合材料圆柱壳体承压能力优化设计平台，对不同壁厚下碳纤维复合材料圆柱壳体的耐压性能进行优化设计，探究耐压性能的限制因素，并对耐压性能进行增强。对纤维缠绕方式进行优化时，应解决设计变量的耦合问题。为此，本节将角度变量和层数变量同时考虑在内，为探究纤维材料性能对壳体耐压性能的影响，解决耐压壳体材料性能选择的问题，特别对玻璃纤维、硼纤维复合材料缠绕圆柱壳体的耐压性能优化与增强方式进行研究并与之对比。

6.3.1　优化设计平台

解决工程优化问题主要包括三部分内容。首先，通过数值模型对工程问题进行准确描述，反映问题的核心，同时对边界条件进行等效，因此建立准确的数值模型非常重要。其次，选用合适的优化算法，选取优化算法应遵循两个评价指标：①优化算法求解时的效率；②优化算法对计算资源的要求。只有满足这两个指标或者两个指标在某种程度上能够达到平衡，才能解决问题。最后，在优化算法与数值模型之间建立数值通道，进行信息传递。信息传递主要包括以下几个内容：

(1)将优化方法中的设计变量、约束条件传递给数值模型。

(2)对数值计算结果进行指标评价，并将评价结果传递给优化方法。

为解决复合材料圆柱耐压壳体承压能力优化问题，搭建如图 6-15 所示的优化平台。平台由三个主框架组成，分别为遗传算法、数字接口和数值模拟。三个主框架的功能分别与工程实际中优化问题的三部分内容一一对应，下面对优化平台中的主框架进行详细描述。

优化算法的选取依赖于算法自身效率的优劣和对计算资源的要求，本节选取遗传算法的原因包括以下几点。

(1)遗传算法对所求解的优化问题没有过高的数学要求，由于其本身的进化特性，搜索过程中不需要问题的内在性质，可处理任意形式的目标函数和约束。优化问题的数学描述主要体现在数值模型中，遗传算法主要用来搜索目标函数、寻找最优解，优化平台中遗传算法与数值模拟两大框架体现出优势互补，能够很好地解决优化问题。

(2)遗传算法在搜索过程中不易陷入局部最优，即使在所定义的适应度函数是

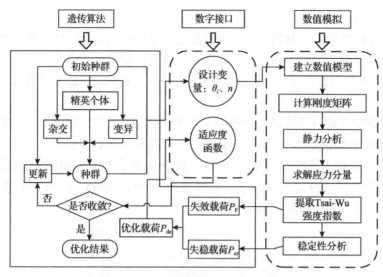

图 6-15 耐压性能优化设计平台

不连续的、非规则的情况下，也能以很大的概率找到全局最优解。本优化问题中的设计变量是纤维缠绕角度和对应层数，纤维缠绕方式具有多样性，导致适应度函数有很强的跳跃性，选择遗传算法能够克服陷入局部最优的问题。

(3)遗传算法具有固有的并行性和并行计算能力，可扩展性强，易于与其他技术混合使用。优化时可循环调用数值模拟，数值模拟时可调用大量的计算机资源，有必要采用并行计算，遗传算法固有的并行性和可扩展性能够大幅提高计算效率。

本部分采用 APDL 建立数值模型。APDL 是优化设计和数值模拟的实现基础，优化设计过程中要重复定义模型及载荷、求解等过程，直至求得最优解。APDL能够在程序底层自动完成上述循环过程，贯穿于数值模拟的全过程，主要包含以下流程：

(1)根据设计变量、结构参数、边界条件等建立数值模型，计算结构刚度矩阵。

(2)静力分析过程中采用多载荷步求解，计算每一子步的应力分量，根据Tsai-Wu 失效准则计算 Tsai-Wu 强度指数，并输出强度失效载荷 P_F。

(3)通过稳定性分析求解稳定性控制方程，所得特征值即为临界失稳载荷 P_{cr}。

在遗传算法中对优化目标的判断依据函数 $P_{de} = \max\{\min(P_{cr}, P_F)\}$ 进行。遗传算法与数值模拟之间频繁进行信息交换，每次迭代过程中，遗传算法将设计变量传递给数值模拟建立模型并进行求解，求解结束后会将临界失稳载荷和强度失效载荷传递给遗传算法，经过判断，将其中的较小值作为设计载荷 P_{de}(需要注意的是，本节所阐述的设计载荷没有考虑安全系数，仅是优化指标)，计算其适应度函数并进行收敛判断。

　　本节通过纤维复合材料承压能力优化设计平台分别对碳纤维、硼纤维、玻璃纤维等三种纤维复合材料圆柱壳体耐压性能进行优化设计，研究结构临界失稳载荷 P_{cr} 及强度失效载荷 P_F 与设计载荷 P_{de} 之间的关系，分析影响结构承载能力的限制因素。

　　纤维缠绕方式包括给定层数的角度设计和给定角度的层数设计，如图 6-16 所示，本节将缠绕角度和对应层数一并考虑，解决两种参数的耦合与嵌套问题。角度变量为 θ_1 和 θ_2，层数变量为 n 和 $N-n$，其中 N 表示壳体结构中纤维总层数，取值为 20、25、30 和 35，分别对应壳体厚度为 8mm、10mm、12mm 和 14mm，壳体结构组成及几何参数如图 6-12 所示。

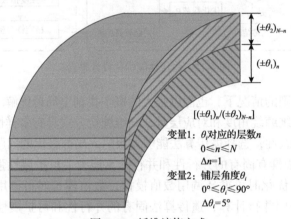

图 6-16　纤维缠绕方式

6.3.2　碳纤维圆柱壳体

　　当壳体壁厚为 8mm、$n=8$ 时，壳体强度失效载荷 P_F 与纤维缠绕角度的关系如图 6-17(a) 所示，强度失效载荷最大值为 9MPa，对应的缠绕方式为 $[(\pm85)_8/(\pm25)_{12}]$，此时结构临界失稳载荷为 4.04MPa。为确保壳体同时满足强度和稳定性要求，设计载荷应为 4.04MPa。结构临界失稳载荷 P_{cr} 与纤维缠绕角度的关系如图 6-17(b) 所示，临界失稳载荷最大值为 7.68MPa，对应的缠绕方式为 $[(\pm85)_8/(\pm55)_{12}]$，此时壳体强度临界失效载荷为 2.25MPa。为确保壳体结构的安全，应保证结构不发生强度失效，设计载荷应为 2.25MPa。设计载荷与纤维缠绕角度的关系如图 6-17(c) 所示，最大设计载荷为 6MPa，对应的缠绕方式为 $[(\pm70)_8/(\pm40)_{12}]$，此时，强度失效载荷为 6MPa，结构临界失稳载荷为 6.11MPa，两者数值比较接近，说明在保证壳体不发生强度失效的情况下，结构稳定性并没有太大的冗余。最大设计载荷的取值点并非强度最优解或者稳定性最优解。

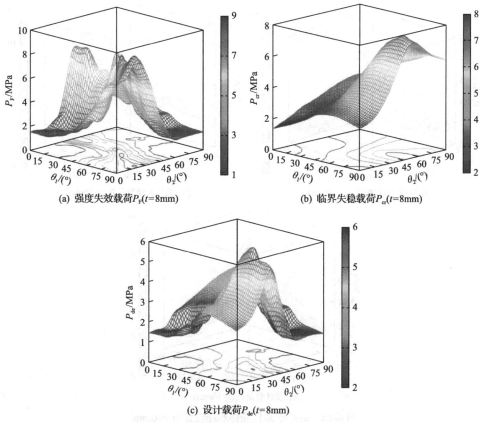

(a) 强度失效载荷P_F(t=8mm)　　　(b) 临界失稳载荷P_{cr}(t=8mm)

(c) 设计载荷P_{de}(t=8mm)

图 6-17　碳纤维圆柱壳体承压性能(t=8mm)

　　当壁厚增加到 10mm、n=10 时，对壳体强度和结构稳定性进行优化。对比图 6-17(a) 和图 6-18(a) 可知，随着壁厚的增加，壳体强度失效载荷有所提升，纤维缠绕角度对壳体强度影响的总趋势基本相似。对比图 6-17(b) 和图 6-18(b) 可知，结构稳定性有大幅度提升。具体分析如下：壳体最大强度失效载荷为 10.5MPa 时，对应的缠绕方式为 $[(\pm85)_{10}/(\pm25)_{15}]$，此时结构的临界失稳载荷为 7.02MPa，因此，该缠绕方式应以临界失稳载荷作为设计载荷；当最大临界失稳载荷为 12.18MPa 时，对应的缠绕方式为 $[(\pm75)_{10}/(\pm45)_{15}]$，此时壳体强度失效载荷为 5.25MPa，显然，为确保壳体不发生强度失效，该缠绕方式对应的设计载荷应为 5.25MPa。如图 6-18(c) 所示，壳体的最大设计载荷为 9.71MPa，对应的缠绕方式为 $[(\pm55)_{10}/(\pm40)_{15}]$，此时壳体强度失效载荷为 9.75MPa，结构临界失稳载荷为 9.71MPa，两者数值比较接近，说明在保证壳体结构不发生失稳的情况下，壳体强度也没有太大的冗余。与壁厚为 8mm 的壳体情况相似，最大设计载荷并不是强度最大值或者稳定性最强值。

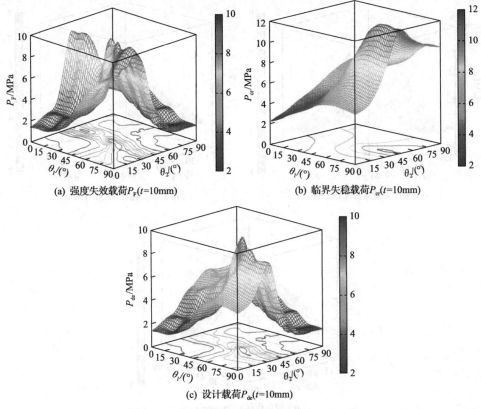

(a) 强度失效载荷P_F(t=10mm)　　　　(b) 临界失稳载荷P_{cr}(t=10mm)

(c) 设计载荷P_{de}(t=10mm)

图 6-18　碳纤维圆柱壳体承压性能(t=10mm)

当壳体壁厚增加到 12mm、n=11 时，对壳体的承压能力进行优化。图 6-19(a) 为壳体强度失效载荷与纤维缠绕角度的关系，图 6-19(b) 为结构临界失稳载荷与纤维缠绕角度的关系。与壁厚为 10mm 的壳体结构相比，壁厚为 12mm 的壳体结构稳定性有大幅度提升，而结构强度提升幅度相对较小。因此，壳体结构的设计载荷有可能受壳体强度不足的限制。观察图 6-19(a) 和(c)可知，在相当一部分区域内两个目标函数的取值相等，说明此解域内设计载荷由壳体强度决定。具体分析如下：如图 6-19(a) 所示，壳体最大强度失效载荷为 12MPa，此时对应的纤维缠绕方式有两种，分别为 [(±85)$_{11}$/(±30)$_{19}$] 和 [0$_{11}$/(±45)$_{19}$]。[(±85)$_{11}$/(±30)$_{19}$] 的结构临界失稳载荷为 12.65MPa，[0$_{11}$/(±45)$_{19}$] 的临界失稳载荷为 6.83MPa，说明纤维缠绕方式不同时，壳体强度有可能相等，但结构的稳定性相差很大。如图 6-19(b) 所示，最大临界失稳载荷为 17.64MPa，纤维缠绕方式为 [(±75)$_{11}$/(±45)$_{19}$]，此时壳体强度失效载荷仅为 6MPa。如图 6-19(c) 所示，壳体结构的最大设计载荷为 12MPa，对应的缠绕方式为 [(±85)$_{11}$/(±30)$_{19}$]，此时结构临界失稳载荷为 12.65MPa，强度失效载荷为 12MPa。与壁厚为 8mm 和 10mm 的壳体结构不同，当壁厚增加到 12mm 时，结构的承压能力主要受强度失效的限制。为保证结构不发生强度失效，选取强度极值点作为设计载荷，此时，结构稳定性尚有微量冗余。

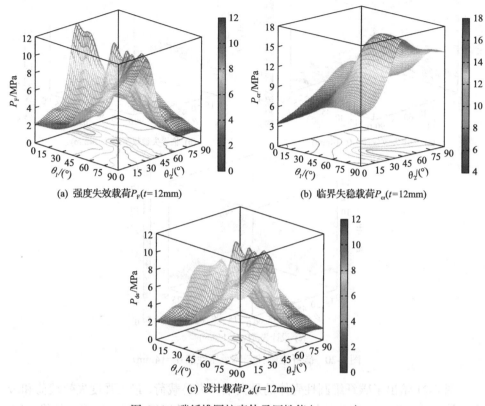

(a) 强度失效载荷P_F(t=12mm)　　　(b) 临界失稳载荷P_{cr}(t=12mm)

(c) 设计载荷P_{de}(t=12mm)

图 6-19　碳纤维圆柱壳体承压性能(t=12mm)

当壳体壁厚增加到 14mm、n=13 时，对壳体的承压能力进行优化，如图 6-20 所示。壳体强度出现多个极值点，最大强度失效载荷为 13.5MPa，对应的缠绕方式分别为 $[(\pm85)_{13}/(\pm30)_{22}]$、$[(\pm40)_{13}/(\pm45)_{22}]$ 和 $[(\pm10)_{13}/(\pm45)_{22}]$。$[(\pm85)_{13}/(\pm30)_{22}]$ 的临界失稳载荷为 18.56MPa，$[(\pm40)_{13}/(\pm45)_{22}]$ 的临界失稳载荷为 14.56MPa，$[(\pm10)_{13}/(\pm45)_{22}]$ 的临界失稳载荷为 10.22MPa。当最大临界失稳载荷为 24.33MPa 时，纤维缠绕方式为 $[(\pm70)_{13}/(\pm40)_{22}]$，此时壳体强度失效载荷为 9.9MPa。如图 6-20(c)所示，壳体结构的最大设计载荷为 13.5MPa，对应的缠绕方式为 $[(\pm85)_{13}/(\pm30)_{22}]$ 和 $[(\pm40)_{13}/(\pm45)_{22}]$，两种缠绕方式均为强度的极值点。与壁厚为 12mm 的壳体结构相似，结构的承压能力主要受强度的限制。为保证壳体不发生强度失效，选取强度极值点作为最大设计载荷，对应的结构稳定性冗余不同。

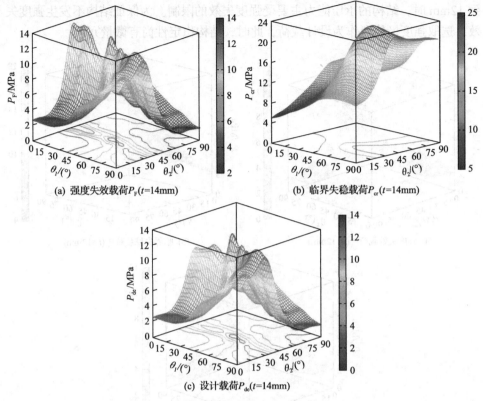

(a) 强度失效载荷P_F(t=14mm)　　　(b) 临界失稳载荷P_{cr}(t=14mm)

(c) 设计载荷P_{de}(t=14mm)

图 6-20　碳纤维圆柱壳体承压性能(t=14mm)

　　图 6-21 给出了碳纤维圆柱壳体的最大临界失稳载荷、最大强度失效载荷和最大设计载荷随壁厚的变化趋势。表 6-1 列出了不同壁厚下上述三组载荷的优化结果及优化承载能力。图 6-21 表明，当壁厚 t=8mm 时，结构稳定性指标低于壳体强度指标，随着壁厚的增加，结构稳定性指标和壳体强度指标均呈现增长的趋势，稳定性指标增幅较大，使稳定性指标大于强度指标。

　　由表 6-1 可知，"最大失稳载荷组"中强度失效载荷明显低于结构临界失稳载荷，因此其承载能力 P_{Opt} 由强度大小决定；在"最大失效载荷组"中，除黑体数据外，其余缠绕方式的结构临界失稳载荷明显低于强度失效载荷，因此其承载能力 P_{Opt} 由稳定性决定。分析壁厚 t=8mm 和 t=10mm 的优化结果，最大设计载荷并非发生在强度极值点或稳定性极值点，随着壁厚的增加，结构稳定性增速较快，使壳体强度远低于结构稳定性，强度逐渐制约结构的承载能力，因此当壁厚较大时，最大设计载荷由强度失效载荷决定。表 6-1 中，K 值用来表示发生"短板效应"的程度，当 K 等于 1 时，表明强度临界失效载荷与结构临界失稳载荷相等，此时不存在短板效应。分析表中黑体数据可知，在不同壁厚情况下，优化所得的最大设计载荷对应的 K 值更接近 1，说明优化后由两种载荷指标引起的"短板效应"明显减弱。

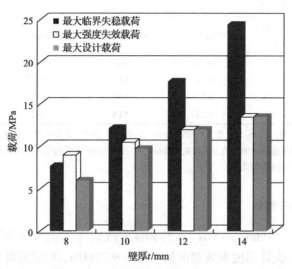

图 6-21　不同壁厚下碳纤维圆柱壳体最大临界失稳载荷、最大强度失效载荷及最大设计载荷

表 6-1　不同壁厚下碳纤维圆柱壳体结构稳定性、强度及设计载荷优化结果

壁厚/mm	类别	最大失稳载荷组		最大失效载荷组		最大设计载荷组
8	缠绕方式	$[(\pm85)_8/(\pm55)_{12}]$	$[(\pm85)_8/(\pm25)_{12}]$			$[(\pm70)_8/(\pm40)_{12}]$
	P_{cr}/MPa	7.68	4.04			**6.11**
	P_F/MPa	2.25	9			**6**
	K	3.41	2.23			**1.02**
	P_{Opt}/MPa	2.25	4.04			**6**
10	缠绕方式	$[(\pm75)_{10}/(\pm45)_{15}]$	$[(\pm85)_{10}/(\pm25)_{15}]$			$[(\pm55)_{10}/(\pm40)_{15}]$
	P_{cr}/MPa	12.18	7.02			**9.71**
	P_F/MPa	5.25	10.5			**9.75**
	K	2.32	1.5			**1**
	P_{Opt}/MPa	5.25	7.02			**9.71**
12	缠绕方式	$[(\pm75)_{11}/(\pm45)_{19}]$	$[(\pm85)_{11}/(\pm30)_{19}]$	$[0_{11}/(\pm45)_{19}]$		
	P_{cr}/MPa	17.64	**12.65**	6.83		
	P_F/MPa	6	**12**	12		
	K	2.94	**0.95**	1.76		
	P_{Opt}/MPa	6	**12**	6.83		

续表

壁厚/mm	类别	最大失稳载荷组	最大失效载荷组			最大设计载荷组
14	缠绕方式	$[(\pm70)_{13}/(\pm40)_{22}]$	$[(\pm85)_{13}/(\pm30)_{22}]$	$[(\pm40)_{13}/(\pm45)_{22}]$	$[(\pm10)_{13}/(\pm45)_{22}]$	
	P_{cr}/MPa	24.33	**18.56**	**14.56**	10.22	
	P_{F}/MPa	9.9	**13.5**	**13.5**	13.5	
	K	2.46	**0.73**	**0.93**	1.32	
	P_{Opt}/MPa	9.9	**13.5**	**13.5**	10.22	

注：最大失稳载荷组，$K=P_{cr}/P_{F}$；最大失效载荷组，$K=P_{F}/P_{cr}$；最大设计载荷组，$K=P_{cr}/P_{F}$。表中黑体数据表示此壁厚中最大设计载荷组对应的缠绕方式及数值指标。P_{cr}表示结构临界失稳载荷；P_{F}表示强度失效载荷；K表示短板效应；P_{Opt}表示结构承载能力。

6.3.3　硼纤维圆柱壳体

当壳体壁厚为8mm、$n=8$时，壳体强度失效载荷P_{F}与纤维缠绕角度的关系如图6-22(a)所示。壳体强度失效载荷最大值为9.75MPa，对应的纤维缠绕方式有两种，分别为$[(\pm85)_{8}/(\pm25)_{12}]$和$[(\pm10)_{8}/(\pm45)_{12}]$，其临界失稳载荷并不相等，$[(\pm85)_{8}/(\pm25)_{12}]$的临界失稳载荷为7.12MPa，$[(\pm10)_{8}/(\pm45)_{12}]$的临界失稳载荷为4.81MPa。可以看出，这两种缠绕方式对应的结构稳定性较弱。为保证结构不发生失稳，设计载荷应以临界失稳载荷为准。结构临界失稳载荷P_{cr}与纤维缠绕角度的关系如图6-22(b)所示，临界失稳载荷最大值为12.86MPa，对应的缠绕方式为$[(\pm80)_{8}/(\pm55)_{12}]$，此时壳体强度失效载荷仅为3MPa，因此壳体结构的承压能力受壳体强度的限制。为保证壳体不发生强度失效，设计载荷应为3MPa。设计载荷P_{de}与纤维缠绕角度的关系如图6-22(c)所示，最大设计载荷为8.33MPa，对应的缠绕方式为$[(\pm70)_{8}/(\pm30)_{12}]$，此时，壳体强度失效载荷为9MPa，结构临界失稳载荷为8.33MPa，两者数值比较接近。为保证结构的稳定性，最大设计载荷

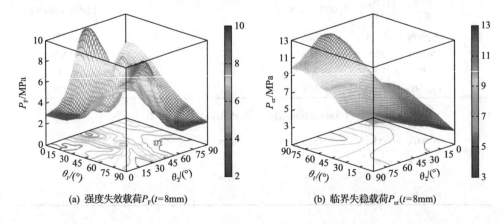

(a) 强度失效载荷P_{F}($t=8$mm)　　　　　　　(b) 临界失稳载荷P_{cr}($t=8$mm)

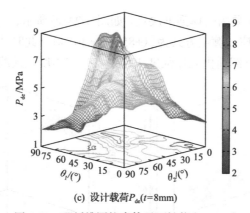

(c) 设计载荷P_{de}(t=8mm)

图6-22　硼纤维圆柱壳体承压性能(t=8mm)

应以临界失稳载荷为准。当壳体强度和结构稳定性相差较大时，若其中一方达到最优，则另一方在很大程度上限制壳体的承压能力，此时，最大设计载荷并非发生在强度极值点处或者稳定性极值点处。

当壁厚增加到10mm、n=10时，对硼纤维壳体的承压能力进行优化。由图6-23可知，随着壁厚的增加，壳体强度临界失效载荷略微提升，而结构稳定性大幅度提升。具体分析如下：如图6-23(a)所示，壳体强度失效载荷的最大值为11.25MPa，对应的缠绕方式分别为$[(\pm85)_{10}/(\pm25)_{15}]$和$[(\pm10)_{10}/(\pm40)_{15}]$。其中，$[(\pm85)_{10}/(\pm25)_{15}]$对应结构的临界失稳载荷为12.46MPa，此时壳体结构的承压能力受强度的限制，为保证壳体不发生强度失效，设计载荷应为11.25MPa。$[(\pm10)_{10}/(\pm40)_{15}]$对应结构的临界失稳载荷为7.66MPa，此时壳体结构的承压能力受稳定性的限制，为确保结构有足够的稳定性，设计载荷应为7.66MPa。如图6-23(b)所示，最大临界失稳载荷为20.52MPa，对应的纤维缠绕方式为$[(\pm75)_{10}/(\pm45)_{15}]$，此时壳体强度失效载荷为5.25MPa，显然，为确保壳体不发生强度失效，该缠绕方式对应的设计载荷应为5.25MPa。如图6-23(c)所示，壳体结构的最大设计载荷为11.25MPa，对应的缠绕方式为$[(\pm85)_{10}/(\pm25)_{15}]$，此时壳体强度失效载荷为11.25MPa，临界失稳载荷为12.46MPa。可见，最大设计载荷发生在强度极值点之一。

当壳体壁厚增加到12mm、n=11时，对壳体的承压能力进行优化。结构临界失稳载荷大幅度提升，而壳体强度失效载荷仅有略微提升，可以判断，结构承压能力主要受强度不足的限制。如图6-24(a)所示，壳体最大强度失效载荷为12MPa，对应的缠绕方式分别为$[(\pm85)_{11}/(\pm30)_{19}]$和$[(\pm5)_{11}/(\pm35)_{19}]$，其中$[(\pm85)_{11}/(\pm30)_{19}]$对应结构的临界失稳载荷为22.11MPa，$[(\pm5)_{11}/(\pm35)_{19}]$对应结构的临界失稳载荷为11.04MPa，表明当纤维缠绕方式不相同时，结构强度有可能相等，而稳定性有较大差别。如图6-24(b)所示，最大临界失稳载荷为29.52MPa，对应的纤维缠绕方式为$[(\pm75)_{11}/(\pm45)_{19}]$，此时壳体强度失效载荷仅为6MPa，因此该缠绕方式的承压能力主要由壳体强度决定。如图 6-24(c)所示，壳体结构的最大设计载荷为 12MPa，对应的缠绕方式为[(±85)₁₁/(±30)₁₉]，此时结构临界失稳载荷为 22.11MPa，最大设计载荷由壳体强度决定，发生在强度失效载荷最大值处。

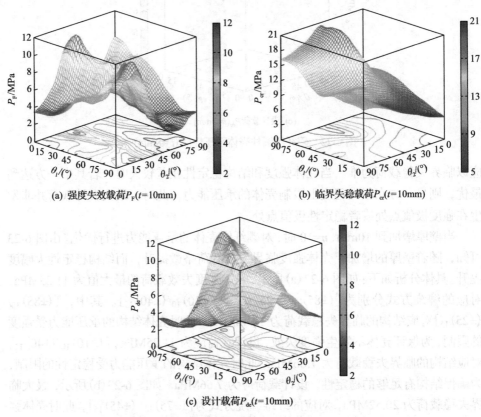

(a) 强度失效载荷P_F(t=10mm)　　　　　(b) 临界失稳载荷P_{cr}(t=10mm)

(c) 设计载荷P_{de}(t=10mm)

图 6-23　硼纤维圆柱壳体承压性能(t=10mm)

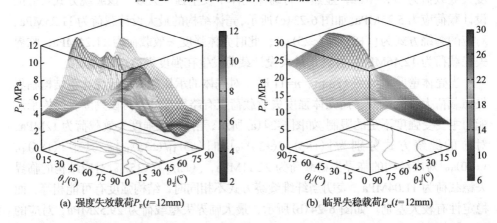

(a) 强度失效载荷P_F(t=12mm)　　　　　(b) 临界失稳载荷P_{cr}(t=12mm)

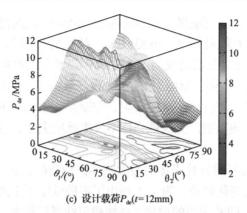

(c) 设计载荷 P_{de}(t=12mm)

图 6-24　硼纤维圆柱壳体承压性能(t=12mm)

　　当壳体壁厚增加到 14mm、n=13 时，对壳体的承压能力进行优化。对比图 6-25(a)和(c)可知，在可行域范围内，设计载荷等于壳体强度，说明壳体结构的承压能力由强度决定。如图 6-25(a)所示，壳体最大强度失效载荷为 15.3MPa，对应的缠绕

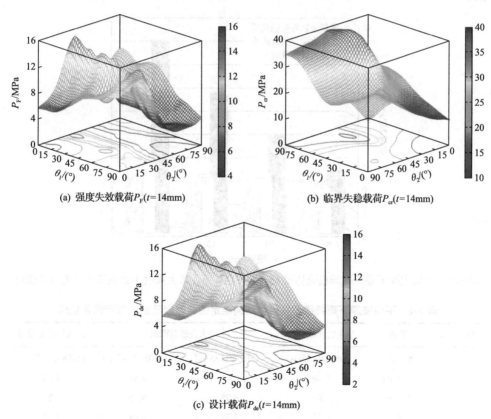

(a) 强度失效载荷 P_F(t=14mm)　　　　　　(b) 临界失稳载荷 P_{cr}(t=14mm)

(c) 设计载荷 P_{de}(t=14mm)

图 6-25　硼纤维圆柱壳体承压性能(t=14mm)

方式为$[(\pm5)_{13}/(\pm35)_{22}]$，其临界失稳载荷为 15.98MPa，此时结构强度与稳定性很接近。当最大临界失稳载荷为 40.83MPa，对应的纤维缠绕方式为$[(\pm70)_{13}/(\pm40)_{22}]$，而壳体强度失效载荷仅为 9.35MPa，说明此时结构强度极大限制了承压能力。如图 6-25(c)所示，壳体结构的最大设计载荷为 15.3MPa，位于强度的极值点，对应的缠绕方式为$[(\pm5)_{13}/(\pm35)_{22}]$。与壁厚为 12mm 的情况相似，结构的承压能力主要受强度的限制。为保证壳体不发生强度失效，选取强度极值点作为最大设计载荷。

图 6-26 给出了硼纤维圆柱壳体的最大临界失稳载荷、最大强度失效载荷和最大设计载荷随壁厚的变化趋势。表 6-2 列出了不同壁厚下上述三组载荷的优化结果。由图 6-26 可知，随着壁厚的增加，结构稳定性增幅较大，但壳体强度增幅很小，因此壳体结构的承载能力受壳体强度的限制，其设计载荷等于壳体临界失效载荷。表 6-2 中黑体数据即为壳体结构的设计载荷，观察其 K 值，除壁厚等于 12mm 外，其余壁厚的最大设计载荷组对应的 K 值都接近 1，表明优化后的"短板效应"减弱。

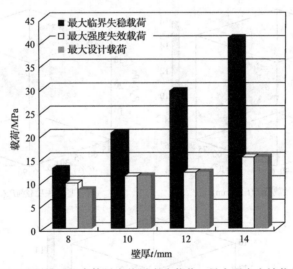

图 6-26　不同壁厚下硼纤维圆柱壳体最大临界失稳载荷、最大强度失效载荷及最大设计载荷

表 6-2　不同壁厚下硼纤维圆柱壳体结构稳定性、强度及设计载荷优化结果

壁厚/mm	类别	最大失稳载荷组	最大失效载荷组		最大设计载荷组
	缠绕方式	$[(\pm80)_8/(\pm55)_{12}]$	$[(\pm85)_8/(\pm25)_{12}]$	$[(\pm10)_8/(\pm45)_{12}]$	$[(\pm70)_8/(\pm30)_{12}]$
	P_{cr}/MPa	12.86	7.12	4.81	**8.33**
8	P_F/MPa	3	9.75	9.75	**9**
	K	4.29	1.37	2.03	**0.93**
	P_{Opt}/MPa	3	7.12	4.81	**8.33**

壁厚/mm	类别	最大失稳载荷组	最大失效载荷组		最大设计载荷组
10	缠绕方式	$[(\pm75)_{10}/(\pm45)_{15}]$	$[(\pm85)_{10}/(\pm25)_{15}]$	$[(\pm10)_{10}/(\pm40)_{15}]$	
	P_{cr}/MPa	20.52	**12.46**	7.66	
	P_F/MPa	5.25	**11.25**	11.25	
	K	3.91	**0.90**	1.47	
	P_{Opt}/MPa	5.25	**11.25**	7.66	
12	缠绕方式	$[(\pm75)_{11}/(\pm45)_{19}]$	$[(\pm85)_{11}/(\pm30)_{19}]$	$[(\pm5)_{11}/(\pm35)_{19}]$	
	P_{cr}/MPa	29.52	**22.11**	11.04	
	P_F/MPa	6	**12**	12	
	K	4.92	**0.54**	1.09	
	P_{Opt}/MPa	6	**12**	11.04	
14	缠绕方式	$[(\pm70)_{13}/(\pm40)_{22}]$	$[(\pm5)_{13}/(\pm35)_{22}]$		
	P_{cr}/MPa	40.83	**15.98**		
	P_F/MPa	9.35	**15.3**		
	K	4.37	**0.96**		
	P_{Opt}/MPa	9.35	**15.3**		

6.3.4　玻璃纤维圆柱壳体

当壳体壁厚为 8mm、$n=8$ 时，玻璃纤维圆柱壳体强度失效载荷 P_F 与纤维缠绕角度的关系如图 6-27(a)所示，壳体强度失效载荷最大值为 5.5MPa，对应的缠绕方式为 $[(\pm85)_8/(\pm25)_{12}]$，此时结构的临界失稳载荷为 2.15MPa。为同时满足壳体强度和结构稳定性要求，设计载荷为 2.15MPa。临界失稳载荷 P_{cr} 与纤维缠绕角度的关系如图 6-27(b)所示，临界失稳载荷最大值为 3.53MPa，对应的缠绕方式为 $[(\pm85)_8/(\pm75)_{12}]$，此时壳体强度临界失效载荷为 1.5MPa。为确保壳体强度的安全，设计载荷应为 1.5MPa。设计载荷与纤维缠绕角度的关系如图 6-27(c)所示，最大设计载荷为 2.77MPa，对应的缠绕方式为 $[(\pm90)_8/(\pm45)_{12}]$，此时，强度失效载荷为 3MPa，结构临界失稳载荷为 2.77MPa，表明壳体结构的承压能力主要受稳定性的限制。因此，以临界失稳载荷为设计载荷，既可以保证结构的稳定性，又可以使结构强度有较小冗余。最大设计载荷并非发生在强度失效最大值处，亦非发生在临界失稳载荷的最大处。

当壁厚增加到 10mm、$n=10$ 时，对玻璃纤维圆柱壳体强度失效载荷和临界失稳载荷进行分析。与壁厚为 8mm 相比，壳体强度和稳定性均有所提升，如图 6-28(a)所示，壳体最大强度失效载荷为 7MPa，对应的缠绕方式为 $[(\pm85)_{10}/(\pm25)_{15}]$，此时结构的临界失稳载荷为 3.77MPa。因此，设计载荷应优先保证结构的稳定性，

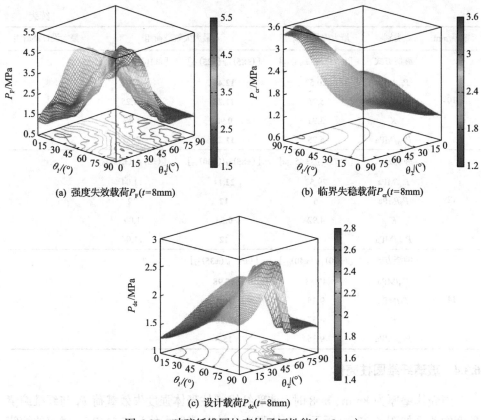

(a) 强度失效载荷P_F(t=8mm)　　　　(b) 临界失稳载荷P_cr(t=8mm)

(c) 设计载荷P_de(t=8mm)

图 6-27　玻璃纤维圆柱壳体承压性能(t=8mm)

以临界失稳载荷作为设计载荷。如图 6-28(b) 所示，最大临界失稳载荷为 5.46MPa，对应的纤维缠绕方式为$[(\pm80)_{10}/(\pm55)_{15}]$，此时壳体强度临界失效载荷为 2.5MPa，显然，壳体的强度指标达不到稳定性指标的 50%。为确保壳体不发生强度失效，该缠绕方式对应的设计载荷应为 2.5MPa。如图 6-28(c) 所示，壳体结构的最大设计载荷为 4.59MPa，对应的缠绕方式为$[(\pm80)_{10}/(\pm40)_{15}]$，此时，结构强度失效载荷为 4.5MPa，临界失稳载荷为 4.59MPa，因此设计载荷应为 4.5MPa。与壁厚等于 8mm 的情况不同，结构的承压能力受壳体强度的限制；相似的，最大设计载荷并没有发生在强度失效最大值处或者临界失稳最大值处。

　　当壳体壁厚增加到 12mm、n=11 时，与壁厚为 10mm 的壳体结构相比，结构强度仅有略微提升，稳定性提升幅度较大。如图 6-29(a) 所示，壳体最大强度失效载荷为 8MPa，对应的缠绕方式为$[(\pm85)_{11}/(\pm30)_{19}]$，临界失稳载荷为 6.48MPa，因此该缠绕方式的设计载荷为 6.48MPa。如图 6-29(b) 所示，最大临界失稳载荷为 7.71MPa，对应的纤维缠绕方式为$[(\pm75)_{11}/(\pm45)_{19}]$，此时壳体强度仅为 4MPa，表明该缠绕方式的强度极大限制了壳体的承压能力。如图 6-29(c) 所示，壳体结构的最大设计载荷为 6.74MPa，对应的缠绕方式为 [(±70)₁₁/(±35)₁₉]，此时，结构临界失稳载荷为 6.74MPa，强度失效载荷为 7MPa，最大设计载荷应以稳定性为准，结构强度有少量冗余。

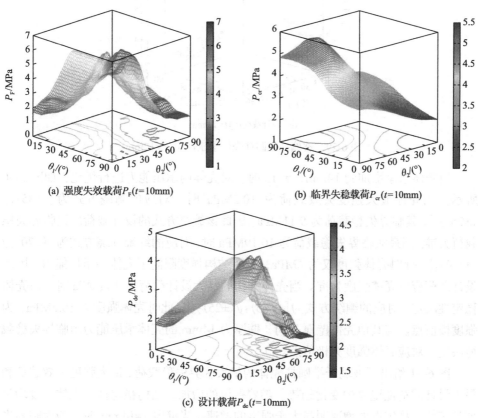

(a) 强度失效载荷$P_F(t=10mm)$　　　　　　　(b) 临界失稳载荷$P_{cr}(t=10mm)$

(c) 设计载荷$P_{de}(t=10mm)$

图 6-28　玻璃纤维圆柱壳体承压性能($t=10mm$)

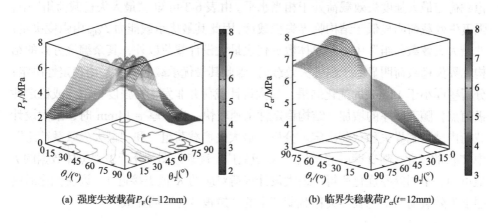

(a) 强度失效载荷$P_F(t=12mm)$　　　　　　　(b) 临界失稳载荷$P_{cr}(t=12mm)$

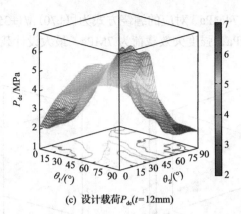

(c) 设计载荷P_{de}(t=12mm)

图 6-29　玻璃纤维圆柱壳体承压性能(t=12mm)

当壳体壁厚增加到 14mm、n=13 时，对壳体的承压能力进行优化，如图 6-30 所示。当壳体最大强度失效载荷为 10.2MPa 时，对应的缠绕方式为 [($\pm$85)$_{13}$/($\pm$25)$_{22}$]，其临界失稳载荷为 9.11MPa，因此该缠绕方式的设计载荷应以临界失稳载荷为准。当最大临界失稳载荷为 10.19MPa 时，对应的纤维缠绕方式为 [($\pm$70)$_{13}$/($\pm$40)$_{22}$]，此时壳体强度仅为 6MPa，表明结构强度限制了壳体的承压能力，因此设计载荷应以壳体强度为准。当壳体结构的最大设计载荷为 9.11MPa 时，由壳体稳定性决定，对应的缠绕方式为 [($\pm$85)$_{13}$/($\pm$25)$_{22}$]，此时壳体强度为 10.2MPa，为强度极值点。与其他壳体壁厚不同，壁厚为 14mm 的壳体承压能力由临界失稳载荷决定，对应壳体强度为极值点。

图 6-31 给出了玻璃纤维圆柱壳体的最大临界失稳载荷、最大强度失效载荷和最大设计载荷随壁厚的变化趋势。随着壁厚的增加，结构稳定性和壳体强度均呈增长态势，稳定性的增速明显大于强度的增速，当壁厚 t=14mm 时，最大临界失稳载荷与最大强度失效载荷处于相当水平。由表 6-3 可知，"最大失稳载荷组"中，强度失效载荷明显低于结构临界失稳载荷，因此其最优承载能力 P_{Opt} 由强度决定；"最大失效载荷组"中，除黑体数据代表最大设计载荷以外，其余缠绕方式的结构临界失稳载荷明显低于强度失效载荷，因此其最优承载能力 P_{Opt} 由稳定性决定；分析壁厚小于 14mm 的优化结果，最大设计载荷并非发生在强度极值点或稳定性极值点，随着壁厚的增加，结构稳定性增速较快，当壁厚 t=14mm 时，最大设计载荷由结构临界失稳载荷决定。分析"最大失稳载荷组"和"最大失效载荷组"中 K 值的变化，随着壁厚的增加，"短板效应"逐渐减弱。分析表中黑体数据的 K 值可知，不同壁厚优化所得的最大设计载荷对应的 K 值更接近 1，说明优化后由强度失效载荷与结构临界失稳载荷产生的"短板效应"明显减弱。

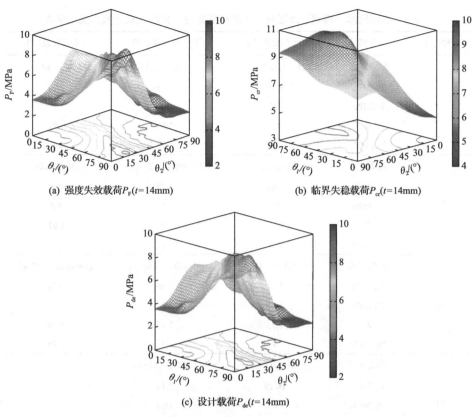

(a) 强度失效载荷P_F(t=14mm)

(b) 临界失稳载荷P_cr(t=14mm)

(c) 设计载荷P_de(t=14mm)

图 6-30　玻璃纤维圆柱壳体承压性能(t=14mm)

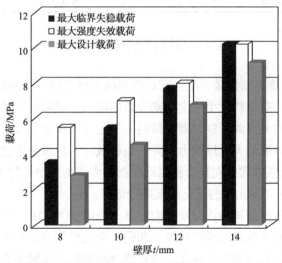

图 6-31　不同壁厚下玻璃纤维圆柱壳体最大临界失稳载荷、最大强度失效载荷及最大设计载荷

表 6-3　不同壁厚下玻璃纤维圆柱壳体结构稳定性、强度及设计载荷优化结果

壁厚/mm	类别	最大失稳载荷组	最大失效载荷组	最大设计载荷组
8	缠绕方式	$[(\pm85)_8/(\pm75)_{12}]$	$[(\pm85)_8/(\pm25)_{12}]$	$[(\pm90)_8/(\pm45)_{12}]$
	P_{cr}/MPa	3.53	2.15	**2.77**
	P_F/MPa	1.5	5.5	**3**
	K	2.35	2.56	**0.92**
	P_{Opt}/MPa	1.5	2.15	**2.77**
10	缠绕方式	$[(\pm80)_{10}/(\pm55)_{15}]$	$[(\pm85)_{10}/(\pm25)_{15}]$	$[(\pm80)_{10}/(\pm40)_{15}]$
	P_{cr}/MPa	5.46	3.77	**4.59**
	P_F/MPa	2.5	7	**4.5**
	K	2.18	1.86	**1.02**
	P_{Opt}/MPa	2.5	3.77	**4.5**
12	缠绕方式	$[(\pm75)_{11}/(\pm45)_{19}]$	$[(\pm85)_{11}/(\pm30)_{19}]$	$[(\pm70)_{11}/(\pm35)_{19}]$
	P_{cr}/MPa	7.71	6.48	**6.74**
	P_F/MPa	4	8	**7**
	K	1.93	1.23	**0.96**
	P_{Opt}/MPa	4	6.48	**6.74**
14	缠绕方式	$[(\pm70)_{13}/(\pm40)_{22}]$	$[(\pm85)_{13}/(\pm25)_{22}]$	
	P_{cr}/MPa	10.19	**9.11**	
	P_F/MPa	6	**10.2**	
	K	1.70	**1.12**	
	P_{Opt}/MPa	6	**9.11**	

6.4　铝合金内衬增强

6.3 节研究发现，增加碳纤维、硼纤维圆柱壳体壁厚，结构稳定性显著提高，最大承压能力主要受材料发生强度级别失效的限制；玻璃纤维圆柱壳体的最大承压能力主要受结构失稳的限制，即在材料未发生强度级别失效时，结构丧失稳定性。为了提高壳体的最大承压能力，降低短板效应，尽可能地使稳定性和强度接近。本节提出的增强方式是在复合材料纤维圆柱壳体的内壁增加壁厚为 2mm 的铝合金内衬，主要针对 6.3 节的优化结果进行增强。

根据铝合金内衬材料的特性及结构特点，选用 SOLID187 单元进行分析。纤维层与铝合金内衬在贴合面的结构尺寸相同，因此将铝合金外表面作为纤维层的内表面来进行网格划分和属性定义，建立两种材料间的接触关系。为了达到两种材料网格协调的目的，纤维层与铝合金内衬的网格节点一致，将纤维层单元的节点偏置于内衬的顶面，将纤维层 SHELL281 单元和内衬 SOLID187 单元连接，并对位置相同的节点进行合并。压力作用下金属内衬可能发生屈服，通过 von Mises 应力判断铝合金内衬是否发生屈服，铝合金的材料性能参数如表 6-4 所示。在进行强度分析时，通过逐步加载，获得每一载荷步作用下纤维层的 Tsai-Wu 强度指数和铝合金内衬的 von Mises 应力，分别判断纤维圆柱壳体发生强度级别失效的载荷 P_F 和铝合金内衬临界屈服载荷 P_{Ye}，通过稳定性分析获取金属内衬-纤维圆柱壳体复合结构的临界失稳载荷 P_{cr}。

表 6-4　7075 铝合金性能参数

密度/(kg/m³)	弹性模量/GPa	泊松比	屈服强度/MPa
2810	71.7	0.33	505

6.4.1　铝合金内衬增强碳纤维圆柱壳体

图 6-32(a)、图 6-33(a)、图 6-34(a)和图 6-35(a)为铝合金内衬增强碳纤维的 Tsai-Wu 强度指数随载荷的变化情况。随着壁厚的增加，纤维发生强度失效的临界载荷逐渐增大。观察可知，对于不同缠绕方式，当 Tsai-Wu 强度指数接近 1 时，载荷的略微增大可导致 Tsai-Wu 强度指数急剧增大，说明在载荷增加到强度临界失效载荷之后，纤维的失效程度加大加快。图 6-32(b)、图 6-33(b)、图 6-34(b)和图 6-35(b)给出了铝合金 von Mises 应力随载荷的变化情况。图中，水平黑色虚线为铝合金屈服强度，其余线型与黑色虚线交点的横轴坐标即为该缠绕方式对应的铝合金内衬临界屈服载荷 P_{Ye}。观察可知，随着碳纤维圆柱壳体壁厚的增加，铝合金内衬的临界屈服载荷增大；在相同壁厚下，纤维缠绕方式不同时，铝合金内衬的临界屈服载荷数值差不是很大。

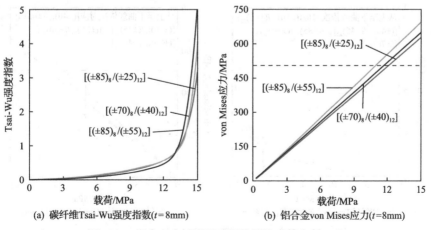

(a) 碳纤维Tsai-Wu强度指数(t=8mm)　　(b) 铝合金von Mises应力(t=8mm)

图 6-32　铝合金内衬增强碳纤维圆柱壳体(t=8mm)

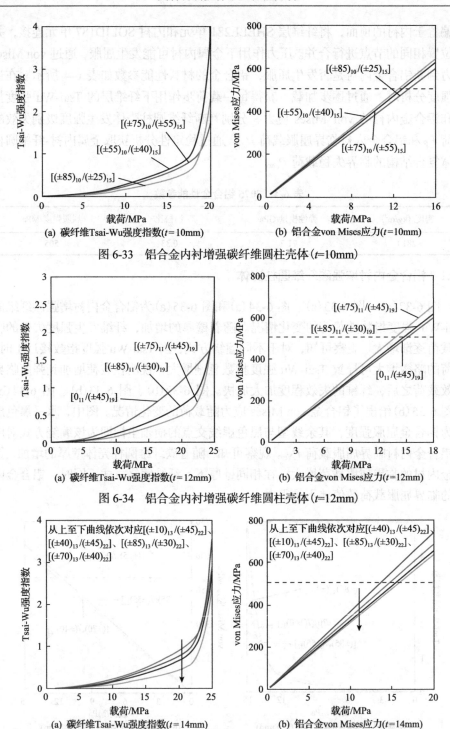

(a) 碳纤维Tsai-Wu强度指数($t=10$mm)　　　　(b) 铝合金von Mises应力($t=10$mm)

图 6-33　铝合金内衬增强碳纤维圆柱壳体($t=10$mm)

(a) 碳纤维Tsai-Wu强度指数($t=12$mm)　　　　(b) 铝合金von Mises应力($t=12$mm)

图 6-34　铝合金内衬增强碳纤维圆柱壳体($t=12$mm)

(a) 碳纤维Tsai-Wu强度指数($t=14$mm)　　　　(b) 铝合金von Mises应力($t=14$mm)

图 6-35　铝合金内衬增强碳纤维圆柱壳体($t=14$mm)

表 6-5 给出了铝合金内衬增强碳纤维圆柱壳体的临界失稳载荷 P_{cr}、强度失效载荷 P_F 及各载荷指标的增幅，还给出了铝合金内衬的临界屈服载荷 P_{Ye}，三种载荷数值中的最小者定义为该缠绕方式的承载能力 P_{Opt}。对比增强前后壳体结构承载能力，不同壁厚、不同缠绕方式下壳体承载能力 P_{Opt} 均有大幅度提升，表明铝合金内衬增强能够显著提高结构承载能力；对比分析结构承载能力 P_{Opt} 与铝合金内衬的临界屈服载荷 P_{Ye} 发现，除 $[(\pm85)_8/(\pm25)_{12}]$ 外，不同缠绕方式下的 P_{Opt} 与 P_{Ye} 相等，表明铝合金内衬增强后，壳体结构的承载能力主要受内衬临界屈服载荷的限制。分析铝合金内衬增强的"最大失稳载荷组"数据发现，强度失效载荷 P_F 的增幅远大于结构临界失稳载荷 P_{cr} 的增幅，表明铝合金内衬增强能够有效增强壳体强度，增大强度失效载荷。分析"最大失效载荷组"数据发现，除 $[(\pm85)_{11}/(\pm30)_{19}]$ 外，结构临界失稳载荷 P_{cr} 的增幅明显大于强度失效载荷 P_F 的增幅，表明铝合金内衬增强能够有效提高壳体结构的稳定性。分析铝合金内衬增强前（见表 6-1）与增强后（见表 6-5）的 K 值可知，增强后 K 值在不同程度上向 1 趋近，表明铝合金内衬能够改善"短板效应"，缩小强度失效载荷与结构临界失稳载荷之间的差距。但是，对于 $[(\pm70)_8/(\pm40)_{12}]$、$[(\pm55)_{10}/(\pm40)_{15}]$ 和 $[(\pm85)_{13}/(\pm30)_{22}]$、$[(\pm40)_{13}/(\pm45)_{22}]$ 等四组缠绕方式，铝合金内衬增强之后，其"短板效应"更加趋于明显。分析可知，该四组缠绕方式均为同等壁厚下具备的承载能力 P_{Opt} 最大，增强之前，其 K 值接近 1，强度指标或者稳定性指标的冗余较小。对比增强前后四组缠绕方式的强度失效载荷和临界失稳载荷可知，结构稳定性的增幅大于强度增幅，根据 K 值的定义，不难理解其"短板效应"增大的缘由。分析表中不同壁厚下承载能力 P_{Opt} 的增幅可知，小壁厚的情况下（$t=8mm$、$10mm$）增幅较大，随着纤维厚度的增大，受铝合金内衬材料屈服强度的限制，P_{Opt} 的增幅逐渐减小，此现象在表 6-5 中"最大设计载荷组"表现更为明显。

表 6-5　铝合金内衬增强碳纤维圆柱壳体的承压能力

壁厚 /mm	类别	最大失稳载荷组		最大失效载荷组	最大设计载荷组
8	缠绕方式	$[(\pm85)_8/(\pm55)_{12}]$	$[(\pm85)_8/(\pm25)_{12}]$		$[(\pm70)_8/(\pm40)_{12}]$
	P_{cr}/MPa	15.89, ↑107%	10.27, ↑154%		**13.61, ↑123%**
	P_F/MPa	13.48, ↑499%	13.33, ↑48%		**13.18, ↑120%**
	K	1.18, ↓65.4%	1.30, ↓41.7%		**1.03, ↑0.98%**
	P_{Ye}/MPa	10.86	11.99		**11.61**
	P_{Opt}/MPa	10.86, ↑383%	10.27, ↑154%		**11.61, ↑93.5%**

续表

壁厚/mm	类别	最大失稳载荷组		最大失效载荷组	最大设计载荷组
	缠绕方式	$[(\pm75)_{10}/(\pm45)_{15}]$	$[(\pm85)_{10}/(\pm25)_{15}]$		$[(\pm55)_{10}/(\pm40)_{15}]$
	P_{cr}/MPa	22.53, ↑85%	14.83, ↑111%		**21.73, ↑124%**
10	P_F/MPa	18.81, ↑258%	18.59, ↑77%		**17.71, ↑81.6%**
	K	1.20, ↓48.3%	1.25, ↓16.7%		**1.23, ↑24.2%**
	P_{Ye}/MPa	12.46	13.41		**12.82**
	P_{Opt}/MPa	12.46, ↑137%	13.41, ↑91%		**12.84, ↑32.2%**
	缠绕方式	$[(\pm75)_{11}/(\pm45)_{19}]$	$[(\pm85)_{11}/(\pm30)_{19}]$	$[0_{11}/(\pm45)_{19}]$	
	P_{cr}/MPa	30.57, ↑73.3%	**23.28, ↑84%**	26.96, ↑295%	
12	P_F/MPa	23.35, ↑289%	**22.83, ↑90.3%**	18.94, ↑57.8%	
	K	1.31, ↓55.4%	**0.98, ↑3.16%**	0.70, ↓60.2%	
	P_{Ye}/MPa	13.86	**14.81**	15.09	
	P_{Opt}/MPa	13.86, ↑131%	**14.81, ↑23.4%**	15.09, ↑121%	
	缠绕方式	$[(\pm70)_{13}/(\pm40)_{22}]$	$[(\pm85)_{13}/(\pm30)_{22}]$	$[(\pm40)_{13}/(\pm45)_{22}]$	$[(\pm10)_{13}/(\pm45)_{22}]$
	P_{cr}/MPa	39.89, ↑64%	**32.19, ↑73.4%**	**36.25, ↑149%**	37.18, ↑264%
14	P_F/MPa	23.31, ↑135%	**22.52, ↑66.8%**	**21.97, ↑62.7%**	20.96, ↑55.3%
	K	1.71, ↓30.5%	**0.70, ↓4.1%**	**0.61, ↓34.4%**	0.56, ↓57.6%
	P_{Ye}/MPa	15.71	**15.35**	**13.58**	14.67
	P_{Opt}/MPa	15.71, ↑58.7%	**15.35, ↑13.7%**	**13.58, ↑0.59%**	14.67, ↑43.5%

注：P_{Ye}表示金属内衬临界屈服载荷；↑表示上升；↓表示下降。

6.4.2 铝合金内衬增强硼纤维圆柱壳体

图 6-36(a)、图 6-37(a)、图 6-38(a)和图 6-39(a)为铝合金内衬增强硼纤维的 Tsai-Wu 强度指数随载荷的变化情况。分析可知，在不同壁厚下，Tsai-Wu 强度指数曲线包含线性阶段和非线性阶段，临界系数 1 处于非线性阶段。图 6-36(b)、图 6-37(b)、图 6-38(b)和图 6-39(b)给出了铝合金 von Mises 应力随载荷的变化情况。

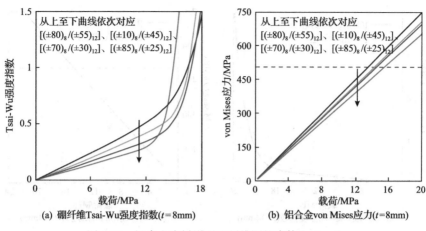

(a) 硼纤维Tsai-Wu强度指数($t=8$mm)　　　　(b) 铝合金von Mises应力($t=8$mm)

图 6-36　铝合金内衬增强硼纤维圆柱壳体($t=8$mm)

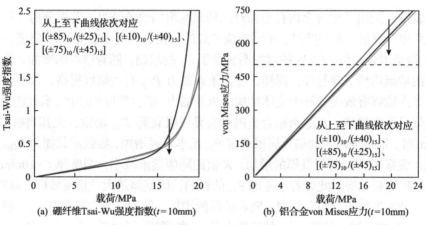

(a) 硼纤维Tsai-Wu强度指数($t=10$mm)　　　(b) 铝合金von Mises应力($t=10$mm)

图 6-37　铝合金内衬增强硼纤维圆柱壳体($t=10$mm)

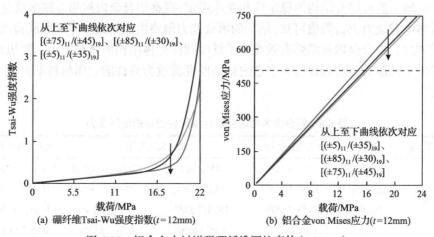

(a) 硼纤维Tsai-Wu强度指数($t=12$mm)　　　(b) 铝合金von Mises应力($t=12$mm)

图 6-38　铝合金内衬增强硼纤维圆柱壳体($t=12$mm)

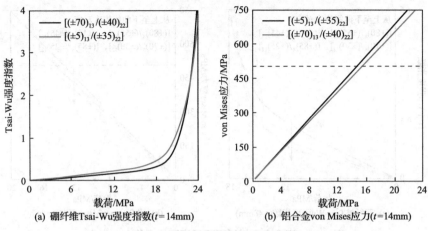

(a) 硼纤维Tsai-Wu强度指数(t=14mm)　　　(b) 铝合金von Mises应力(t=14mm)

图 6-39　铝合金内衬增强硼纤维圆柱壳体(t=14mm)

表 6-6 列出了铝合金内衬增强对三种载荷组的改善结果。首先分析"最大失稳载荷组"数据，不同壁厚、不同缠绕方式的结构临界失稳载荷 P_{cr}、强度失效载荷 P_F 均呈增长趋势，但 P_F 的增幅明显高于 P_{cr} 的增幅；随着壁厚的增加，两载荷指标的增幅均呈下降趋势；同样，壳体承载能力 P_{Opt} 有大幅度提高，说明铝合金内衬增强能够有效提升纤维壳体结构的承载能力，随着壁厚的增加，承载能力 P_{Opt} 的增幅呈下降趋势，P_{Opt} 由铝合金内衬临界屈服载荷 P_{Ye} 决定，尤其当壁厚 $t \geqslant$ 10mm 时，铝合金内衬的临界屈服载荷 P_{Ye} 基本不再增加，导致承载能力 P_{Opt} 达到极限；观察 K 值，随着壁厚的增加，K 值的降幅逐渐减小，当壁厚 $t \geqslant$ 10mm 时，K 值呈现增长趋势，此处若不考虑 P_{Ye} 的影响，则壁厚越大"短板效应"越明显。分析"最大失效载荷组"数据，随着壁厚的增加，结构临界失稳载荷 P_{cr}、强度失效载荷 P_F 均呈增长趋势，P_{cr} 的增幅大于 P_F 的增幅（$[(\pm 85)_{11}/(\pm 30)_{19}]$除外），说明内衬增强能够提升结构的稳定性和壳体强度；观察铝合金内衬临界屈服载荷 P_{Ye} 与壳体承载能力 P_{Opt} 数值可知，结构的承载能力最终由内衬的临界屈服载荷决定。尽管如此，铝合金内衬增强有效改善了纤维圆柱壳体结构的承载能力，要想获得更好的承载能力，合理设计铝合金内衬的厚度或改为高性能金属材料不失为一种方法。

表 6-6　铝合金内衬增强硼纤维圆柱壳体的承压能力

壁厚/mm	类别	最大失稳载荷组	最大失效载荷组		最大设计载荷组
8	缠绕方式	$[(\pm 80)_8/(\pm 55)_{12}]$	$[(\pm 85)_8/(\pm 25)_{12}]$	$[(\pm 10)_8/(\pm 45)_{12}]$	$[(\pm 70)_8/(\pm 30)_{12}]$
	P_{cr}/MPa	22.61, ↑75.8%	14.10, ↑98%	17.49, ↑264%	**15.84, ↑90.2%**
	P_F/MPa	16.55, ↑452%	15.01, ↑53.9%	16.71, ↑71.4%	**16.91, ↑87.9%**
	K	1.37, ↓68.1%	1.06, ↓22.6%	0.96, ↓52.7%	**0.94, ↑1.08%**

续表

壁厚/mm	类别	最大失稳载荷组	最大失效载荷组		最大设计载荷组
8	P_{Ye}/MPa	13.51	15.39	14.35	**14.51**
	P_{Opt}/MPa	13.51,↑350%	14.10,↑98%	14.35,↑198%	**14.51,↑74.2%**
10	缠绕方式	[(±75)$_{10}$/(±45)$_{15}$]	[(±85)$_{10}$/(±25)$_{15}$]	[(±10)$_{10}$/(±40)$_{15}$]	
	P_{cr}/MPa	32.44,↑58.1%	**21.67,↑73.9%**	24.41,↑219%	
	P_F/MPa	18.69,↑256%	**17.35,↑54.2%**	18.75,↑66.7%	
	K	1.74,↓55.5%	**0.80,↓11.1%**	0.77,↓47.6%	
	P_{Ye}/MPa	15.91	**15.66**	14.67	
	P_{Opt}/MPa	15.91,↑203%	**15.66,↑39.2%**	14.67,↑91.5%	
12	缠绕方式	[(±75)$_{11}$/(±45)$_{19}$]	[(±85)$_{11}$/(±30)$_{19}$]	[(±5)$_{11}$/(±35)$_{19}$]	
	P_{cr}/MPa	45.02,↑52.5%	**34.94,↑58%**	31.68,↑187%	
	P_F/MPa	19.45,↑224%	**19.18,↑59.8%**	20.45,↑70.4%	
	K	2.31,↓53.0%	**0.55,↑1.85%**	0.65,↓40.4%	
	P_{Ye}/MPa	16.01	**15.75**	14.68	
	P_{Opt}/MPa	16.01,↑167%	**15.75,↑31.3%**	14.68,↑33%	
14	缠绕方式	[(±70)$_{13}$/(±40)$_{22}$]	[(±5)$_{13}$/(±35)$_{22}$]		
	P_{cr}/MPa	59.59,↑45.9%	**42.62,↑167%**		
	P_F/MPa	21.23,↑127%	**20.71,↑35.4%**		
	K	2.81,↓35.7%	**0.49,↓49.0%**		
	P_{Ye}/MPa	15.62	**15.45**		
	P_{Opt}/MPa	15.62,↑67.1%	**15.45,↑0.98%**		

6.4.3　铝合金内衬增强玻璃纤维圆柱壳体

图 6-40(a)、图 6-41(a)、图 6-42(a)和图 6-43(a)为铝合金内衬增强玻璃纤维的 Tsai-Wu 强度指数随载荷的变化情况。可以看出，随着壁厚的增加，玻璃纤维强度失效载荷逐渐增大，各曲线变化分为三个阶段：第一阶段，Tsai-Wu 强度指数随载荷的变化呈线性关系；第二阶段，随着载荷的增大，Tsai-Wu 强度指数迅速增大到临界值 1，该阶段呈现非线性([(±85)$_8$/(±75)$_{12}$]除外)；第三阶段，当系数增加到临界值 1 时，载荷再次增大，Tsai-Wu 强度指数会急剧增大，纤维失效程度加剧。图 6-40(b)、图 6-41(b)、图 6-42(b)和图 6-43(b)为铝合金 von Mises 应力随载荷的变化情况。在壁厚相等时，不同缠绕方式中铝合金内衬临界屈服载荷 P_{Ye} 非常接近，该现象说明纤维缠绕方式对铝合金内衬的临界屈服载荷的影响很小。

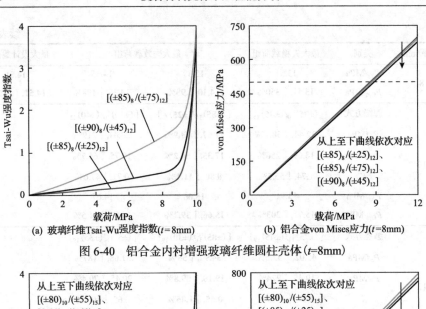

(a) 玻璃纤维Tsai-Wu强度指数(t=8mm)　　(b) 铝合金von Mises应力(t=8mm)

图 6-40　铝合金内衬增强玻璃纤维圆柱壳体(t=8mm)

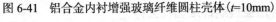

(a) 玻璃纤维Tsai-Wu强度指数(t=10mm)　　(b) 铝合金von Mises应力(t=10mm)

图 6-41　铝合金内衬增强玻璃纤维圆柱壳体(t=10mm)

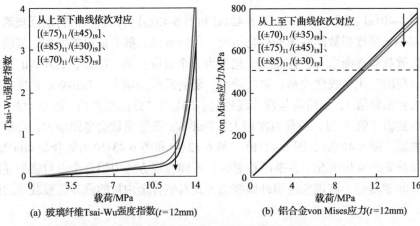

(a) 玻璃纤维Tsai-Wu强度指数(t=12mm)　　(b) 铝合金von Mises应力(t=12mm)

图 6-42　铝合金内衬增强玻璃纤维圆柱壳体(t=12mm)

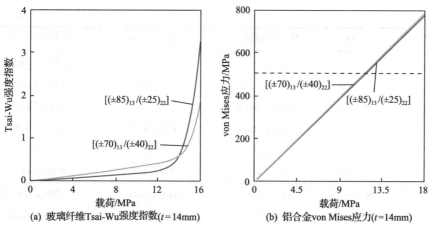

(a) 玻璃纤维Tsai-Wu强度指数(t=14mm) (b) 铝合金von Mises应力(t=14mm)

图 6-43 铝合金内衬增强玻璃纤维圆柱壳体(t=14mm)

表 6-7 列出了铝合金内衬增强对三组优化数据的改善情况。分析"最大失稳载荷组"数据，铝合金内衬增强后壳体的临界失稳载荷 P_{cr}、强度失效载荷 P_F 及承载能力 P_{Opt} 均有明显提升；当壁厚 t=8mm 时，壳体的承载能力由纤维的强度临界失效载荷决定，随着壁厚的增加，承载能力 P_{Opt} 逐渐由铝合金内衬的临界屈服载荷 P_{Ye} 决定；观察 K 值，当壳体壁厚 t 大于等于 10mm 时，K 值逐渐增加，其降幅逐渐减小，表明铝合金内衬增强之后，尽管承载能力大幅提升，但"短板效应"并没有降低。分析"最大失效载荷组"数据，壳体的临界失稳载荷 P_{cr}、强度失效载荷 P_F 及承载能力 P_{Opt} 均有明显提升，随着壁厚的增加，各数据指标的增幅逐渐降低，表明增强效果呈减弱趋势；当壁厚 t=8mm 时，壳体的承载能力由结构临界失稳载荷决定，随着壁厚的增加，承载能力 P_{Opt} 逐渐由铝合金内衬的临界屈服载荷决定。分析"最大设计载荷组"数据，壳体的临界失稳载荷 P_{cr}、强度失效载荷 P_F 及承载能力 P_{Opt} 均呈增长趋势，随着壁厚的增大，增速减缓；观察铝合金内衬临界屈服载荷 P_{Ye} 与承载能力 P_{Opt} 可知，在不同壁厚下，壳体的承载能力均由铝合金内衬的临界屈服载荷决定。

表 6-7 铝合金内衬增强玻璃纤维圆柱壳体的承压能力

壁厚/mm	类别	最大失稳载荷组	最大失效载荷组	最大设计载荷组
8	缠绕方式	$[(\pm85)_8/(\pm75)_{12}]$	$[(\pm85)_8/(\pm25)_{12}]$	$[(\pm90)_8/(\pm45)_{12}]$
	P_{cr}/MPa	10.91, ↑209%	7.53, ↑250%	**9.09, ↑228%**
	P_F/MPa	6.24, ↑316%	9.44, ↑71.6%	**9.26, ↑209%**
	K	1.75, ↓25.5%	1.25, ↓51.2%	**0.98, ↑6.5%**
	P_{Ye}/MPa	8.79	8.69	**8.97**
	P_{Opt}/MPa	6.24, ↑316%	7.53, ↑250%	**8.97, ↑224%**

续表

壁厚/mm	类别	最大失稳载荷组	最大失效载荷组	最大设计载荷组
10	缠绕方式	$[(\pm80)_{10}/(\pm55)_{15}]$	$[(\pm85)_{10}/(\pm25)_{15}]$	$[(\pm80)_{10}/(\pm40)_{15}]$
	P_{cr}/MPa	14.27, ↑161%	11.09, ↑194%	**12.99, ↑183%**
	P_F/MPa	10.52, ↑321%	11.51, ↑64.4%	**11.12, ↑147%**
	K	1.36, ↓37.6%	1.04, ↓44.1%	**1.17, ↑14.7%**
	P_{Ye}/MPa	9.61	9.81	**10.02**
	P_{Opt}/MPa	9.61, ↑284%	9.81, ↑160%	**10.02, ↑123%**
12	缠绕方式	$[(\pm75)_{11}/(\pm45)_{19}]$	$[(\pm85)_{11}/(\pm30)_{19}]$	$[(\pm70)_{11}/(\pm35)_{19}]$
	P_{cr}/MPa	18.14, ↑135%	16.52, ↑155%	**17.61, ↑161%**
	P_F/MPa	12.68, ↑217%	12.73, ↑59.1%	**13.06, ↑86.6%**
	K	1.43, ↓25.9%	0.77, ↓37.4%	**1.35, ↑40.6%**
	P_{Ye}/MPa	10.69	10.94	**10.43**
	P_{Opt}/MPa	10.69, ↑167%	10.94, ↑68.8%	**10.43, ↑54.7%**
14	缠绕方式	$[(\pm70)_{13}/(\pm40)_{22}]$	$[(\pm85)_{13}/(\pm25)_{22}]$	
	P_{cr}/MPa	22.39, ↑120%	**20.94, ↑130%**	
	P_F/MPa	15.12, ↑152%	**14.68, ↑43.9%**	
	K	1.48, ↓12.9%	**0.70, ↓37.5%**	
	P_{Ye}/MPa	11.53	**11.66**	
	P_{Opt}/MPa	11.53, ↑92.2%	**11.66, ↑27.9%**	

6.5 钛合金内衬增强

6.4 节研究表明,采用铝合金内衬增强的方式能够显著提高纤维圆柱耐压壳体的承载能力,"短板效应"有所降低,随着纤维壁厚的增加,壳体的承载能力逐渐受铝合金内衬临界屈服载荷的限制。本节采用屈服强度更高的钛合金材料进行增强,内衬壁厚为 2mm,钛合金的材料性能参数如表 6-8 所示。

表 6-8　Ti-6Al-4V 性能参数

密度/(kg/m³)	弹性模量/GPa	泊松比	屈服强度/MPa
4500	105	0.34	895

6.5.1 钛合金内衬增强碳纤维圆柱壳体

表 6-9 给出了钛合金内衬增强碳纤维圆柱壳体的临界失稳载荷 P_{cr}、强度失效

载荷 P_F 及铝合金内衬的临界屈服载荷 P_{Ye}，三种载荷数值中的最小者定义为该缠绕方式的承载能力 P_{Opt}。不同壁厚、不同缠绕方式下壳体承载能力 P_{Opt} 均有大幅度提升，在纤维壁厚增大到 10mm 之后，对比结构承载能力 P_{Opt} 与钛合金内衬的临界屈服载荷 P_{Ye} 发现，不同缠绕方式下 P_{Opt} 与 P_{Ye} 相等，说明在内衬厚度一定时，壳体结构的承载能力 P_{Opt} 主要受金属内衬临界屈服载荷的限制，若要克服内衬临界屈服载荷的限制，可以适当增加内衬的厚度。

表 6-9　钛合金内衬增强碳纤维圆柱壳体的承压能力

壁厚/mm	类别	最大失稳载荷组	最大失效载荷组		最大设计载荷组
8	缠绕方式	$[(\pm85)_8/(\pm55)_{12}]$	$[(\pm85)_8/(\pm25)_{12}]$		$[(\pm70)_8/(\pm40)_{12}]$
	P_{cr}/MPa	18.58, ↑142%	12.11, ↑200%		16.12, ↑164%
	P_F/MPa	14.83, ↑559%	14.66, ↑62.9%		14.50, ↑142%
	K	1.25, ↓63.3%	1.21, ↓45.7%		1.11, ↑8.8%
	P_{Ye}/MPa	16.89	17.55		17.9
	P_{Opt}/MPa	14.83, ↑559%	12.11, ↑200%		14.5, ↑142%
10	缠绕方式	$[(\pm75)_{10}/(\pm45)_{15}]$	$[(\pm85)_{10}/(\pm25)_{15}]$		$[(\pm55)_{10}/(\pm40)_{15}]$
	P_{cr}/MPa	24.83, ↑104%	17.46, ↑149%		25.54, ↑163%
	P_F/MPa	20.69, ↑294%	20.45, ↑94.8%		19.48, ↑99.8%
	K	1.20, ↓48.3%	1.17, ↓22%		1.31, ↑32.3%
	P_{Ye}/MPa	19.43	19.86		19.8
	P_{Opt}/MPa	19.43, ↑270%	17.46, ↑149%		19.48, ↑100.6%
12	缠绕方式	$[(\pm75)_{11}/(\pm45)_{19}]$	$[(\pm85)_{11}/(\pm30)_{19}]$	$[0_{11}/(\pm45)_{19}]$	
	P_{cr}/MPa	35.83, ↑103%	26.59, ↑110%	32.24, ↑372%	
	P_F/MPa	25.69, ↑328%	25.11, ↑109%	20.83, ↑73.6%	
	K	1.39, ↓52.7%	0.94, ↓1.05%	0.65, ↓63.1%	
	P_{Ye}/MPa	21.14	21.83	20.06	
	P_{Opt}/MPa	21.14, ↑252%	21.83, ↑81.9%	20.06, ↑194%	
14	缠绕方式	$[(\pm70)_{13}/(\pm40)_{22}]$	$[(\pm85)_{13}/(\pm30)_{22}]$	$[(\pm40)_{13}/(\pm45)_{22}]$	$[(\pm10)_{13}/(\pm45)_{22}]$
	P_{cr}/MPa	43.81, ↑80.1%	33.34, ↑79.6%	42.43, ↑191%	40.59, ↑297%
	P_F/MPa	25.64, ↑159%	24.77, ↑83.5%	24.17, ↑79%	23.06, ↑70.8%
	K	1.71, ↓30.5%	0.74, ↑1.37%	0.57, ↓38.7%	0.57, ↓56.8%
	P_{Ye}/MPa	23.42	24.04	20.5	22.82
	P_{Opt}/MPa	23.42, ↑137%	24.04, ↑78.1%	20.50, ↑51.9%	22.82, ↑123%

6.5.2 钛合金内衬增强硼纤维圆柱壳体

表 6-10 给出了钛合金内衬增强硼纤维圆柱壳体的三组载荷的增幅。对比强度失效载荷 P_F、钛合金内衬的临界屈服载荷 P_{Ye} 及结构承载能力 P_{Opt} 可知，当硼纤维壁厚 $10\text{mm} \leqslant t \leqslant 14\text{mm}$ 时，结构承载能力受强度临界失效载荷的限制，承载能力低于钛合金的临界屈服载荷，说明适当增加硼纤维壳体壁厚可以提高结构的承载能力，直至承载能力 P_{Opt} 接近钛合金临界屈服载荷。

表 6-10 钛合金内衬增强硼纤维圆柱壳体的承压能力

壁厚/mm	类别	最大失稳载荷组	最大失效载荷组		最大设计载荷组
8	缠绕方式	$[(\pm80)_8/(\pm55)_{12}]$	$[(\pm85)_8/(\pm25)_{12}]$	$[(\pm10)_8/(\pm45)_{12}]$	$[(\pm70)_8/(\pm30)_{12}]$
	P_{cr}/MPa	24.44, ↑90%	16.01, ↑125%	20.47, ↑326%	**17.81, ↑114%**
	P_F/MPa	18.21, ↑507%	16.51, ↑69.3%	18.38, ↑88.5%	**18.60, ↑107%**
	K	1.34, ↓68.8%	1.03, ↓24.8%	0.90, ↓55.7%	**0.96, ↑3.23%**
	P_{Ye}/MPa	20.62	22.49	20.29	**21.62**
	P_{Opt}/MPa	18.21, ↑507%	16.01, ↑125%	18.38, ↑282%	**17.81, ↑114%**
10	缠绕方式	$[(\pm75)_{10}/(\pm45)_{15}]$	$[(\pm85)_{10}/(\pm25)_{15}]$	$[(\pm10)_{10}/(\pm40)_{15}]$	
	P_{cr}/MPa	34.64, ↑68.8%	**23.53, ↑88.8%**	27.65, ↑261%	
	P_F/MPa	20.56, ↑292%	**19.09, ↑69.7%**	20.63, ↑83.38%	
	K	1.68, ↓57%	**0.81, ↓10%**	0.75, ↓49%	
	P_{Ye}/MPa	23.97	**25.88**	22.28	
	P_{Opt}/MPa	20.56, ↑292%	**19.09, ↑69.7%**	20.63, ↑169%	
12	缠绕方式	$[(\pm75)_{11}/(\pm45)_{19}]$	$[(\pm85)_{11}/(\pm30)_{19}]$	$[(\pm5)_{11}/(\pm35)_{19}]$	
	P_{cr}/MPa	48.97, ↑65.9%	**36.1, ↑63.3%**	34.84, ↑216%	
	P_F/MPa	21.40, ↑257%	**21.1, ↑75.8%**	22.50, ↑87.5%	
	K	2.29, ↓53.5%	**0.58, ↑7.41%**	0.65, ↓41.5%	
	P_{Ye}/MPa	26.32	**27.57**	24.15	
	P_{Opt}/MPa	21.4, ↑257%	**21.1, ↑75.8%**	22.5, ↑104%	
14	缠绕方式	$[(\pm70)_{13}/(\pm40)_{22}]$	$[(\pm5)_{13}/(\pm35)_{22}]$		
	P_{cr}/MPa	63.51, ↑55.5%	**45.83, ↑187%**		
	P_F/MPa	23.35, ↑150%	**22.78, ↑48.9%**		
	K	2.72, ↓37.8%	**0.50, ↓47.9%**		
	P_{Ye}/MPa	28.56	**25.94**		
	P_{Opt}/MPa	23.35, ↑150%	**22.78, ↑48.9%**		

6.5.3 钛合金内衬增强玻璃纤维圆柱壳体

表 6-11 给出了钛合金内衬增强玻璃纤维圆柱壳体结构的几种载荷指标及其增幅。对比强度失效载荷 P_F、钛合金内衬的临界屈服载荷 P_{Ye} 及结构承载能力 P_{Opt} 可知，当玻璃纤维壁厚 $t \geqslant 12\text{mm}$ 时，三种载荷指标比较接近，表明钛合金内衬增强玻璃纤维圆柱壳体结构承载能力得到提高，强度失效载荷 P_F 与钛合金内衬的临界屈服载荷 P_{Ye} 基本同时达到承载临界值。

表 6-11　钛合金内衬增强玻璃纤维圆柱壳体的承压能力

壁厚/mm	类别	最大失稳载荷组	最大失效载荷组	最大设计载荷组
8	缠绕方式	$[(\pm85)_8/(\pm75)_{12}]$	$[(\pm85)_8/(\pm25)_{12}]$	$[(\pm90)_8/(\pm45)_{12}]$
	P_{cr}/MPa	13.21, ↑274%	8.89, ↑313%	**10.53, ↑280%**
	P_F/MPa	7.49, ↑399%	11.33, ↑106%	**11.11, ↑270%**
	K	1.76, ↓25.1%	1.27, ↓50.4%	**0.95, ↑3.26%**
	P_{Ye}/MPa	13.85	13.77	**13.82**
	P_{Opt}/MPa	7.49, ↑399%	8.89, ↑313%	**10.53, ↑280%**
10	缠绕方式	$[(\pm80)_{10}/(\pm55)_{15}]$	$[(\pm85)_{10}/(\pm25)_{15}]$	$[(\pm80)_{10}/(\pm40)_{15}]$
	P_{cr}/MPa	17.08, ↑213%	12.55, ↑233%	**14.52, ↑216%**
	P_F/MPa	12.62, ↑405%	13.81, ↑97.3%	**13.34, ↑196%**
	K	1.35, ↓38.1%	1.10, ↓40.9%	**1.09, ↑6.86%**
	P_{Ye}/MPa	15.25	15.20	**15.25**
	P_{Opt}/MPa	12.62, ↑405%	12.55, ↑233%	**13.34, ↑196%**
12	缠绕方式	$[(\pm75)_{11}/(\pm45)_{19}]$	$[(\pm85)_{11}/(\pm30)_{19}]$	$[(\pm70)_{11}/(\pm35)_{19}]$
	P_{cr}/MPa	21.49, ↑179%	17.95, ↑177%	**19.06, ↑183%**
	P_F/MPa	15.22, ↑281%	15.28, ↑91%	**15.67, ↑124%**
	K	1.41, ↓26.9%	0.85, ↓30.9%	**1.22, ↑27.1%**
	P_{Ye}/MPa	16.52	16.50	**16.40**
	P_{Opt}/MPa	15.22, ↑281%	15.28, ↑136%	**15.67, ↑132%**
14	缠绕方式	$[(\pm70)_{13}/(\pm40)_{22}]$	$[(\pm85)_{13}/(\pm25)_{22}]$	
	P_{cr}/MPa	25.95, ↑155%	**22.92, ↑152%**	
	P_F/MPa	18.14, ↑202%	**17.62, ↑72.7%**	
	K	1.43, ↓15.9%	**0.77, ↓31.3%**	
	P_{Ye}/MPa	17.72	**17.77**	
	P_{Opt}/MPa	17.72, ↑195%	**17.62, ↑93.4%**	

6.6　两种增强方式对比

图 6-44 给出了铝合金、钛合金内衬增强后碳纤维圆柱壳体的最大承载能力变化情况。结果表明，随着纤维壁厚的增加，铝合金内衬和钛合金内衬增强均能够提高圆柱壳体结构的承载能力，在相同壁厚情况下，采用钛合金内衬增强能够得到更高的结构承载能力，表明钛合金内衬具有更明显的增强效果；与初始优化结果相比，随着纤维壁厚的增加，增强后结构承载能力的增幅均呈现逐渐减小的趋势。

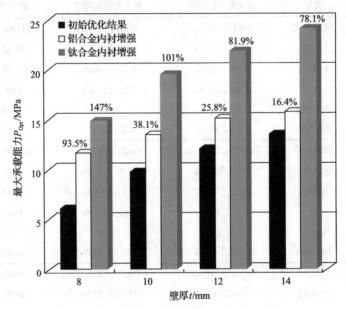

图 6-44　内衬增强碳纤维圆柱壳体的承载能力

图 6-45 给出了两种金属内衬增强硼纤维圆柱壳体的最大承载能力变化情况。由图可以看出，当硼纤维壁厚 $t \leqslant 12\text{mm}$ 时，铝合金内衬能够起到增强效果，当硼纤维壁厚为 14mm 时，壳体承载能力仅有略微的提高；由于受铝合金内衬临界屈服载荷的限制，在纤维壁厚 $t \geqslant 10\text{mm}$ 时，结构承载能力达到极限值。分析钛合金内衬增强效果可知，其增强效果明显优于铝合金，随着纤维壁厚的增加，承载能力的增幅逐渐降低，在分析的壁厚范围内，结构承载能力并没有达到极限值。

图 6-46 为采用铝合金、钛合金内衬增强玻璃纤维圆柱壳体的最大承载能力变化情况。由图可知，随着纤维壁厚的增加，采用两种金属内衬增强后，壳体承载能力的增幅均呈递减趋势，钛合金内衬增强可以更有效地提高结构承载能力。

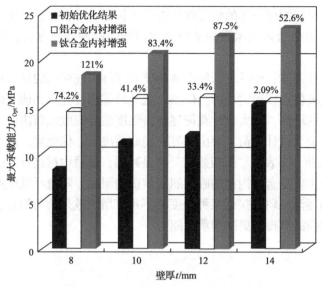

图 6-45　内衬增强硼纤维圆柱壳体承载能力

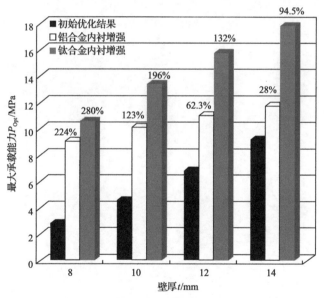

图 6-46　内衬增强玻璃纤维圆柱壳体承载能力

6.7　本　章　小　结

本章建立了纤维复合材料圆柱壳体耐压性能优化设计平台，解决了设计变量耦合问题，同时考虑了结构稳定性和壳体强度两个因素，对碳纤维、硼纤维、玻璃纤维等复合材料圆柱壳体的耐压性能进行了优化设计，分析了承压能力的限制因素，提出了铝合金内衬增强和钛合金内衬增强两种增强方式，得到主要结论如下。

碳纤维圆柱壳体、硼纤维圆柱壳体和玻璃纤维圆柱壳体的最大承载能力不一定发生在强度极值点或稳定性的极值点。就碳纤维圆柱壳体和硼纤维圆柱壳体而言，随着壁厚的增加，最大设计载荷逐渐由强度临界失效载荷决定。对于玻璃纤维圆柱壳体，最大设计载荷主要由临界失稳载荷决定，优化后，最大设计载荷对应的 K 值更接近 1，表明"短板效应"明显减弱。金属内衬进行增强后，壳体结构的承载能力主要受金属内衬的临界屈服载荷的限制，随着纤维壁厚的增加，承载能力的增幅逐渐减弱，接近某种程度时不再有增强效果。与铝合金内衬相比，钛合金内衬增强能够得到更高的承载能力。

第7章 无观测条件下壳体承压性能测试

在均匀外压作用下，壳体结构会发生变形，主要有应变和位移两种形式。为揭示舱体应变响应和壳体变形规律、应变与裂纹扩展路径之间的关系，设计加工碳纤维复合材料圆柱壳体和椭球、半球形两种封头，采用动态应变位移测试分析系统采集测点的应变、位移，通过静力测试研究静力范围内舱体测点的应变特性和位移特性；通过爆破测试，探究极限承压条件下测点应变的非线性行为，为水下耐压结构领域研究提供重要参考。

7.1 试验系统组成及测试方法

碳纤维圆柱壳体的试验测试在西北工业大学航海学院无人水下运载技术重点实验室开展，用 30MPa 水压静态与动态结构强度测试系统进行压力测试。高压釜极限压力可达 30MPa，被测对象的最大尺寸为 ϕ800mm×8000mm，压力测试系统具有连续加压、分段加压、持续保压等功能，系统及控制台如图 7-1 所示。

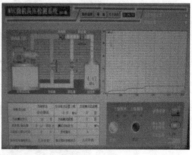

图 7-1 30MPa 水压静态与动态结构强度测试系统

7.1.1 试验模型

耐压舱体为水下航行器的控制系统、存储设备等提供安全保证，水下航行器完成既定任务后，需要对舱体进行拆装、读取数据。考虑到实际工作情况，试验模型的设计主要遵循安全可靠、易拆装、互换性等原则。

1. 封头结构形式

在静水压力作用下，封头承受面法向力，部分法向力被转化为轴向力传递给耐压舱体，因此封头的结构强度、刚度和稳定性应满足法向力和轴向力的要求。常用的封头形式有平头端盖式、半球式、椭球式等。

平头端盖式封头具有占用空间小的优点，但是其受力形式比较恶劣，法兰台阶处承受剪力和弯矩，倒角不合理会导致应力集中。图 7-2 为铝合金平头端盖，其在静水压力下的失效形式如图 7-3 所示，O 型圈剪断，法兰整体剪掉，剩余部分在轴压作用下推到舱体内部。

图 7-2　铝合金平头端盖

图 7-3　铝合金平头端盖的失效形式

半球式封头(图 7-4)和椭球式封头(图 7-5)具有较好的承压能力和较小的重浮力比。在极限条件下，其失效形式为失稳，表面产生一定数量的凹波。对比分析半球式封头和椭球式封头两种结构形式的受力优劣。

图 7-4　半球式封头的失稳形式

图 7-5　椭球式封头的失稳形式

2. 纤维缠绕方案

采用 T700S/环氧碳纤维复合材料，性能参数如表 7-1 所示，纤维缠绕方式为 $[(\pm90)_5/(\pm80)_5/(\pm40)_5(\pm90)_5]$，成型后的舱体如图7-6所示，舱体内径为300mm，总长 670mm，纤维壁厚 8mm。

3. 耐压舱与封头的密封方式

静水压力作用下，耐压舱体与封头的密封方式主要有径向密封和轴向密封，密封件为 O 型圈，O 型圈装入密封沟槽后，其截面受到15%～30%的压缩变形，封闭需密封的间隙，达到密封的目的。径向密封需在封头加工密封沟槽，在不降低封头强度的情况下，必须加大封头的轴向尺寸，由此增加了封头重量，增大了结构重浮力比。另外，封头与舱体装配时，密封圈与舱体内壁面为过盈配合，装配和拆卸时必须采用特定工装，封头上需加工起顶螺纹孔，该密封方式不利于拆装，结构尺寸偏大。轴向密封又称端面密封，舱体和封头的端面是配合面，在其中任意一端面上加工密

图 7-6　碳纤维复合材料圆柱壳体

表 7-1　T700S/环氧碳纤维复合材料性能参数

参数	符号	数值	单位
弹性模量	E_{11}	102	GPa
	E_{22}	7	GPa
	E_{33}	7	GPa
泊松比	ν_{12}	0.16	—
	ν_{13}	0.16	—
	ν_{23}	0.32	—
剪切模量	G_{12}	8	GPa
	G_{13}	8	GPa
	G_{23}	4.5	GPa
纵向拉伸强度	X_T	1400	MPa
纵向压缩强度	X_C	750	MPa
横向拉伸强度	Y_T	28	MPa
横向压缩强度	Y_C	105	MPa
面内剪切强度	S	75	MPa

封沟槽，沟槽开设在金属裙边上，既不影响结构强度，又可以减轻裙边重量，使得结构紧凑，拆装方便。综合考虑两种密封方式优劣，选择轴向密封。

4. 金属裙边

任何形式的开孔、打断纤维都会很大程度上降低纤维的承载能力，为保证纤维的完整性，不降低结构的承载能力，将螺纹孔、密封沟槽开设在金属裙边上，通过特殊工艺[161]金属裙边固联在碳纤维舱体的端部，起到刚性支撑的作用，对舱体有一定的增强作用。本节采用的模型有半球式封头（图 7-7(a)）、椭球式封头（图 7-7(b)）、碳纤维圆柱壳体，研究相同壁厚条件下不同封头结构形式的应变响应，以及静水压力作用下碳纤维圆柱壳体及裙边的应变响应。

(a) 半球式封头　　　　　　　　　　(b) 椭球式封头

图 7-7　半球式封头和椭球式封头

7.1.2　数据采集系统

数据采集系统全称为动态应变位移测试分析系统，其主要组成包括采集通道、主板、分析软件等。

动态应变位移测试分析系统由南京贺普科技有限公司开发集成，该系统采用内置式存储，锂电池供电，全通道工作可持续供电 4h，可以延时启动、定时停止采集数据，数据采集系统显屏设置如图 7-8 所示。

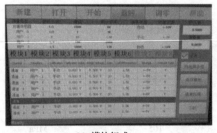
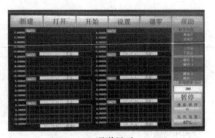

(a) 模块组成　　　　　　　　　　(b) 通道显示

图 7-8　数据采集系统显屏设置

7.1.3　试验流程

试验操作按照测点选取及标记→安装位移传感器→粘贴应变片→标记通道→启动数据采集系统→装配舱体→结构强度测试的顺序进行。

1. 测点选取及标记

数据采集系统为 48 通道，包括 8 个位移通道和 40 个应变通道。测点分布如下：舱体的两端与金属裙边粘接，为研究金属裙边在外压作用下的力学特征，在 B 端裙边的内端面均匀布置 3 个测点采集径向的应变，裙边中间布置 3 个测点采集环向的应变。在均匀外压作用下，舱体挠度最大值发生在中间部位，因此位移测点布置在舱体中间，受位移传感器尺寸及舱体内部空间所限，测点为 6 个。为研究挠度最大处的应变特性，在距位移测点圆周方向 20°的方位处布置轴向和环向应变测点，采集其应变信息。为了研究轴向同一方位角不同测点的应变特性，在 180°方位角的 A-1、A-2 和 B-1、B-2 壁面布置 8 个测点。舱体内应变测点及位移测点分布如图 7-9 所示。为研究不同封头结构形式的应变响应，在半球式封头和椭球式封头的内壁分别设置 5 个测点，测点的方位分别为顶心经线方向、封头 $R75$ 的经线和纬线方向、封头 $R150$ 的经线和纬线方向。

2. 安装位移传感器

测点的挠度由位移传感器测量，位移传感器固定在保持架（图 7-10(a)）上，保持架通过工装固定在舱体的裙边上。位移传感器以悬臂梁的形式延伸到舱体的中间，端部可伸缩式感应头顶紧测点，测点变形时，感应头追踪测点路径，采集位移信息。

3. 粘贴应变片

测点应变通过应变片采集，封头中心和裙边的测点为单向应变片，其余为双向应变花。应变片需粘贴在舱体内壁，首先用砂纸对测点区域进行打磨，用酒精清理表面杂物，表面干燥后即可粘贴应变片，粘贴时以舱体内壁划线为基准，粘接界面禁止出现气泡，以免影响数据采集的准确性，待界面牢固后，涂上硅胶进行保护。粘贴应变片时，先"中线"后两边，并及时给应变片做上标记通道。

4. 标记通道

测量点数共计 46 个，包含 40 个应变测点和 6 个位移测点，舱体内壁应变测点按照方向可分为轴向、环向及径向，封头内壁应变测点分为经线和纬线。测点

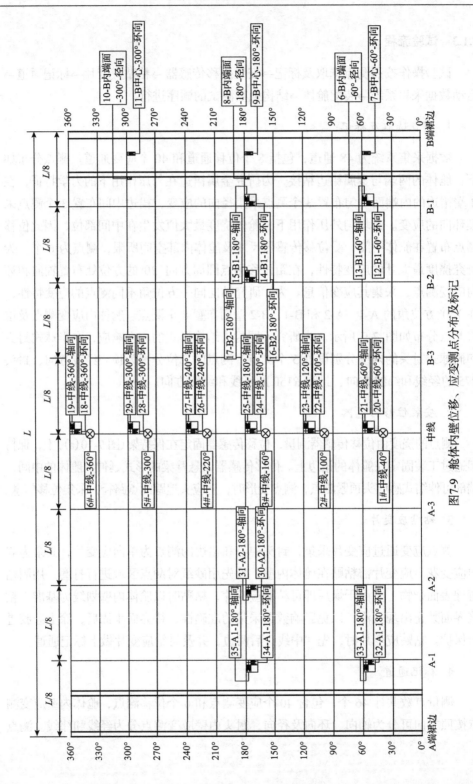

图7-9　舱体内壁位移、应变测点分布及标记

(a) 保持架　　　　　　　　　(b) 位移传感器固定

图 7-10　保持架和位移传感器固定示意图

与数据采集通道一一对应，因此应对"测点-通道"进行标记，标记信息要涵盖测点的位置、方向及测量内容，所有测点标记完成后，将数据线连接到采集系统。

5. 启动数据采集系统

确保系统电量充足，根据预定时间，设置延时启动和定时停止数据的采集。

6. 装配舱体

先装配半球式封头，装配前对密封槽、密封结合面进行清理，并对 O 型圈涂高压硅脂，拧紧螺钉时应对称操作，保证初始密封可靠。

7. 结构强度测试

将装配完毕的舱体放置在高压釜内，密封高压釜，设置加压路径、保压时间，进行强度测试。

7.1.4　试验工况

试验根据检测压力和保压时间分以下两种工况，如表 7-2 所示。工况 1 的检测结果如图 7-11 所示。

表 7-2　试验工况

工况	阶段 1		阶段 2		阶段 3	
	压力/MPa	时间/min	压力/MPa	时间/min	压力/MPa	时间/min
1	3.1	5	5.1	5	7.1	15
2	3.1	1	5.1	1	爆破	

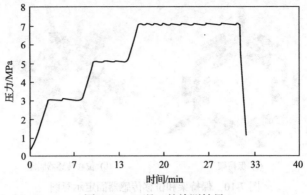

图 7-11　工况 1 的检测结果

7.2　碳纤维圆柱壳体静力行为

7.2.1　壳体的应变

工况 1 分为 3 个阶段：①压力由 0 增加至 3.1MPa，保压 5min；②从 3.1MPa 增加至 5.1MPa，保压 5min；③从 5.1MPa 增加至 7.1MPa，保压 15min 后泄压。

首先研究舱体 A 端 A-1 壁面上测点的应变情况，如图 7-12 所示。在增压阶段，测点的轴向应变增速较快，环向应变增速缓慢，表明壳体结构的环向刚度较大；在保压阶段，各测点的应变处于稳定阶段，基本保持不变。同一方向上的测点应变仅存在微小差别，具体地，环向应变差别最大（7.1MPa 时）仅为 2.82%，轴向应变差别最大仅为 1.60%。分析 B 端 B-1 壁面上测点的应变情况，如图 7-13 所示，

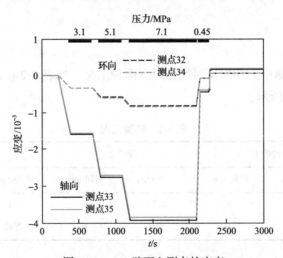

图 7-12　A-1 壁面上测点的应变

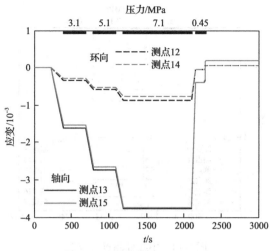

图 7-13　B-1 壁面上测点的应变

在增压阶段和保压阶段，测点的应变情况与 A-1 壁面规律一致。轴向应变差别最大(3.1MPa 时)为 6.20%，环向应变差别最大(7.1MPa 时)为 11.8%。壳体轴向 A-1 壁面和 B-1 壁面关于中间截面对称，对比分析 A-1 壁面和 B-1 壁面上测点的应变，各测点在相同方向的应变仅有微小差别，如测点 13 和 33 的轴向应变差为 3.79%、测点 14 和 34 的环向应变差为 8.92% 等。

高压釜泄压过程极为短暂，泄压后压力维持在 0.45MPa，之后打开进气阀，压力完全卸掉。此时，如图 7-12 和图 7-13 所示，测点的应变仍维持在一定水平，有以下几种原因：

(1)高压釜注水结束后，关闭进气阀，此时高压釜的压力为 0.45MPa，便于提取试验数据，数据采集系统将 0.45MPa(注满水时)时舱体结构的应变进行"调零"，将初始压力下的应变作为基准零点，相当于将把整个压力测试阶段的应变曲线沿 Y 轴向上移动，因此测点在 0MPa 时仍保留部分应变。

(2)卸载后，应变片可能存在微量残余应变。

(3)黏结剂的残余应变。

中线处壁面测点的应变如图 7-14 所示。观察可知，随着压力的增大，同一方向上的应变差距逐渐显现，如测点 20 和 28 的环向应变差别最大为 17.6%、测点 19 和 21 的轴向应变差别最大为 5.51%，外压卸除后，同方向应变差距基本消除。

为研究同一方位角下测点的应变情况，分别选取 60° 和 180° 处的测点。如图 7-15 所示，当压力增加到 7.1MPa 时，同向测点的应变差别逐渐呈现。分析可知，随着压力的增大，轴向应变增速较快，与此同时，同一方向上的应变差距逐渐显现，如测点 20 和 32 的环向应变差别最大为 12.7%、测点 13 和 21 的轴向应变差别最大为 4.38%，外压卸除后，同方向应变差别基本消除。就 180°方位角处

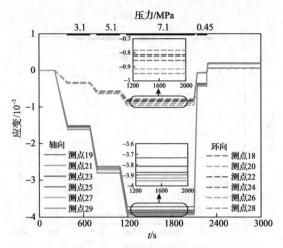

图 7-14　中线处测点的应变

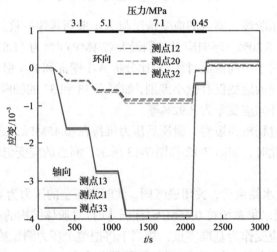

图 7-15　60°方位角处测点的应变

的测点而言，如图 7-16 所示，测点 14 和 24 的环向应变差别最大为 9.24%，测点 17 和 31 的轴向应变差别最大为 5.79%。

　　综合舱体各壁面、方位角处测点的应变情况可知，在静力范围内，由于壳体结构的环向刚度较大，各测点的环向应变较小，随着压力的增大，测点的轴向应变增速较快。所有测量点上，轴向应变与环向应变的比值为 4.5～5.0。测点的轴向应变差别小于 10%；除测点 20 和测点 12，其余测点的环向应变差别均小于 10%。影响测点应变测量的因素诸多，如壁面打磨平整度不够、粘贴时截面存在微小气泡、粘贴时方向不精确等。

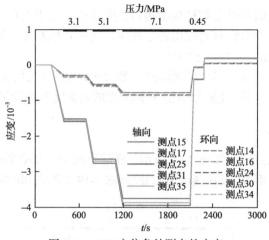

图 7-16　180°方位角处测点的应变

7.2.2　裙边的应变

分析裙边处测点的径向应变，应变片粘贴在 B 端裙边的内端面，方向是壳体法向（指向轴心），测点数量为 3 个，圆周方向均匀分布。如图 7-17 所示，测点 6（60°方位）和测点 10（300°方位）的径向应变基本相等，表现为压应变，最大值分别为 $22×10^{-6}$ 和 $20×10^{-6}$；测点 8（180°方位）在 3.1MPa 时表现为压应变，在 3.1～5.1MPa 增压阶段转变为拉应变，最大值为 $23×10^{-6}$。

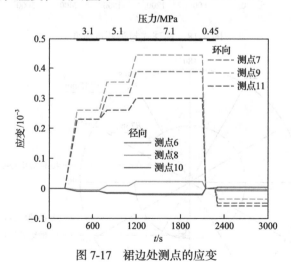

图 7-17　裙边处测点的应变

分析测点的环向应变，环向测点与径向测点方位角相同，均布在裙边凹槽的中线处。由图 7-17 可知，环向应变均表现为拉应变，随着压力的增加，应变差值逐渐增大，差值百分比为 32.7%。裙边为金属材料，通过黏接层与碳纤维内壁胶结, 外部压力通过碳纤维层和粘接层再传递到裙边, 由于测点选取数量有限, 裙边处测点的环向应变并没有呈现出特定规律, 与碳纤维相比, 裙边处测点的环向应变幅值为碳纤维的 38.7%~57.5%。

由以上分析可知, 裙边处测点的应变比较复杂, 径向应变比较微弱, 存在压应变到拉应变过渡过程, 与环向应变相比, 径向应变的幅值仅为环向应变的 5.2%~7.6%。

7.2.3　封头的应变

椭球式封头测点应变如图 7-18 所示。椭球有两个主曲率半径, 同一测点的经线应变和纬线应变不等, 仅在椭球顶心处(如图 7-19 中测点 40)的各方向应变相等,

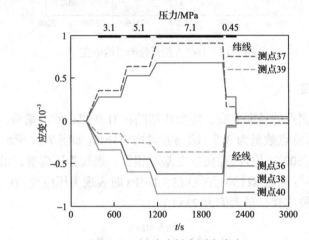

图 7-18　椭球式封头测点应变

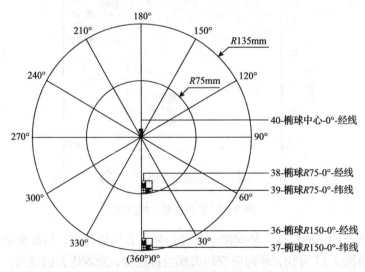

图 7-19　椭球式封头测点分布及标记

随着 R 增大，测点经线（测点 40、测点 38）和纬线（测点 40、测点 39）应变应逐渐增大。测点 36 和测点 37 表现为拉应变。分析半球式封头上（图 7-20）测点的应变，由于球形只有一个曲率半径，理论上，无论是经线方向还是纬线方向，各测点的应变都是相同的。如图 7-20 应变图和图 7-21 测点分布，可观察到测点 1、测点 2 和测点 3 的应变基本相等。后面将对测点 4 和测点 5 的应变进行分析。

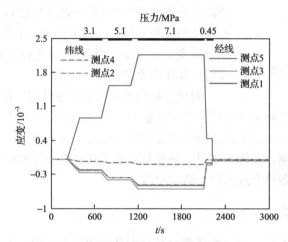

图 7-20　半球式封头上测点的应变

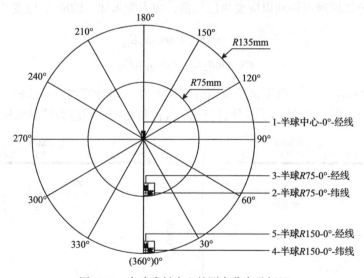

图 7-21　半球式封头上的测点分布及标记

如图 7-19 和图 7-21 所示，当截面半径 R 接近其封头半径 $R135\text{mm}$ 时，测点应变呈现不同的情况。如图 7-18 所示，椭球式封头测点呈现拉应变；如图 7-20 所示，半球式封头的经线方向测点呈拉应变，纬线方向测点呈微弱压应变。该现象与封

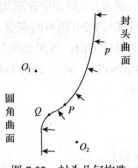

图 7-22　封头几何构造

头的几何构造有关，如图 7-22 所示。为减小封头曲面与法兰交汇处的应力集中，截面半径增大到封头半径时进行圆角加工，形成一圆角曲面区域。在封头曲面和圆角曲面上邻近的两点 P 和 Q，其曲率中心分别为 O_1 和 O_2，在静水压力 p 的作用下，对于封头曲面，静水压力指向封头的曲率中心 O_1 一侧，因此测点应变为压应变，而在圆角曲面区域，压力方向远离曲率中心 O_2，因此测点应变为拉应变，在点 P 与点 Q 之间区域，测点应变特性从压应变逆转为拉应变。

对比分析两种封头的应变情况，在封头壁面内，半球式封头比椭球式封头具有更强的承压能力。但是，在封头曲面与法兰交界处的过渡曲面处，半球式封头承压能力明显减弱，过渡区域为薄弱区域，可通过增大圆角半径进行增强。总体上来讲，两种封头形式都具有很好的承压能力，实际中可根据空间尺寸布局合理选用，科学增强。

7.2.4　壳体的应力

在静水压力 p 作用下，舱体测点在环向和轴向发生应变。为了分析测点的应力，根据叠加原理可得到以应变为已知量，应力为未知量的应力-应变关系式：

$$
\begin{aligned}
\sigma_1 &= m\varepsilon_1 E_{11} + m v_{12}\varepsilon_2 E_{11} \\
\sigma_2 &= m\varepsilon_2 E_{22} + m v_{21}\varepsilon_1 E_{22}
\end{aligned}
\tag{7-1}
$$

式中，$m=(1-v_{12}v_{21})^{-1}$。根据试验所测应变和式 (7-1) 可计算测点在环向、轴向的应力。图 7-23～图 7-32 给出了舱体各壁面、方位角处测点的应力随静水压力的变化

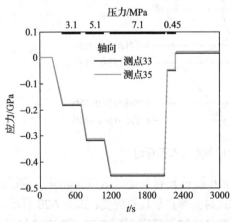

图 7-23　A-1 壁面上测点的轴向应力

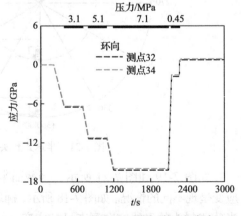

图 7-24　A-1 壁面上测点的环向应力

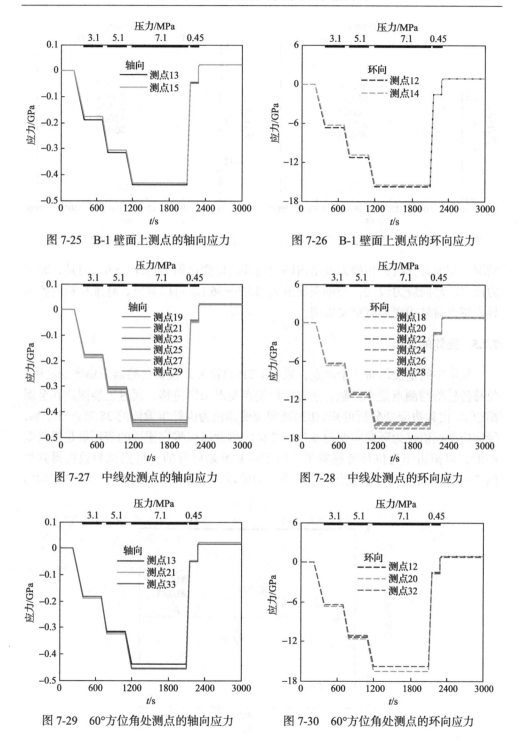

图 7-25　B-1 壁面上测点的轴向应力　　　图 7-26　B-1 壁面上测点的环向应力

图 7-27　中线处测点的轴向应力　　　　　图 7-28　中线处测点的环向应力

图 7-29　60°方位角处测点的轴向应力　　　图 7-30　60°方位角处测点的环向应力

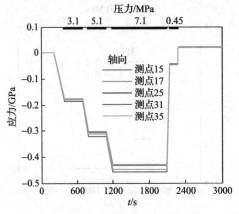

图 7-31　180°方位角处测点的轴向应力

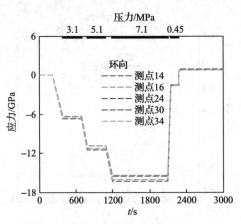

图 7-32　180°方位角处测点的环向应力

情况。如前文分析，在静力范围内轴向与环向应变比值为 4.5～5.0，但是，就应力而言，环向应力较大，与轴向比值为 35.7～36.1。可以看出，纤维材料的各向异性特点对结构变形有重要影响。

7.2.5　壳体的位移

舱体中间壁面均布 6 个测点，采用 KTR 自恢复式位移传感器采集形变位移，位移传感器与测点是点接触，通过跟踪测点变形采集位移，通过工装固定在金属裙边上。由裙边应变分析可知，裙边环向应变幅值为碳纤维舱体的 38.7%～57.5%，径向应变幅值仅为环向应变的 5.2%～7.6%，因此可以推定裙边的变形量是极其微小的，以裙边作为位移传感器工装的定位基准是可行的。根据试验数据得到如图 7-33 所示测点的位移变化情况。在静力阶段，壳体测点沿径向并没有呈现均匀

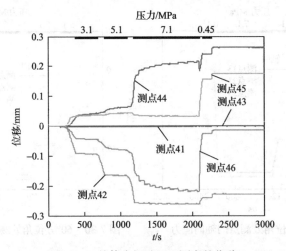

图 7-33　舱体中间壁面上测点的位移

压缩的现象，测点 42 和测点 46 的位移为负，表明测点沿内法线方向变形；测点 44 和测点 45 的位移为正，表明测点沿壳体外法线方向变形；测点 41 和测点 43 的变形极其微弱。值得注意的是，压力卸载后，试验数据显示测点 42、测点 44 和测点 45 并没有恢复到零点，仅有测点 46 恢复到接近零点的位置。

　　由以上分析可知，在外压作用下，壳体中间截面由规则的圆形向扁圆形变化，而不是均匀地压缩变形。图 7-34 给出了测点变化前后壁面形状的变化规律，图中，虚线为圆形，随着外压的增大，测点沿灰色路径变化，A 区域和 B 区域向内压缩，C 区域向外伸展，最终成为图中实线所示形状。

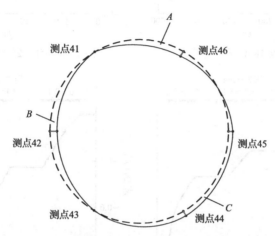

图 7-34　壳体中间截面上测点的位移变化路径

7.3　碳纤维圆柱壳体非线性行为

　　工况 2 中，进行 3.1MPa 和 5.1MPa 两次保压后继续增压，直至舱体爆破，在第三增压阶段，应变表现出明显的非线性，尤其是环向，而轴向应变的非线性持续短暂。裙边部分测点的环向应变呈现非线性行为，测点方位在 60° 和 180°，此方位处的舱体内壁测点的环向应变也发生非线性行为。在 6.5MPa 之后，碳纤维发生强度渐进失效，在壳体的中间部位产生裂纹和层间开裂，在外压作用下，裂纹逐渐扩展，扩展路径走向裙边。

7.3.1　壳体的环向应变非线性

　　图 7-35～图 7-40 给出了工况 2 下中间壁面上测点的环向应变图。图 7-41 给出了舱体中间壁面上环向应变测点分布与失效路径。如图 7-42 舱体压溃圆周全景图所示，舱体压溃后产生两道主裂纹，一条是位于 30°～60° 的轴向裂纹，占壳体

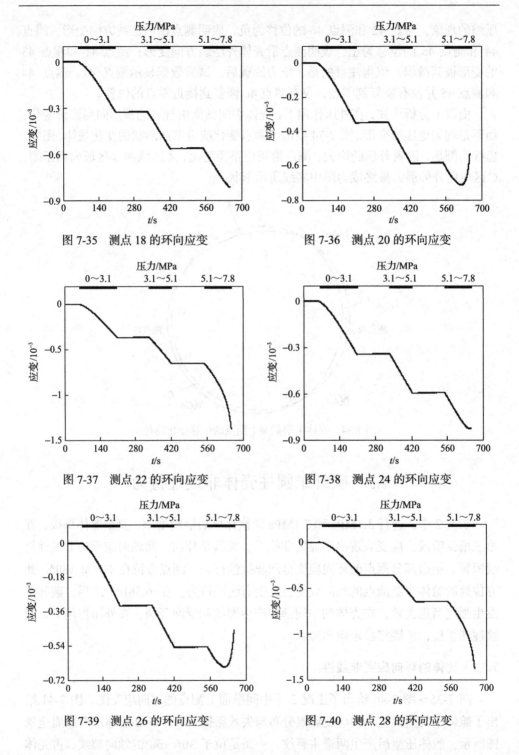

图 7-35　测点 18 的环向应变　　　　　　图 7-36　测点 20 的环向应变

图 7-37　测点 22 的环向应变　　　　　　图 7-38　测点 24 的环向应变

图 7-39　测点 26 的环向应变　　　　　　图 7-40　测点 28 的环向应变

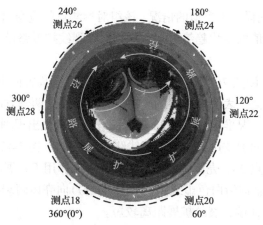

图 7-41　舱体中间截面上环向应变测点分布与失效路径(粗曲线为纤维破坏初始区域)

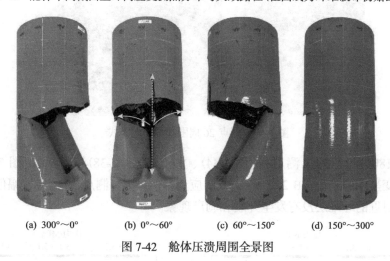

(a) 300°～0°　　　(b) 0°～60°　　　(c) 60°～150°　　　(d) 150°～300°

图 7-42　舱体压溃周围全景图

总长的 56%；另一条是位于壳体中段的环向裂纹，范围是 270°～0°～170°，占整个圆周范围的 72%。

如图 7-36 所示，测点 20 的环向应变在最后阶段呈抛物线状，表明在曲线的最低点测点的压应变达到最大值，随着外压的增大，纤维缠绕层出现剥离，测点压应变急剧降低，直至舱体压溃。从测点环向应变的变化趋势来看，测点 26 与测点 20 的应变变化趋势相同，曲线在同一时刻达到最低点，然后压应变迅速减小，直至壳体压溃。

如图 7-41 测点分布图所示，测点 20 和测点 26 位置相对，两点呈中心对称，说明测点应变变化趋势与测点位置有关，一组对称测点的应变表现出相同的变化趋势。类似地，如图 7-35 和图 7-38 所示，测点 18 和测点 24 的应变呈现相同的变化趋势，这一组对称测点的应变幅值增大。如图 7-37 和图 7-40 所示，测点 22

和测点 28 的应变同样呈现类似的情况，该组对称测点的应变幅值达到最大。由三组对称测点应变幅值的变化趋势可知，沿顺时针裂纹扩展路径方向，测点环向应变幅值逐渐增大。

观察图 7-43 中测点 26 周围的纤维失效模式，在圆周方向上，测点 26 两侧的纤维层出现严重剥离，表明纤维层的剥离路径是从圆周两侧方向而来的。根据裂纹状态及壳体变形情况推定，测点 20 附近的纤维层首先出现剥离、断裂，随着外压的增大，圆周方向裂纹迅速沿白色实线路径(图7-41、图7-42(b))向两侧扩展，直至扩展到对称测点 26，壳体瞬间被压溃，在外压作用下扩展路径发生断裂，形成狭长圆周破口；轴向沿白色虚线路径(图7-42(b))向壳体两端扩展，在 B 端，裂纹扩展到裙边，在 A 端，裂纹扩展距离较短。

图 7-43　测点 26 周围纤维失效模式

在 180° 方位角处，测点 16(图 7-44)、测点 24(图 7-38)和测点 30(图 7-45)的环向应变呈相同趋势，B-2 处测点 16 的应变幅值最大，测点 30 的应变幅值最小，该测点附近的纤维层没有发生开裂和剥离现象。

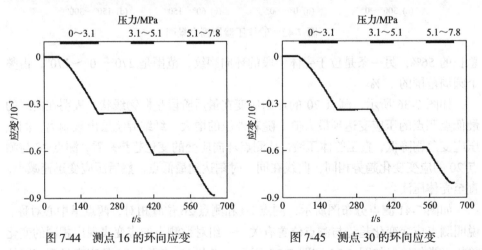

图 7-44　测点 16 的环向应变　　　　　图 7-45　测点 30 的环向应变

7.3.2　壳体的轴向应变非线性

图 7-46～图 7-51 给出了工况 2 下中间壁面上测点的轴向应变图。图 7-52 给出了舱体中间壁面上轴向应变分布与失效路径。图 7-46 和图 7-49 表示测点 19 和测点 25 的轴向应变，两个测点相互对称，应变趋势相同，呈现轻微的非线性，但该组应变的幅值有所降低；图 7-47 和图 7-50 表示测点 21 和测点 27 的轴向应变，两个测点呈圆心对称，应变趋势相同，在舱体爆破压力处表现为非线性；图 7-48 和图 7-51 表示测点 23 和测点 29 的轴向应变，两个测点相互对称，应变趋势相同，在增压的最后阶段应变幅值有明显减小的趋势。由三组测点应变幅值的变化趋势可知，沿顺时针裂纹扩展路径方向，测点轴向应变幅值逐渐减小，与环向应变规律相反。

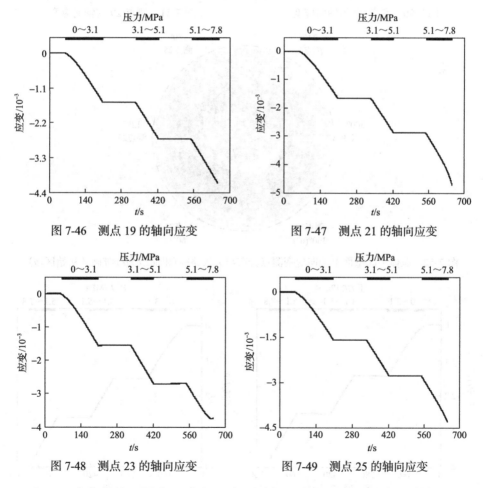

图 7-46　测点 19 的轴向应变　　　　　　　图 7-47　测点 21 的轴向应变

图 7-48　测点 23 的轴向应变　　　　　　　图 7-49　测点 25 的轴向应变

在 180°方位角处，测点 17（图 7-53）、测点 31（图 7-54）和测点 25（图 7-49）的应变规律相同，A-2 壁面上测点 31 的应变幅值小，该测点附近的纤维层没有发生

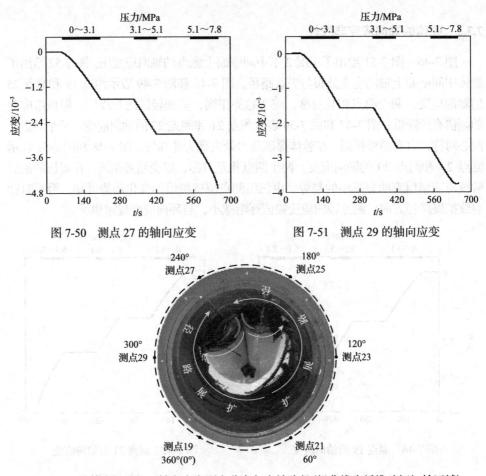

图 7-50　测点 27 的轴向应变　　　　　　图 7-51　测点 29 的轴向应变

图 7-52　舱体中间壁面上轴向应变测点分布与失效路径(粗曲线为纤维破坏初始区域)

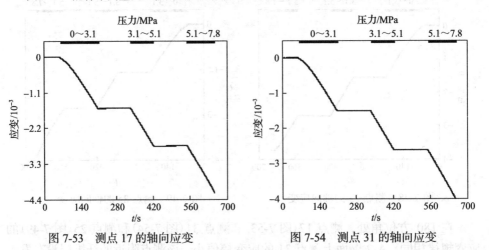

图 7-53　测点 17 的轴向应变　　　　　　图 7-54　测点 31 的轴向应变

开裂和剥离现象。

7.3.3　裙边的环向应变非线性

图7-55～图7-57给出了金属裙边处测点的环向应变图。在第二段加压过程中，应变出现波动和非线性，在第三段加压过程中，应变波动趋于频繁，非线性更加明显。金属裙边的弹性模量为71.7GPa，T700S/环氧碳纤维复合材料的弹性模量为102GPa，舱体两端由碳纤维壳体、交界面、金属裙边组成，三种材料的机械性能存在差异，外压作用下每一时刻的形变量不同，会发生界面剪切、滑移等现象，导致测点的应变呈现波动性和非线性。另外，金属裙边处测点的环向应变为拉应变，表明在外压作用下，测量点附近受拉应力，由于圆周方向裙边处测点较少，

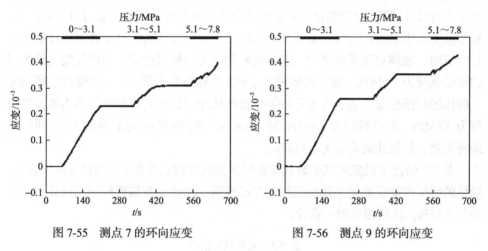

图 7-55　测点 7 的环向应变　　　　图 7-56　测点 9 的环向应变

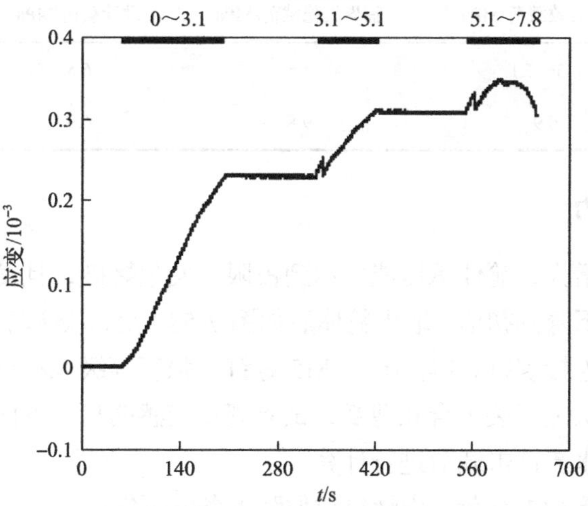

图 7-57　测点 11 的环向应变

仅有三个，暂不能说明裙边各处的环向应力为拉应力，不同测点有可能呈现拉压循环交替现象，可见裙边部位受力的复杂性。因此，还需要进一步试验研究和利用大量试验数据去探索裙边的受力情况，本节在此仅做了初步探讨。

7.4　壳体承压性能与残余冲击力

7.4.1　壳体承压性能

结合舱体应变非线性分析，压力在 6.5～7.1MPa 范围，舱体内壁测点逐渐呈现非线性行为，说明纤维开始发生失效。为保证舱体结构安全，定义非线性的起始压力为设计载荷，试验测试所得的设计载荷为 6.5MPa。在压力超过设计载荷后，舱体应变呈现非线性行为，尤其是环向应变，当压力增加到 7.8MPa（设计载荷的1.2 倍）时，舱体丧失承载能力，定义此时的压力为极限载荷，通过爆破试验所测的极限载荷为 7.8MPa。观察舱体破坏形态，失稳模态不明显，说明强度破坏决定了舱体的耐压性能。基于第 5 章的耐压性能优化设计平台得到舱体的临界失稳载荷为 9.8MPa，但当载荷为 6.9MPa 时，Tsai-Wu 强度指数接近临界值 1，表明纤维即将失效，故设计载荷应为 6.9MPa。

表 7-3 给出了试验测试和数值模拟所得到的几种载荷指标。两种方法均表明，舱体的耐压性能受强度失效的限制。与试验测试相比，数值模拟预测设计载荷误差为 6.15%，达到很好的一致性。

表 7-3　几种载荷指标

方式	强度失效载荷/MPa	临界失稳载荷/MPa	设计载荷/MPa	极限载荷/MPa
试验测试	6.5～7.1	—	6.5	7.8
数值模拟	6.9	9.8	6.9	—

7.4.2　残余冲击力

随着外压的增大，舱体承压能力达到极限，发生爆破，且发出巨响，控制台压力指示针迅速下降到初值，取出舱体后如图 7-58 所示。爆破后巨大水流冲进舱体，两端封头的连接螺钉（共计 16 个 M5 螺钉，强度等级 8.8）被冲断，采集仪器的工装折断，封头上工装配合孔剪断，试验现场震感明显。下面根据螺钉、工装孔的失效形式对水流冲击载荷进行计算。

计算螺钉所受冲击载荷，由螺钉拉伸强度条件可知：

$$\frac{F_1}{\frac{\pi}{4}d_1^2} = [\sigma] \tag{7-2}$$

式中，F_1 为螺钉能承受的最大工作拉力；d_1 为螺纹危险截面的直径，为 4.134mm；$[\sigma]$ 为螺钉许用拉应力，为 800MPa。

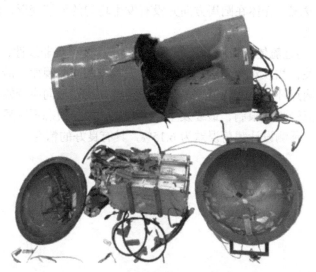

图 7-58　爆破后耐压舱体

求得单个螺钉所受冲击载荷为 10732N，总数为 16 个，共计 171.712kN。

计算工装配合孔所受冲击载荷，由构件剪切强度条件可知：

$$F_2 = [\tau]S \tag{7-3}$$

式中，F_2 为构件能承受的最大剪力；S 为剪切面积，为 80mm^2；$[\tau]$ 为构件材料的许用切应力，为 331MPa。

求得单处剪切面所受冲击载荷为 26480N，一共为 2 处，共计 52.960kN。

综上所述，根据可计算的强度条件，得到舱体爆破后的残余水流冲击载荷为 224.672kN。该数值是试验现象下的保守结果，舱体爆破后，高压釜内仍有巨大的压力能，瞬间转换为水流冲击动能，有可能对舱内仪器设备造成损伤甚至破坏。

7.5　本 章 小 结

本章设计并搭建了耐压性能测试平台，采用动态应变位移测试分析系统采集了测点应变和位移信息，开展了静力工况和爆破工况下碳纤维圆柱壳体耐压性能试验研究。在试验模型和测试方法的基础上，得到如下主要结论：

(1)在静力范围内，舱体内壁轴向与环向应变的比值在 4.5～5.0。金属裙边处测点的应变表现出更复杂的现象，径向应变比较微弱，且出现压应变到拉应变的过渡过程，与环向应变相比，其幅值仅为 5.2%～7.6%。封头壁面内，半球式封头具有更强的承压能力，封头曲面与法兰交界处的过渡曲面处，椭球式封头的承压能力表现更佳。壳体结构的环向应力较大，与轴向应力的比值在 35.7～36.1 范围。通过位移分析发现，壳体在圆周方向并没有发生均匀的压缩变形，而是由圆形逐渐向扁圆形变化。

(2)当外压趋近舱体的极限承压能力时，测点应变呈现非线性，测点应变趋势与测点位置有关，相互对称测点的应变趋势表现出相同的规律。沿顺时针裂纹扩展路径方向，测点环向应变幅值逐渐增大；与此相反，轴向应变幅值逐渐减小。舱体的耐压性能受强度限制，最终发生强度破坏，失稳模态不明显。与测试结果相比，数值模拟预测设计载荷误差为 6.15%，具有良好的精度。

第8章 可视化条件下壳体承压性能测试

深海壳体结构承压测试多在密闭高压釜内进行，内置应变采集仪获取结构应变信息，分析壳体在外压作用下的力学响应。但是，密闭舱室环境缺乏对屈曲行为的过程监测，很难支撑壳体屈曲演化和形貌特征识别研究。为此，本章设计了可视化测试系统，开展等效边界的解析方案求解，进行铝合金、碳纤维复合材料和陶瓷材料壳体屈曲压溃试验研究。

8.1 可视化测试系统和等效边界

8.1.1 可视化测试系统

可视化测试系统如图 8-1 所示。该系统由高压釜、高速摄像机和应变仪等组成。高压釜用于静水压力下的屈曲测试，测试样品的一端固定在法兰上，另一端与封头连接，处于自由状态。法兰、高压釜桶身、测试样品和封头形成一个封闭的空间。压力泵向封闭空间注水模拟静水压力环境。控制台连续控制压力泵的进水速度，以调节腔室中的压力。当封闭空间中的静水压力达到测试样品的极限承

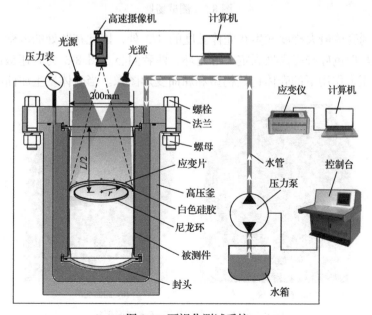

图 8-1 可视化测试系统

载载荷时，壳体就会屈曲或者压溃。为了测量试验过程中壳体应变，将 12 个应变片沿环向均匀地粘贴在圆柱体的内壁上，每个应变片可测量对应测点的轴线和环向应变数据，再由应变仪收集存储应变数据。为实现试验过程中对壳体变形进行观测，法兰中心设有一个直径为 200mm 的圆孔，圆孔上方放置了一台高速摄像机，以记录壳体在静水压力下的屈曲变形。高速图像以特定帧率拍摄。测试时，分别将高速摄像机和应变仪连接到相应的控制计算机上，试验过程中壳体在静水压力下的变形形貌和应变响应可以在计算机上同时显示。图 8-2 为测试场景。

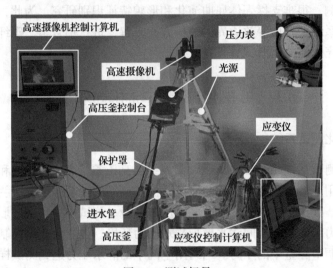

图 8-2　测试场景

考虑到壳体最大挠度发生在壳体长度的 1/2 处，因此在此处的内壁上粘贴白色硅胶，与白色硅胶等高处固定一尼龙环，两者同心。图 8-3 为高速摄像机拍摄到的静水压力作用下的壳体初始构型和屈曲变形图像。当壳体发生屈曲时，白色

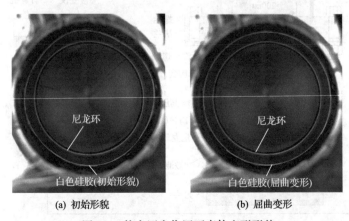

(a) 初始形貌　　　　　　　　(b) 屈曲变形

图 8-3　静水压力作用下壳体变形形貌

硅胶发生较大变形，通过对比变形的白色硅胶和刚性尼龙环，圆柱壳体的屈曲形貌特征清晰呈现。

8.1.2　等效边界条件下屈曲解析方案

由图 8-1 中被测件与高压釜的连接关系和受力情况可知，壳体的顶端固定在高压釜法兰上，可等效为固定边界约束；底端与端盖连接，其空间位移和旋转自由度不受约束，可等效为自由边界；被测件的受力为静水侧压和静水轴压。因此，可将其力学模型简化为受静水压力作用下一端固定一端自由边界条件的壳体结构（图 8-4），其线性屈曲方程为

$$\begin{cases} \dfrac{\partial N_x}{\partial x} + \dfrac{\partial N_{xy}}{\partial y} = 0 \\[2mm] \dfrac{\partial N_{xy}}{\partial x} + \dfrac{\partial N_y}{\partial y} + \dfrac{\partial M_{xy}}{R\partial x} + \dfrac{\partial M_y}{R\partial y} = 0 \\[2mm] \dfrac{\partial^2 M_x}{\partial x^2} + 2\dfrac{\partial^2 M_{xy}}{\partial x \partial y} + \dfrac{\partial^2 M_y}{\partial y^2} - \dfrac{N_y}{R} + N_x^0 \dfrac{\partial^2 \omega}{\partial x^2} + N_{xy}^0 \left(2\dfrac{\partial^2 \omega}{\partial x \partial y} - \dfrac{\partial \upsilon}{R \partial x} \right) \\[2mm] \qquad + N_y^0 \left(\dfrac{\partial^2 \omega}{\partial y^2} - \dfrac{\partial \upsilon}{R \partial y} \right) = 0 \end{cases} \tag{8-1}$$

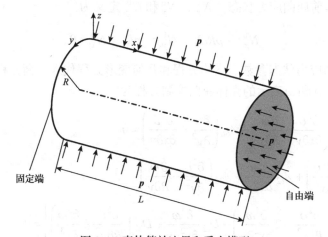

图 8-4　壳体等效边界和受力模型

本构方程为

$$\begin{bmatrix} N_x \\ N_y \\ N_{xy} \end{bmatrix} = \begin{bmatrix} A_{11} & A_{12} & 0 \\ A_{12} & A_{22} & 0 \\ 0 & 0 & A_{66} \end{bmatrix} \begin{bmatrix} \varepsilon_x^0 \\ \varepsilon_y^0 \\ \varepsilon_{xy}^0 \end{bmatrix} \tag{8-2}$$

$$\begin{bmatrix} M_x \\ M_y \\ M_{xy} \end{bmatrix} = \begin{bmatrix} D_{11} & D_{12} & 0 \\ D_{12} & D_{22} & 0 \\ 0 & 0 & D_{66} \end{bmatrix} \begin{bmatrix} k_x \\ k_y \\ k_{xy} \end{bmatrix} \tag{8-3}$$

几何变形方程为

$$\begin{bmatrix} \varepsilon_x^0 \\ \varepsilon_y^0 \\ \varepsilon_{xy}^0 \end{bmatrix} = \begin{bmatrix} \dfrac{\partial}{\partial x} & 0 & 0 \\ 0 & \dfrac{\partial}{\partial y} & \dfrac{1}{R} \\ \dfrac{\partial}{\partial y} & \dfrac{\partial}{\partial x} & 0 \end{bmatrix} \begin{bmatrix} u \\ \upsilon \\ \omega \end{bmatrix} \tag{8-4}$$

$$\begin{bmatrix} k_x \\ k_y \\ k_{xy} \end{bmatrix} = \begin{bmatrix} 0 & 0 & -\dfrac{\partial^2}{\partial x^2} \\ 0 & \dfrac{\partial}{R\partial y} & -\dfrac{\partial^2}{\partial y^2} \\ 0 & \dfrac{\partial}{R\partial x} & -2\dfrac{\partial^2}{\partial x\partial y} \end{bmatrix} \begin{bmatrix} u \\ \upsilon \\ \omega \end{bmatrix} \tag{8-5}$$

考虑壳体前屈曲应力状态，N_x^0、N_y^0和N_{xy}^0定义为

$$N_x^0 = -pR/2, \quad N_y^0 = -pR, \quad N_{xy}^0 = 0 \tag{8-6}$$

将壳体前屈曲应力状态参数、本构方程和几何变形方程代入平衡方程中，得到以广义位移u、υ和ω表示的壳体屈曲控制方程为

$$A_{11}\frac{\partial^2 u}{\partial x^2} + A_{12}\left(\frac{\partial^2 \upsilon}{\partial x\partial y} + \frac{\partial \omega}{R\partial x}\right) + A_{66}\left(\frac{\partial^2 u}{\partial y^2} + \frac{\partial^2 \upsilon}{\partial x\partial y}\right) = 0$$

$$A_{66}\left(\frac{\partial^2 u}{\partial x\partial y} + \frac{\partial^2 \upsilon}{\partial x^2}\right) + A_{12}\frac{\partial^2 u}{\partial x\partial y} + A_{22}\left(\frac{\partial^2 \upsilon}{\partial y^2} + \frac{\partial \omega}{R\partial y}\right)$$

$$+ \frac{1}{R}\left[D_{66}\left(\frac{\partial^2 \upsilon}{R\partial x^2} - 2\frac{\partial^3 \omega}{\partial x^2\partial y}\right) - D_{12}\frac{\partial^3 \omega}{\partial x^2\partial y} + D_{22}\left(\frac{\partial^2 \upsilon}{R\partial y^2} - \frac{\partial^3 \omega}{\partial y^3}\right)\right] = 0$$

$$-D_{11}\frac{\partial^4 \omega}{\partial x^4} + D_{12}\left(\frac{\partial^3 \upsilon}{R\partial x^2\partial y} - \frac{\partial^4 \omega}{\partial x^2\partial y^2}\right) + D_{66}\left(\frac{2\partial^3 \upsilon}{R\partial x^2\partial y} - \frac{4\partial^4 \omega}{\partial x^2\partial y^2}\right) - D_{12}\frac{\partial^4 \omega}{\partial x^2\partial y^2}$$

$$+ D_{22}\left(\frac{\partial^3 \upsilon}{R\partial y^3} - \frac{\partial^4 \omega}{\partial y^4}\right) - \frac{1}{R}\left[A_{12}\frac{\partial u}{\partial x} + A_{22}\left(\frac{\partial \upsilon}{\partial y} + \frac{\omega}{R}\right)\right] - \frac{pR}{2}\frac{\partial^2 \omega}{\partial x^2} - pR\left(\frac{\partial^2 \omega}{\partial y^2} - \frac{\partial \upsilon}{R\partial y}\right) = 0$$

$$\tag{8-7}$$

广义位移 u、υ 和 ω 决定了壳的屈曲模态，可以表示为

$$u = U(x)\cos\frac{ny}{R}$$

$$\upsilon = V(x)\sin\frac{ny}{R} \qquad (8\text{-}8)$$

$$\omega = W(x)\cos\frac{ny}{R}$$

式中，n 为壳屈曲模态下的圆周波数；未知函数 $U(x)$、$V(x)$ 和 $W(x)$ 由壳体轴向的屈曲形状确定。将方程(8-8)代入方程(8-7)得到线性齐次常微分方程为

$$A_{11}\frac{\partial^2 U(x)}{\partial x^2} + A_{12}\left(\frac{n}{R}\frac{\partial V(x)}{\partial x} + \frac{1}{R}\frac{\partial W(x)}{\partial x}\right) + A_{66}\left(-\frac{n^2}{R^2}U(x) + \frac{n}{R}\frac{\partial V(x)}{\partial x}\right) = 0$$

$$A_{66}\left(-\frac{n}{R}\frac{\partial U(x)}{\partial x} + \frac{\partial^2 V(x)}{\partial x^2}\right) - A_{12}\frac{n}{R}\frac{\partial U(x)}{\partial x} + A_{22}\left(-\frac{n^2}{R^2}V(x) - \frac{n}{R^2}W(x)\right)$$

$$+ D_{66}\left(\frac{1}{R^2}\frac{\partial^2 V(x)}{\partial x^2} + 2\frac{n}{R^2}\frac{\partial^2 W(x)}{\partial x^2}\right) + D_{12}\frac{n}{R^2}\frac{\partial^2 W(x)}{\partial x^2} + D_{22}\left(-\frac{n^2}{R^4}V(x) - \frac{n^3}{R^4}W(x)\right) = 0$$

$$-D_{11}\frac{\partial^4 W(x)}{\partial x^4} + D_{12}\left(\frac{n}{R^2}\frac{\partial^2 V(x)}{\partial x^2} + \frac{n^2}{R^2}\frac{\partial^2 W(x)}{\partial x^2}\right) + D_{66}\left(\frac{2n}{R^2}\frac{\partial^2 V(x)}{\partial x^2} + 4\frac{n^2}{R^2}\frac{\partial^2 W(x)}{\partial x^2}\right)$$

$$+ D_{12}\frac{n^2}{R^2}\frac{\partial^2 W(x)}{\partial x^2} + D_{22}\left(-\frac{n^3}{R^4}V(x) - \frac{n^4}{R^4}W(x)\right) - A_{12}\frac{1}{R}\frac{\partial U(x)}{\partial x} + A_{22}\left(\frac{n}{R^2}V(x) + \frac{1}{R^2}W(x)\right)$$

$$-\frac{pR}{2}\frac{\partial^2 W(x)}{\partial x^2} - pR\left(-\frac{n^2}{R^2}W(x) - \frac{n}{R^2}V(x)\right) = 0$$

$$(8\text{-}9)$$

选取 Galerkin 方法求解微分方程，首先逼近函数应该满足边界条件，对于固定约束端，其边界条件可以表示为

$$u\big|_{x=0} = 0 \qquad (8\text{-}10)$$

$$\upsilon\big|_{x=0} = 0, \quad \omega\big|_{x=0} = 0 \qquad (8\text{-}11)$$

$$N_x\big|_{x=0} = 0 \qquad (8\text{-}12)$$

对于自由端，其边界条件可以表示为

$$\upsilon\big|_{x=L}=0, \quad \omega\big|_{x=L}=0 \tag{8-13}$$

$$N_x\big|_{x=L}=0 \tag{8-14}$$

另外，由壳体变形可知，轴向位移在两端分别取得最大值和最小值，可表示为

$$\frac{\partial u}{\partial x}\bigg|_{x=0,\,L}=0 \tag{8-15}$$

考虑壳体在轴向的变形特征，函数 $U(x)$ 可由一端夹紧一端自由约束的横向振动梁的一阶模态近似：

$$U(x)=U_{\text{cons}}F(x) \tag{8-16}$$

式中，U_{cons} 为未知常数；函数 $F(x)$ 可表示为

$$F(x)=\cosh\frac{\lambda x}{L}-\cos\frac{\lambda x}{L}-\sigma\left(\sinh\frac{\lambda x}{L}-\sin\frac{\lambda x}{L}\right) \tag{8-17}$$

式中，$\lambda=2.36502037$，$\sigma=0.982502207$。横向振动梁的一阶模态函数曲线如图 8-5 所示。

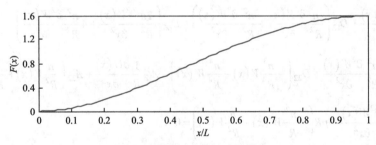

图 8-5　横向振动梁的一阶模态

联立方程 (8-8) 与描述边界条件的微分方程式 (8-10) 和式 (8-15) 可得

$$u\big|_{x=0}=U(x)\cos\frac{ny}{R} \tag{8-18}$$

$$\frac{\partial u}{\partial x}\bigg|_{x=0,\,L}=\frac{\partial U(x)}{\partial x}\cos\frac{ny}{R} \tag{8-19}$$

考虑方程 (8-2) 中 N_x，方程 (8-12) 和方程 (8-14) 描述的边界条件转化为

$$N_x\big|_{x=0,\,L}=A_{11}\frac{\partial U(x)}{\partial x}\cos\frac{ny}{R}+A_{12}\left(\frac{n}{R}V(x)+\frac{1}{R}W(x)\right)\cos\frac{ny}{R}=0 \tag{8-20}$$

将方程(8-19)代入方程(8-20)，边界条件转化为如下形式：

$$N_x\big|_{x=0,L} = A_{12}\left(\frac{n}{R}V(x)+\frac{1}{R}W(x)\right)\cos\frac{ny}{R}=0 \tag{8-21}$$

由于壳体两端边界条件不同，可以合理假设轴向屈曲波形并非关于壳体跨中对称。考虑这些特性，轴向屈曲模态可以由一端夹紧一端自由梁振动模态函数的一阶导数来近似，因此 $V(x)$ 和 $W(x)$ 可表示为

$$V(x)=V_{\mathrm{cons}}\frac{\partial F(x)}{\partial x} \tag{8-22}$$

$$W(x)=W_{\mathrm{cons}}\frac{\partial F(x)}{\partial x} \tag{8-23}$$

式中，V_{cons} 和 W_{cons} 为未知常数。振动模态函数的一阶导数表述为

$$\frac{\partial F(x)}{\partial x}=\frac{\lambda}{L}\Phi(x) \tag{8-24}$$

其中，

$$\Phi(x)=\sinh\frac{\lambda x}{L}+\sin\frac{\lambda x}{L}-\sigma\left(\cosh\frac{\lambda x}{L}-\cos\frac{\lambda x}{L}\right) \tag{8-25}$$

图 8-6 给出了近似函数曲线。壳体变形特征可由近似函数 $V(x)$、$W(x)$ 和 $U(x)$ 表示。

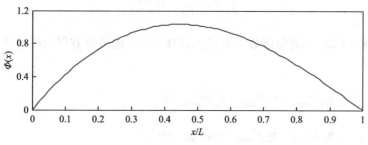

图 8-6　振动模态函数的一阶导数

根据 Galerkin 方法，将式(8-16)、式(8-22)和式(8-23)代入方程(8-9)得到如下残差：

$$R_x = \left(A_{11} \frac{\partial^2 F(x)}{\partial x^2} - A_{66} \frac{n^2}{R^2} F(x) \right) U_{\mathrm{cons}} + \left(A_{12} + A_{66} \right) \frac{n}{R} \frac{\partial^2 F(x)}{\partial x^2} V_{\mathrm{cons}} + \frac{A_{12}}{R} \frac{\partial^2 F(x)}{\partial x^2} W_{\mathrm{cons}}$$

$$R_y = \left(-A_{12} - A_{66} \right) \frac{n}{R} \frac{\partial F(x)}{\partial x} U_{\mathrm{cons}} + \left\{ \left(-\frac{A_{22} n^2}{R^2} - \frac{D_{22} n^2}{R^4} \right) \frac{\partial F(x)}{\partial x} + \left(A_{66} + \frac{D_{66}}{R^2} \right) \frac{\partial^3 F(x)}{\partial x^3} \right\} V_{\mathrm{cons}}$$

$$+ \left\{ \left(-\frac{A_{22} n}{R^2} - \frac{D_{22} n^3}{R^4} \right) \frac{\partial F(x)}{\partial x} + \left(\frac{D_{12} n}{R^2} + \frac{2 D_{66} n}{R^2} \right) \frac{\partial^3 F(x)}{\partial x^3} \right\} W_{\mathrm{cons}}$$

$$R_z = -\frac{A_{12}}{R} \frac{\partial F(x)}{\partial x} U_{\mathrm{cons}} + \left\{ \left(\frac{pn}{R} - \frac{A_{22} n}{R^2} \right) \frac{\partial F(x)}{\partial x} + \left(\frac{D_{12} n}{R^2} - \frac{D_{22} n^3}{R^4} + \frac{2 D_{66} n}{R^2} \right) \frac{\partial^3 F(x)}{\partial x^3} \right\} V_{\mathrm{cons}}$$

$$+ \left\{ \left(-\frac{A_{22}}{R^2} - \frac{D_{22} n^4}{R^4} + \frac{pn^2}{R} \right) \frac{\partial F(x)}{\partial x} + \left(-\frac{pR}{2} + \frac{2 D_{12} n^2}{R^2} + \frac{4 D_{66} n^2}{R^2} \right) \frac{\partial^3 F(x)}{\partial x^3} \right.$$

$$\left. - D_{11} \frac{\partial^5 F(x)}{\partial x^5} \right\} W_{\mathrm{cons}}$$

$$(8\text{-}26)$$

根据残差的正交化条件：

$$\int_0^L R_x F(x) \mathrm{d}x = 0$$

$$\int_0^L R_y \frac{\partial F(x)}{\partial x} \mathrm{d}x = 0 \qquad (8\text{-}27)$$

$$\int_0^L R_z \frac{\partial F(x)}{\partial x} \mathrm{d}x = 0$$

将残差方程(8-26)和近似函数方程代入式(8-27)，偏微分方程最终转化为线性代数方程：

$$b_{11} U_{\mathrm{cons}} + b_{12} V_{\mathrm{cons}} + b_{13} W_{\mathrm{cons}} = 0$$

$$b_{21} U_{\mathrm{cons}} + b_{22} V_{\mathrm{cons}} + b_{23} W_{\mathrm{cons}} = 0 \qquad (8\text{-}28)$$

$$b_{31} U_{\mathrm{cons}} + \left(b_{32} + p \frac{n}{R} J \right) V_{\mathrm{cons}} + \left(b_{33} - p \frac{R}{2} K \right) W_{\mathrm{cons}} = 0$$

其中，

$$b_{11} = A_{11}H - A_{66}\frac{n^2}{R^2}I$$

$$b_{12} = b_{21} = \left(A_{12} + A_{66}\right)\frac{n}{R}H$$

$$b_{13} = b_{31} = \frac{A_{12}}{R}H$$

$$b_{22} = \left(-\frac{A_{22}n^2}{R^2} - \frac{D_{22}n^2}{R^4}\right)J + \left(A_{66} + \frac{D_{66}}{R^2}\right)K$$

$$b_{23} = b_{32} = \left(-\frac{A_{22}n}{R^2} - \frac{D_{22}n^3}{R^4}\right)J + \left(\frac{D_{12}n}{R^2} + \frac{2D_{66}n}{R^2}\right)K$$

$$b_{33} = \left(-\frac{A_{22}}{R^2} - \frac{D_{22}n^4}{R^4} + \frac{pn^2}{R}\right)J + \left(\frac{2D_{12}n^2}{R^2} + \frac{4D_{66}n^2}{R^2}\right)K - D_{11}\left(\frac{\lambda}{L}\right)^4 J$$

令行列式等于零，可以求解出不同失稳波形对应的失稳载荷：

$$f(n, p_n) = \det \begin{vmatrix} b_{11} & b_{12} & b_{13} \\ b_{21} & b_{22} & b_{23} \\ b_{31} & b_{32} + p\dfrac{n}{R}J & b_{33} - p\dfrac{R}{2}K \end{vmatrix} = 0 \tag{8-29}$$

屈曲载荷可由如下方程得到：

$$P_{cr} = \min\left(p_2, p_3, \cdots, p_n\right) \tag{8-30}$$

8.2　铝合金圆柱壳体屈曲行为

本节开展静水压力下铝合金圆柱壳体屈曲行为测试研究。壳体材料为铝合金
7075-T6，其性能参数如表 8-1 所示。根据高压釜结构尺寸接口，设计壳体结构如
图 8-7 所示，内半径为 100mm，壁厚 4mm，壳体长度为 375mm。

表 8-1　铝合金 7075-T6 材料性能参数

密度/(kg/m³)	弹性模量/GPa	泊松比	剪切模量/GPa	拉伸强度/MPa	压缩强度/MPa
2820	71	0.33	27	572	503

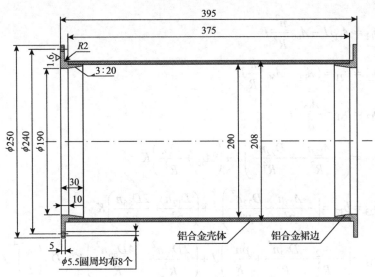

图 8-7   铝合金圆柱壳体结构(单位：mm)

8.2.1   铝合金圆柱壳体线性屈曲

本节开展铝合金壳体线性屈曲数值模拟和静力分析，得到壳体线性屈曲载荷和应力变形分布，为后续研究中的非线性屈曲数值模拟提供计算输入。铝合金圆柱壳体边界条件和外载荷形式如图 8-8 所示，壳体结构的边界条件为一端固定约束另一端自由，壳体环面和端盖承受法向静水压力。开展线性屈曲数值模拟，得到结构临界屈曲载荷为 7.6625MPa，其屈曲模态为环向 4 个波形(图 8-9)。

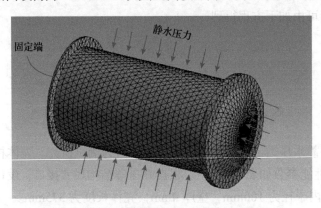

图 8-8   铝合金圆柱壳体边界条件和外载荷形式

分析结构在屈曲载荷 7.6625MPa 作用下的应力和变形情况，图 8-10 为铝合金圆柱壳体在圆柱坐标系下的正应力分布。其中，图 8-10(a) 为壳体轴向应力云图，轴向最大应力为 212MPa，处于壳体两端边界处；图 8-10(b) 为壳体环向应力云图，

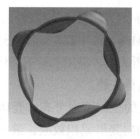

图 8-9 铝合金圆柱壳体结构屈曲模态

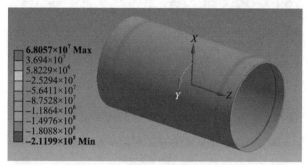

(a) 轴向应力云图

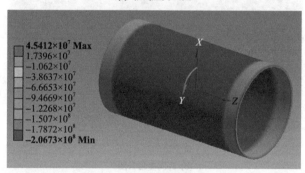

(b) 环向应力云图

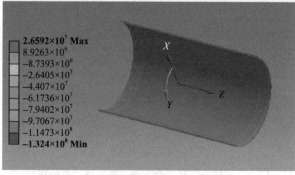

(c) 径向应力云图

图 8-10 铝合金圆柱壳体的正应力分布(单位：Pa)

环向最大应力为 207MPa，均匀分布在壳身(两端边界区域除外)。图 8-10(c)为壳体径向应力云图，径向最大应力为 132MPa，集中在左端固定边界区域。与7075-T6 铝合金材料性能参数相比，静力分析表明，极限载荷下壳体应力远小于材料的压缩强度 503MPa，壳体失效形式为结构失稳。

图 8-11 为铝合金圆柱壳体在三个方向上的位移变形分布，壳体在静水压力下呈均匀压缩。壳体左端固定约束，由于轴向变形累积效应，最大位移发生在

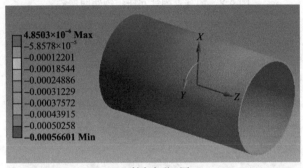

(a) 轴向变形云图

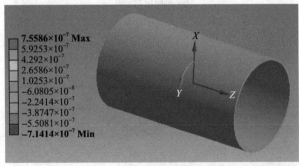

(b) 环向变形云图

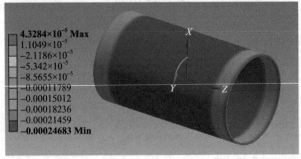

(c) 径向变形云图

图 8-11 铝合金圆柱壳体在三个方向上的位移变形分布(单位：m)

右端 0.57mm 处。环向变形极其微弱，表明其环向收缩率小。径向壳体均匀压缩，挠度变形最大为 0.25mm。综合分析壳体应力和变形情况，在屈曲载荷下，壳体应力远小于材料屈服极限，壳体挠度变形率为 0.7‰，线性屈曲数值模拟表明，静水压力下铝合金壳体结构是屈曲失效。

8.2.2　铝合金圆柱壳体非线性屈曲

静水压力下壳体受力变形，根据畸变能密度理论，当畸变能密度达到与材料性质有关的某一极限值时，材料发生屈服。

畸变能密度屈服准则为

$$v_d = \frac{1+\mu}{6E}\left(6\sigma_s^2\right)$$

在任意应力状态下，畸变能密度表示为

$$v_d = \frac{1+\mu}{6E}\left[\left(\sigma_1 - \sigma_2\right)^2 + \left(\sigma_2 - \sigma_3\right)^2 + \left(\sigma_3 - \sigma_1\right)^2\right]$$

整理后得到屈服准则为

$$\sigma_s = \sqrt{\frac{1}{2}\left[\left(\sigma_1 - \sigma_2\right)^2 + \left(\sigma_2 - \sigma_3\right)^2 + \left(\sigma_3 - \sigma_1\right)^2\right]}$$

在线性屈曲模态的基础上，以一阶线性屈曲模态万分之五的比例因子表征壳体的几何非线性，开展静水压力下壳体结构非线性屈曲数值模拟。当载荷为 5.86MPa 时，铝合金圆柱壳体的应力云图和变形云图如图 8-12 所示，结构等效应力约为 485MPa，接近材料的压缩屈服极限，此时结构最大变形约为 2.05mm。当载荷为 6.06MPa 时，铝合金圆柱壳体的应力云图和变形云图如图 8-13 所示，结构等效应力约为 552MPa，接近材料的拉伸屈服极限，此时结构最大变形为 2.41mm。当外载荷微弱增加至 6.16MPa 时，铝合金圆柱壳体的应力云图和变形云图如图 8-14 所示，此时结构等效应力大幅增加，约为 594MPa，超出材料屈服极限，可判定壳体发生强度损伤，但是结构最大变形增加较少，约为 2.64mm，并没有大变形和初始屈曲的迹象。

直至载荷增加至 6.57MPa，最大变形量为 4.51MPa，壳体结构初始屈曲模态形成，圆周方向均布 4 个波形，如图 8-15 所示，此时，壳体的等效应力约高达 927MPa，尤其在波峰和波谷处强度损伤严重。当载荷微弱增加至 6.67MPa 时，铝合金圆柱壳体的应力云图和变形云图如图 8-16 所示，壳体压溃伴有屈曲模态阶跃趋势(图 8-16(a))，阶跃后屈曲模态在圆周方向上呈 3 个波形(图 8-16(b))。

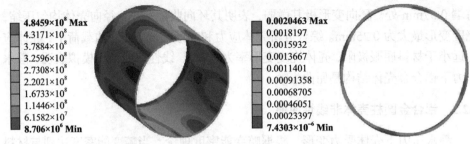

(a) 应力云图(单位：Pa)　　　　　　　　　　(b) 变形云图(单位：m)

图 8-12　铝合金圆柱壳体的应力云图和变形云图(载荷为 5.86MPa)

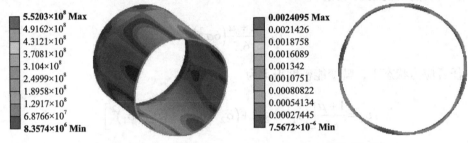

(a) 应力云图(单位：Pa)　　　　　　　　　　(b) 变形云图(单位：m)

图 8-13　铝合金圆柱壳体的应力云图和变形云图(载荷为 6.06MPa)

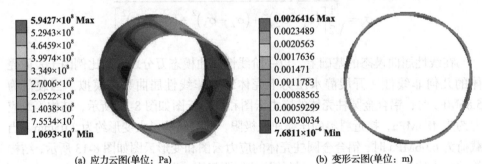

(a) 应力云图(单位：Pa)　　　　　　　　　　(b) 变形云图(单位：m)

图 8-14　铝合金圆柱壳体的应力云图和变形云图(载荷为 6.16MPa)

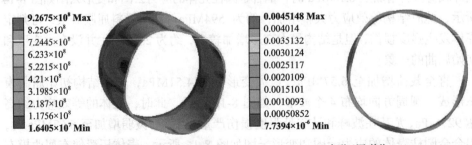

(a) 应力云图(单位：Pa)　　　　　　　　　　(b) 变形云图(单位：m)

图 8-15　铝合金圆柱壳体的应力云图和变形云图(载荷为 6.57MPa)

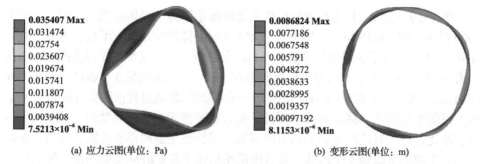

(a) 应力云图(单位：Pa)　　　　　　(b) 变形云图(单位：m)

图 8-16　铝合金圆柱壳体的应力云图和变形云图(载荷为 6.67MPa)

综合壳体应力和结构变形可知，静水压力下铝合金壳体的安全承载边界为 5.86MPa；载荷大于 5.86MPa 时，壳体发生强度损伤；载荷增大，壳体损伤和变形累积，最终在 6.67MPa 时压溃且伴有屈曲模态阶跃，属于失稳-失强耦合失效。

8.2.3　铝合金圆柱壳体屈曲形貌

开展静水压力下铝合金壳体屈曲测试，提取高压釜时间-载荷数据，绘制得到如图 8-17 所示铝合金圆柱壳体载荷历程曲线。压力曲线达到最高点之后骤降，表明壳体发生大变形，呈如图 8-18 所示的表面凹波。

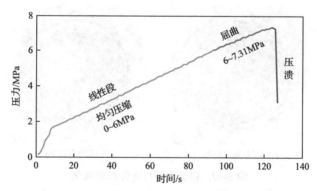

图 8-17　铝合金圆柱壳体载荷历程曲线

图 8-18　铝合金圆柱壳体屈曲形貌

　　图 8-19～图 8-21 为高速摄像机采集的静水压力下壳体形貌演化图，频率为 1000 帧/s。如图 8-19 所示，压力小于 6MPa 时壳体均匀压缩，形貌基本无变化。在 6～7MPa 壳体形貌呈微弱变化，不再均匀压缩变形，呈现屈曲模态酝酿。当压力为 7～7.31MPa 时，铝合金壳体屈曲形貌清晰，圆周方向呈 3 个波形，如图 8-20 所示。综合判定壳体在 6～7.31MPa 时处于屈曲阶段，屈曲过程占载荷历程的 17.9%。压力微弱增加到 7.33MPa 时壳体压溃，通过高速摄像机捕捉到结构压溃瞬间壳体形貌演化过程，对比图 8-21(a) 和 (b) 可知，结构发生屈曲模态阶跃，屈曲模态由圆周 3 个波形阶跃到 1 个凹波。数值模拟预报壳体在 6.67MPa 时压溃，模态阶跃是由 4 个波到 3 个波。

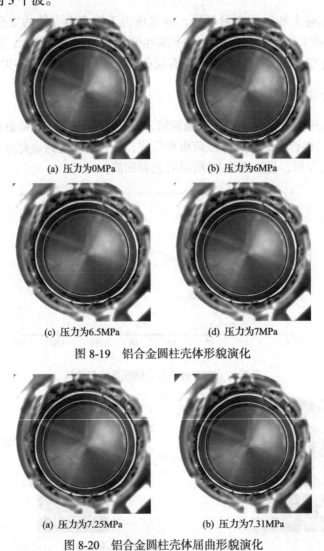

(a) 压力为0MPa 　　　　　　　　　(b) 压力为6MPa

(c) 压力为6.5MPa 　　　　　　　　(d) 压力为7MPa

图 8-19　铝合金圆柱壳体形貌演化

(a) 压力为7.25MPa 　　　　　　　(b) 压力为7.31MPa

图 8-20　铝合金圆柱壳体屈曲形貌演化

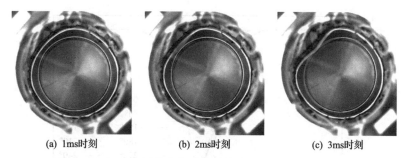

(a) 1ms时刻　　　　　(b) 2ms时刻　　　　　(c) 3ms时刻

图 8-21　铝合金圆柱壳体压溃形貌演化(压力为 7.33MPa)

8.2.4　铝合金圆柱壳体测点应变

图 8-22 给出了壳体内壁应变测点分布。试验时应变仪的采集频率为 20Hz，提取应变数据得到如图 8-23 所示测点环向应变曲线和轴向应变曲线。应变响应

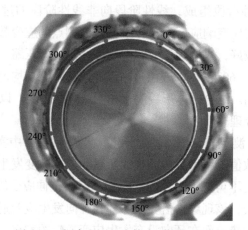

图 8-22　铝合金圆柱壳体内壁应变测点分布

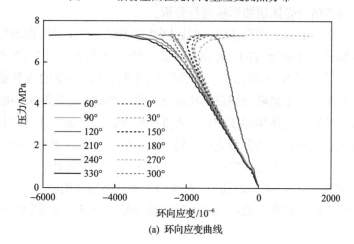

(a) 环向应变曲线

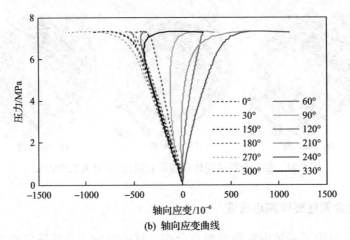

(b) 轴向应变曲线

图 8-23　铝合金圆柱壳体内壁测点的环向应变曲线和轴向应变曲线

由线性阶段和非线性阶段组成,线性阶段向非线性阶段的过渡较为平缓,无清晰分界点。对于环向应变响应,除了 240°方位角测点的应变数值偏离,其余测点应变数据的一致性较好,表明在该过程中壳体环向均匀压缩。对于轴向应变,在线性段除 90°、210°、60°和 240°方位角测点外,其余测点均匀一致性较好,表明壳体轴向呈均匀压缩。结合壳体形貌演化和测点应变曲线,以 6MPa 为线性和非线性的分界点较为合理。

在非线性阶段,测点应变数值发生分化,如图 8-23(a)中实线所示,随着外载荷增大,测点应变数值持续增大。而虚线所示测点的应变发生逆转,即随着外载荷的增大其压缩应变不再增大,反而减小,甚至向拉伸应变转化。如图 8-23(b)所示的轴向应变曲线,该现象恰恰相反,即在环向发生应变逆转的测点,其轴向应变始终保持压缩趋势;而在环向没有发生应变逆转的测点,其在轴向发生了应变逆转,下面将结合壳体屈曲形貌进行分析。

壳体大变形后形成了凹凸波纹,对比刚性标识圈,可识别屈曲形貌的波峰和波谷。图 8-24 给出了圆周方向分布的三个波谷和三个波峰,它们与测点的位置关系如表 8-2 所示。图 8-25 绘出了三个波谷处测点的环向应变曲线和轴向应变曲线。图 8-26 绘出了三个波峰处测点的环向应变曲线和轴向应变曲线。由图 8-25(a)可知,在线性阶段,壳体均匀压缩;进入非线性阶段后,测点应变增长变缓;在压溃时刻发生应变逆转,部分测点应变转变为拉应变。试验观测表明,在铝合金壳体压溃瞬间,屈曲模态发生阶跃,由环向 3 个屈曲波形阶跃为 1 个波形。对于波谷处测点的轴向应变(图 8-25(b)),载荷历程中始终为压缩状态,表明作用在端盖上的静水压力使壳体发生轴向压缩。反观波峰处的测点应变(图 8-26),其逆转现象发生在轴向应变，而环向应变始终保持压缩。从线性阶段末端的应变幅值来看，波峰和波谷测点的环向应变在 1500～2000，轴向应变在–400～300，表明壳体结构的环向刚度小于轴向刚度。

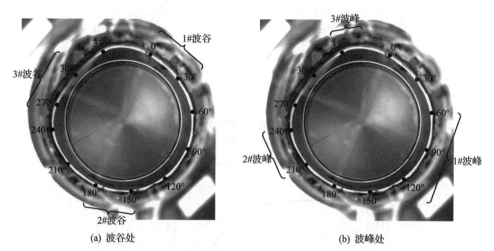

(a) 波谷处　　　　　　　　　　　(b) 波峰处

图 8-24　铝合金圆柱壳体屈曲形貌波谷和波峰处测点分布

表 8-2　铝合金壳体屈曲波形与对应测点和方位

波形	波谷			波峰		
	1#	2#	3#	1#	2#	3#
测点方位	0°, 30°	150°, 180°	270°, 300°	60°, 90°, 120°	210°, 240°	330°

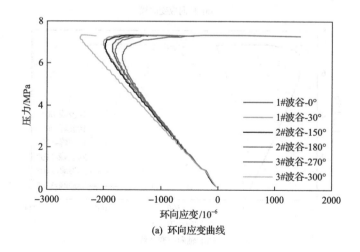

(a) 环向应变曲线

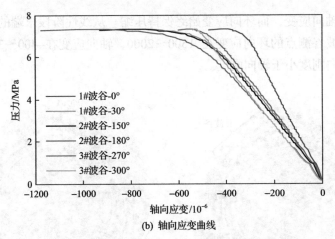

(b) 轴向应变曲线

图 8-25　铝合金圆柱壳体波谷处应变曲线

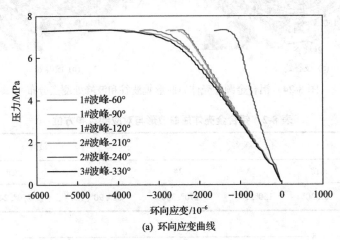

(a) 环向应变曲线

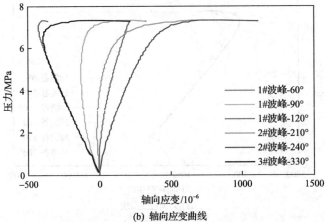

(b) 轴向应变曲线

图 8-26　铝合金圆柱壳体波峰处应变曲线

8.2.5　铝合金圆柱壳体屈曲载荷

根据第 2 章边界等效模型和铝合金材料性能参数，得到壳体结构面内刚度 A_{ij} 和弯曲刚度 D_{ij}（表 8-3），由式（8-29）计算出不同环向波数及其失稳载荷（表 8-4），判定结构屈曲载荷为 5.64MPa，对应屈曲模态为环向 3 个波形。就屈曲波形而言，解析解与实验结果吻合良好；就屈曲载荷而言，试验观测壳体在 6～7MPa 阶段处于屈曲酝酿阶段，在 7.31MPa 时形成清晰可见的屈曲波形。若以 6MPa 为初始屈曲载荷，解析解数值误差为 6%。

表 8-3　铝合金圆柱壳体面内刚度和弯曲刚度

面内刚度	数值	弯曲刚度	数值
A_{11}	3.1871×10^8	D_{11}	424.9430
A_{12}	1.0517×10^8	D_{12}	140.2312
A_{22}	3.1871×10^8	D_{22}	424.9430
A_{66}	1.08×10^8	D_{66}	144

表 8-4　铝合金圆柱壳体屈曲载荷解析解

参数	环向波数 n					p_{cr}
	2	3	4	5	6	
临界屈曲载荷 P_n/MPa	20.81	5.64	7.15	10.74	15.35	5.64

8.3　碳纤维复合材料圆柱壳体屈曲行为

根据高压釜结构尺寸接口，设计碳纤维复合材料圆柱壳体，两端粘接铝合金连接环。碳纤维复合材料圆柱壳体几何尺寸如图 8-27 所示，壳体内半径为 100mm，壁厚 4mm，壳体长度为 375mm，所选材料为碳纤维复合材料 T700-12K，纤维缠绕顺序为 $[90_8/(\pm45)_{12}/90_8]$，材料性能参数如表 7-1 所示。碳纤维复合材料圆柱壳体结构实物图如图 8-28 所示，其封头为球冠型如图 8-29 所示，材料为铝合金 7075-T6，封头壁厚 10mm，内球径为 193mm。

8.3.1　碳纤维复合材料圆柱壳体线性屈曲

线性屈曲数值模拟可对壳体结构的极限承载能力进行初步评估，获得理想状态下（无几何和材料缺陷）结构的屈曲载荷。线性屈曲是以小位移小应变的线弹性理论为基础的，稳定性控制方程建立在结构初始构形上，不考虑结构在受载变形过程中构形的变化，即在外力施加的各个阶段，稳定性控制方程是恒定的。如图 8-30 所示，碳纤维复合材料圆柱壳体结构的边界条件为一端固定约束另一端自由，壳体环面和端盖承受法向静水压力。开展线性屈曲数值模拟，得到结构屈曲载荷为 5.1478MPa，其屈曲模态为环向 3 个波形(图 8-31)。

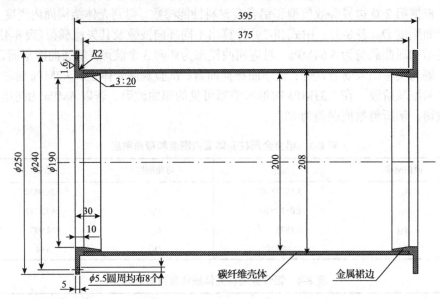

图 8-27　碳纤维复合材料圆柱壳体几何尺寸(单位：mm)

图 8-28　碳纤维复合材料圆柱壳体结构

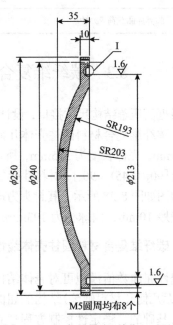

图 8-29　铝合金封头(单位：mm)

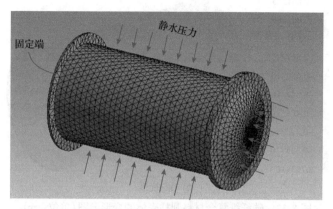

图 8-30　碳纤维复合材料圆柱壳体边界条件和外载荷形式

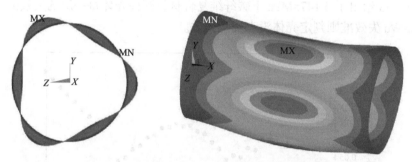

图 8-31　碳纤维复合材料圆柱壳体线性屈曲模态

MN 表示最小变形；MX 表示最大变形

开展壳体在 5.1478MPa 作用下的静力分析，碳纤维复合材料圆柱壳体挠曲变形云图如图 8-32(a)所示，最大挠度为 0.152mm，发生在壳体体身；轴向最大变形量为 1.225mm，如图 8-32(b)所示，发生在壳体的自由端。

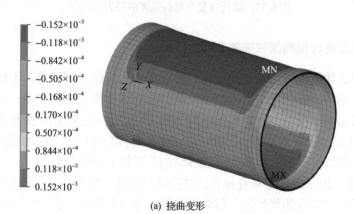

(a) 挠曲变形

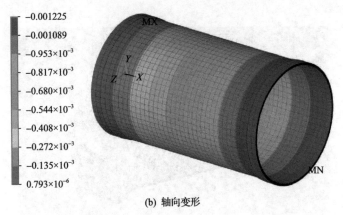

(b) 轴向变形

图 8-32　碳纤维复合材料圆柱壳体的变形云图(单位：m)

图 8-33 给出了 5.1478MPa 下碳纤维复合材料圆柱壳体每一层的失效因子，依据 Tsai-Wu 失效准则判定壳体没有发生失效。

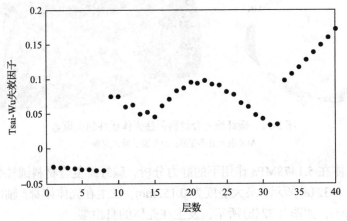

图 8-33　碳纤维复合材料壳体的层失效因子

8.3.2　碳纤维复合材料圆柱壳体非线性屈曲

线性屈曲数值模拟所预报的结构屈曲载荷较为保守，原因为：①稳定性控制方程建立在结构初始构形上，不能反映载荷作用下变形后壳体构形；②线性屈曲中的数值模型不能反映壳体材料的不均匀性、几何的不完美性(圆度和直线度等误差)。在线性屈曲模态的基础上，以一阶线性屈曲模态万分之五的比例因子表征壳体的几何非线性，开展静水压力下壳体结构非线性屈曲数值模拟。

图 8-34 给出了碳纤维复合材料圆柱壳体承载能力演化曲线，非线性屈曲数值预报壳体承载能力分为线性段、屈曲和后屈曲等三个阶段。在 0～3.44MPa 区间，壳体承载能力与计算时间步呈线性关系，表明结构形变与载荷呈线性，壳体处于

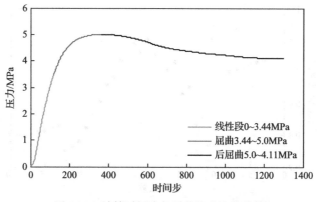

图 8-34　计算时间步与承载能力演化曲线

均匀压缩状态。在 3.44～5.0MPa 区间，壳体承载能力与时间步呈非线性关系，但仍然呈单调增加的趋势，表明结构已经屈曲但承载能力仍在增加。在 5.0～4.11MPa 区间，壳体承载能力与时间步呈单调递减关系，表明壳体发生后屈曲承载能力逐渐下降。

　　图 8-35 给出了时间步为 118 时(对应载荷为 3.42MPa)壳体每层的 Tsai-Wu 失效因子，每一层的数值均小于 1，表明没有发生层失效。当时间步达到 119 时对应的载荷为 3.44MPa，图 8-36 给出了该时刻壳体每一层的 Tsai-Wu 失效因子，由图可知，第 20 层(纤维缠绕角度为 45°)发生了首层失效，结合壳体承载历程演化曲线，说明壳体初始屈曲时伴随首层失效现象。进一步地，当载荷增加至 3.46MPa(时间步为 120)时，壳体每层的 Tsai-Wu 失效因子如图 8-37 所示，发生失效的中间层数为 16～24 层(纤维缠绕角度为 45°)和内部层 1～3 层(纤维缠绕角度为 90°)。对比图 8-36 和图 8-37 可知，在壳体发生初始屈曲后，层失效现象在壳体迅速扩展。

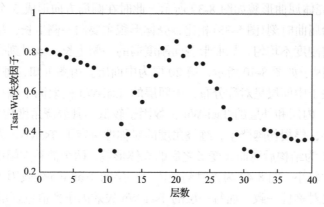

图 8-35　时间步为 118 时壳体层失效因子(载荷为 3.42MPa)

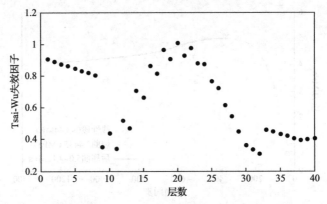

图 8-36　时间步为 119 时壳体层失效因子(载荷为 3.44MPa)

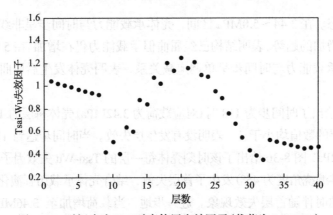

图 8-37　时间步为 120 时壳体层失效因子(载荷为 3.46MPa)

　　图 8-38 为初始屈曲时刻的壳体形貌。由图可以看出,圆周上形成 1 个波峰和 2 个波谷,屈曲形貌呈非均匀分布。当时间步为 363 时,结构承载能力达到最大值 5.0MPa,壳体屈曲形貌如图 8-39 所示,此时在圆周方向形成 3 个波峰和 2 个波谷。与初始屈曲时刻(图 8-38)相比,壳体形貌主要向一侧生长,呈蛋形分布,说明壳体环向刚度不均匀,屈曲形貌向刚度弱的一侧生长。该时刻壳体每一层的 Tsai-Wu 失效因子如图 8-40 所示,第 20 层为中面层。由图可知,每层的 Tsai-Wu 失效因子均关于中面层呈对称分布,中间层的 Tsai-Wu 失效因子偏高,其角度为 45°交错缠绕,内层和外层的 Tsai-Wu 失效因子较低,其缠绕角度均为 90°,表明缠绕角度越小,层损伤越严重,缠绕角度的对称性决定了 Tsai-Wu 失效因子的对称性。图 8-41 为结构后屈曲大变形之后的壳体形貌,两个波谷大幅度凹陷,而波峰的增长幅度较小。图 8-42 为该时刻壳体每一层的 Tsai-Wu 失效因子,与图 8-40 相比,图形的对称性一致,而每一层的 Tsai-Wu 失效因子数值急剧增大。

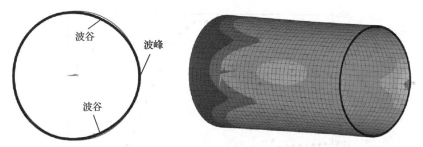

图 8-38　时间步为 119 时碳纤维复合材料圆柱壳体屈曲形貌(载荷为 3.44MPa)

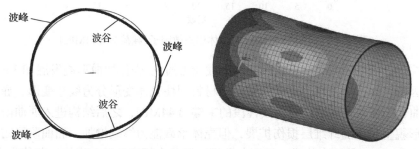

图 8-39　时间步为 363 时碳纤维复合材料圆柱壳体屈曲形貌(载荷为 5.0MPa)

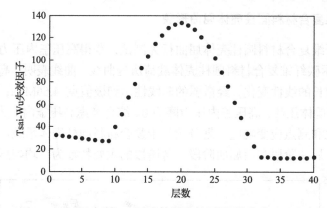

图 8-40　时间步为 363 时壳体层失效因子(载荷为 5.0MPa)

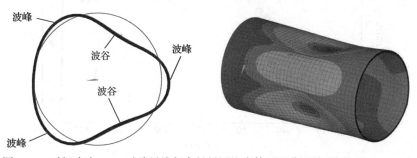

图 8-41　时间步为 1300 时碳纤维复合材料圆柱壳体后屈曲形貌(载荷为 4.11MPa)

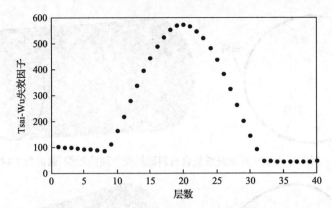

图 8-42　时间步为 1300 时壳体层失效因子(载荷为 4.11MPa)

　　综合分析后屈曲数值模拟中结构承载能力演化、壳体屈曲形貌发展和 Tsai-Wu 失效因子可知，静水压力下碳纤维复合材料圆柱壳体变形分为线性变形、屈曲和后屈曲，壳体安全承载边界为线性段的末端 3.44MPa；之后结构进入屈曲阶段，屈曲形貌生长伴随纤维层损伤扩展，但壳体承载能力继续增加，屈曲阶段占载荷历程的 31.2%；最后壳体进入后屈曲阶段，波谷大幅度凹陷，壳体承载能力下降。

8.3.3　碳纤维复合材料圆柱壳体屈曲形貌

　　开展碳纤维复合材料圆柱壳体屈曲行为测试，获得高压釜内压力变化，绘制如图 8-43 所示碳纤维复合材料圆柱壳体载荷历程曲线。曲线表明，高压釜内压力随时间保持较长的线性变化，经微弱的非线性达到极值点 4.66MPa；之后压力逐渐减小，直至舱体压溃，高压釜内压力降为 0。综合考虑高压釜内压力-时间关系、屈曲形貌演化和测点应变响应，划分碳纤维复合材料圆柱壳体承载历程曲线为均匀压缩阶段、屈曲阶段和后屈曲阶段。各阶段的主要特征为：均匀压缩阶段测点

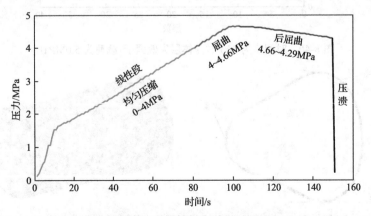

图 8-43　碳纤维复合材料圆柱壳体载荷历程曲线

应变与压力呈线性关系；屈曲阶段应变与压力关系逐渐呈非线性，在这期间屈曲形貌逐渐形成；后屈曲阶段高压釜内的压力逐渐减小，壳体刚度退化，承载能力降低。

为观测壳体屈曲形貌，壳体内壁面粘贴白色硅胶形成圆环，另设置一个白色基准圆环(图 8-44(a))。壳体变形后(图 8-44(b))，对比两个白色圆环可显现壳体变形形貌。考虑到屈曲或压溃时间短、壳体形貌演化迅速，测试过程中高速摄像机采集频率为 1000 帧/s，图 8-45～图 8-47 为载荷渐增、下降和压溃等时刻壳体形貌。

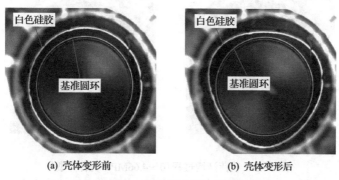

(a) 壳体变形前　　　　　　　　　　(b) 壳体变形后

图 8-44　壳体变形前后的形貌

如图 8-45 所示，当载荷为 0～4MPa 时，壳体宏观形貌无变化。当载荷增加到 4.5MPa 时，屈曲波形微弱可见。当载荷继续增加至 4.66MPa 时，壳体屈曲形貌清晰可见，圆周方向均匀分布 3 个波峰，此时壳体的承载能力最强。定义 4～4.66MPa 为壳体屈曲阶段，屈曲过程占载荷历程的 14%。之后，壳体进入后屈曲阶段，壳体环向刚度减弱，承载能力下降，波峰继续增大，波谷逐渐形成，如图 8-46 所示。壳体承载能力减小至 4.29MPa 时，壳体在波谷处压溃，图 8-47 为 4ms 内的壳体压溃形貌。

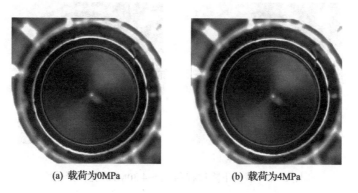

(a) 载荷为0MPa　　　　　　　　　　(b) 载荷为4MPa

(c) 载荷为4.125MPa

(d) 载荷为4.25MPa

(e) 载荷为4.5MPa

(f) 载荷为4.66MPa

图 8-45　载荷渐增过程(0～4.66MPa)壳体形貌

(a) 载荷为4.66MPa

(b) 载荷为4.5MPa

(c) 载荷为4.35MPa

(d) 载荷为4.30MPa

图 8-46　载荷下降过程(4.66～4.30MPa)壳体形貌

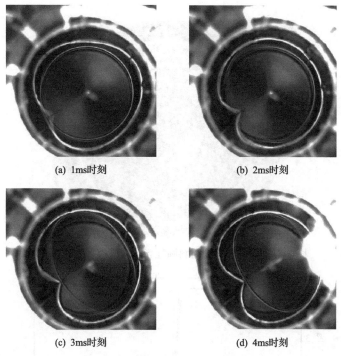

(a) 1ms时刻　　　　　　　　　(b) 2ms时刻

(c) 3ms时刻　　　　　　　　　(d) 4ms时刻

图 8-47　壳体压溃时 (4.29MPa) 形貌

从 8.3.2 节分析和壳体形貌演化可判定碳纤维复合材料圆柱壳体变形分为均匀压缩、屈曲和后屈曲阶段。在极值点 4.66MPa 之前，屈曲波形是一渐进成形过程，包含屈曲模态酝酿、成形和生长过程。在极值点 4.66MPa 之后，壳体承载能力下降，变形进入后屈曲阶段。仅由屈曲形貌发展和载荷历程曲线不易界定壳体初始屈曲压力，下面将结合测点应变响应分析壳体承载性能演化规律。

8.3.4　碳纤维复合材料圆柱壳体测点应变

图 8-48 为碳纤维复合材料圆柱壳体内壁应变测点分布，圆周方向均布 12 个测点，每个测点均可采集轴向应变和环向应变。图 8-49 为测点环向应变曲线，实线所示的测点在压力达到最大值时发生应变逆转，压缩应变减小，甚至转变为拉伸应变；虚线所示的测点始终保持压缩应变。图 8-50 为测点轴向应变曲线，实线所示的测点始终呈现压缩应变，而虚线所示的测点在载荷达到最大值时发生应变逆转，下面结合壳体屈曲形貌分析。

纤维复合材料壳体发生大变形之后，对比基准圆环，其凹凸波形清晰可见，图 8-51 给出了屈曲波峰形貌与测点位置的对应关系。提取波峰测点应变响应，绘制波峰测点环向应变曲线和轴向应变曲线，如图 8-52 所示。早期应变响应与载荷

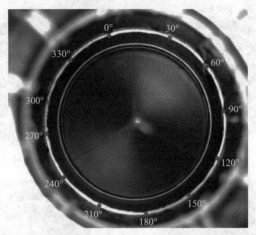

图 8-48　碳纤维复合材料圆柱壳体内壁应变测点分布

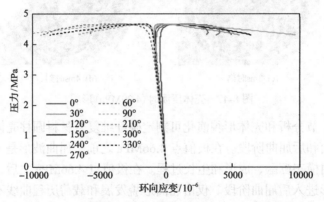

图 8-49　碳纤维复合材料壳体内壁测点环向应变曲线

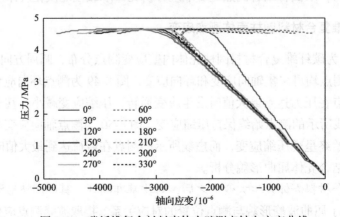

图 8-50　碳纤维复合材料壳体内壁测点轴向应变曲线

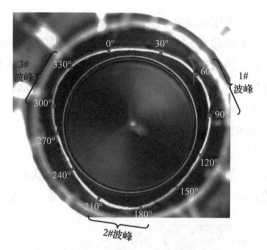

图 8-51　碳纤维复合材料壳体屈曲形貌和波峰处测点分布

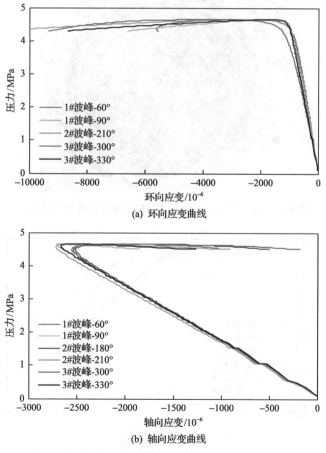

图 8-52　碳纤维复合材料壳体波峰处测点环向应变曲线和轴向应变曲线

呈线性关系，测点均呈现压缩应变。在4～4.66MPa，壳体进入屈曲阶段，测点应变曲线呈现非线性，该阶段环向应变继续增大，但轴向应变的单调性发生改变，发生了应变逆转现象。当载荷为4.66～4.29MPa时，壳体进入后屈曲阶段，波峰继续生长，测点的环向应变仍呈压缩状态，且数值急剧增加；反观测点的轴向应变曲线，其数值急剧下降。

图8-53给出了屈曲波谷形貌与测点位置的对应关系。提取波谷测点应变数据，绘制波谷测点轴向应变曲线和波谷测点环向应变曲线，如图8-54所示。轴向应变在壳体线性压缩、屈曲和后屈曲阶段始终保持压缩状态，且幅值持续增大。图8-54(b)中，测点的环向应变在早期与载荷呈线性关系，为线性压缩状态；在4～

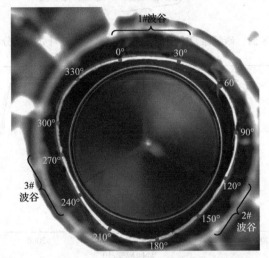

图8-53　碳纤维复合材料壳体屈曲形貌和波谷处测点分布

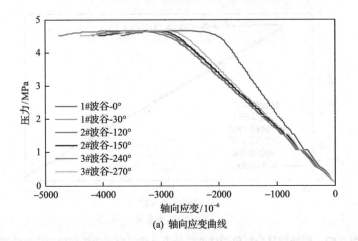

(a) 轴向应变曲线

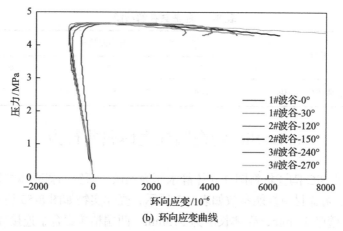

(b) 环向应变曲线

图 8-54　碳纤维复合材料壳体波谷处测点轴向应变曲线和环向应变曲线

4.66MPa 壳体进入屈曲阶段，轴向压缩应变的数值不再随压力的增大而增大，反而逐渐减小，发生应变逆转；在 4.66～4.29MPa 壳体进入后屈曲阶段，应变转为拉伸状态。从线性段末端的应变幅值来看，波峰和波谷测点的环形应变约为 1000，轴向应变约为 2500，一方面表明所有测点的同向应变有较好的数值一致性，另一方面表明壳体结构的环向刚度大于轴向刚度。

8.3.5　碳纤维复合材料圆柱壳体屈曲载荷

　　碳纤维复合材料圆柱壳体面内刚度 A_{ij} 和弯曲刚度 D_{ij} 如表 8-5 所示。根据式 (8-29) 得到表 8-6 中不同环向波数下的失稳载荷，其中最小值 3.77MPa 即为屈曲载荷，对应屈曲模态为环向 3 个波形。对比解析解与实验结果，就屈曲波形而言，两者吻合良好。就屈曲载荷而言，试验表明，碳纤维复合材料壳体结构屈曲是一个渐进演化行为，宏观屈曲形貌演化与微观测点应变非线性同步发展，即在压力为 4MPa 时，应变开始呈现非线性，屈曲形貌开始酝酿。解析解预报屈曲载荷为 3.77MPa（表 8-6），试验中以 4MPa 为初始屈曲载荷，解析解误差为 5.75%。

表 8-5　碳纤维复合材料圆柱壳体面内刚度和弯曲刚度

面内刚度	数值	弯曲刚度	数值
A_{11}	9.9055×10^7	D_{11}	116.9573
A_{12}	5.2991×10^7	D_{12}	61.2789
A_{22}	2.5213×10^8	D_{22}	370.0457
A_{66}	7.5952×10^7	D_{66}	91.8927

表 8-6 屈曲载荷解析解

参数	环向波数 n					p_{cr}
	2	3	4	5	6	
临界屈曲载荷 p_n/MPa	8.44	3.77	5.87	9.12	12.17	**3.77**

8.4 SiC 陶瓷圆柱壳体屈曲行为

本节开展 SiC 陶瓷材料圆柱壳体静水压力测试，研究陶瓷壳体结构屈曲和压溃行为。SiC 陶瓷材料性能参数如表 8-7 所示，壳体实物如图 8-55 所示，内半径为 100mm，壁厚 2.6mm，壳体长度为 375mm，两端粘接铝合金连接环。

表 8-7 SiC 陶瓷材料性能参数

密度/(kg/m³)	弹性模量/GPa	泊松比	剪切模量/GPa	抗弯强度/MPa	压缩强度/MPa
3120	420	0.17	170～180	450	2400

图 8-55 SiC 陶瓷材料圆柱壳体

8.4.1 SiC 陶瓷圆柱壳体线性屈曲

壳体边界条件与外载荷形式如图 8-56 所示，左端金属连接环为固定约束，右端金属封头和壳体圆周受均匀静水压力。开展线性屈曲数值模拟，得到结构临界屈曲载荷为 13.685MPa，其屈曲模态为环向 4 个波形，如图 8-57 所示。

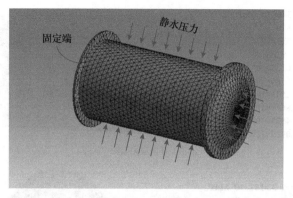

图 8-56   SiC 陶瓷材料圆柱壳体边界条件和外载荷形式

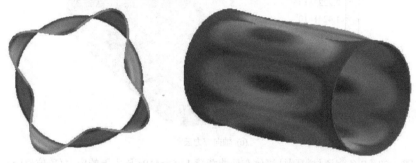

图 8-57   SiC 陶瓷材料圆柱壳体结构屈曲模态

分析壳体在屈曲载荷 13.685MPa 压力下的应力状况，如图 8-58 所示。如图 8-58(a) 所示壳体径向应力云图，最大应力发生在壳体固定端，受外载荷作用壳体端面与金属连接环法兰面发生挤压和摩擦，在壳体端面的径向应力约为107MPa，壳身径向应力约为 39.9MPa，远小于材料压缩强度。如图 8-58(b) 所示壳体环向应力云图，受边界条件和外载荷的作用，壳体端面与连接环法兰面发生挤压和摩擦，端面环向应力为 143MPa。壳身的环向应力分布均匀，最大应力约为 410MPa。如图 8-58(c) 所示壳体轴向应力云图，最大应力发生在壳体与法兰的接触面，数值约为 382MPa。

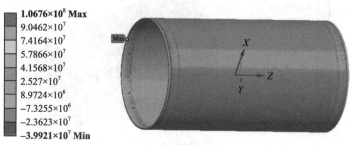

(a) 径向应力云图

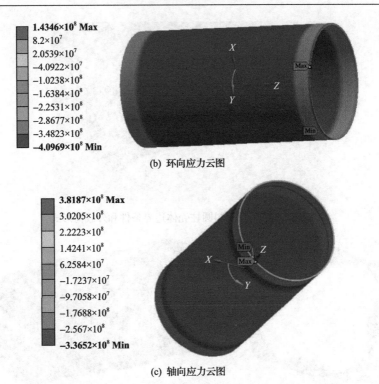

(b) 环向应力云图

(c) 轴向应力云图

图 8-58　SiC 陶瓷材料圆柱壳体在屈曲载荷 13.685MPa 压力下的应力(单位：Pa)

图 8-59 为壳体变形云图。如图 8-59(a)所示，两端边界处发生微弱的径向变形，变形量约为 0.0187mm；壳身均匀压缩，变形量较大，约为 0.091mm。如图 8-59(b)所示壳体轴向变形云图，由于边界约束为一端固定和另一端自由，最大变形量发生在壳体的自由端，轴向压缩量为 0.114mm。

由结构静力变形和应力结果可知，挠度变形率极小，为 0.05‰，壳体在径向、环向和轴向的应力远小于材料的压缩强度，不会发生强度损伤，壳体失效形式为结构失稳。

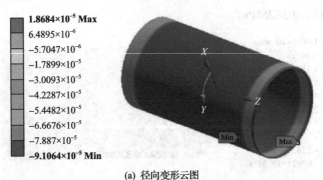

(a) 径向变形云图

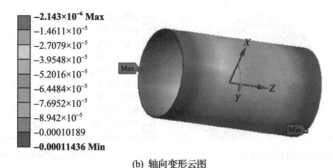

(b) 轴向变形云图

图 8-59　SiC 陶瓷材料圆柱壳体在屈曲载荷 13.685MPa 压力下的变形(单位：m)

8.4.2　SiC 陶瓷圆柱壳体非线性屈曲

在线性屈曲模态的基础上，考虑一阶线性屈曲模态万分之五的比例因子表征壳体几何非线性和材料缺陷等因素，开展静水压力下 SiC 陶瓷材料圆柱壳体结构非线性屈曲数值模拟。

当压力为 10.67MPa 时，SiC 陶瓷材料圆柱壳体应力云图和变形云图如图 8-60 所示，壳体等效应力为 2269MPa，接近材料的屈服极限，此时壳体最大变形约为 2.82mm。当压力增加到 10.83MPa 时，SiC 陶瓷材料圆柱壳体应力云图和变形云图如图 8-61 所示，壳体等效应力约为 2566MPa，大于材料屈服极限，可判定壳体发生强度损伤，此时壳体最大变形约为 3.29mm。当压力增加到 11MPa 时，结构发生屈曲大变形，圆周分布 4 个波形，如图 8-62 所示，最大位移 4.58mm 位于壳体中部的波谷处。当压力微弱增加至 11.1MPa 时，壳体压溃伴随屈曲模态阶跃(图 8-63)，其中 2 个波谷压溃，最大位移约为 21.52mm。

综合壳体变形和应力状况，可判定 SiC 陶瓷材料圆柱壳体的安全承载边界为 10.67MPa；载荷大于 10.67MPa 时，壳体发生强度损伤，诱发结构在 11MPa 时发生屈曲大变形，随后在 11.1MPa 时压溃伴随模态阶跃，属于失稳-失强耦合失效。

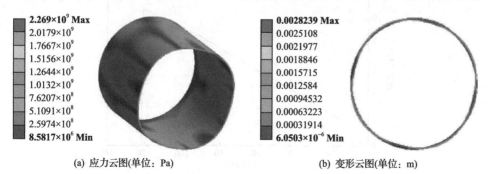

(a) 应力云图(单位：Pa)　　　　　　　　　　(b) 变形云图(单位：m)

图 8-60　SiC 陶瓷材料圆柱壳体应力云图和变形云图(压力为 10.67MPa)

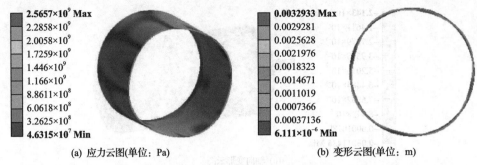

(a) 应力云图(单位：Pa)　　　　　　　　　(b) 变形云图(单位：m)

图 8-61　SiC 陶瓷材料圆柱壳体应力云图和变形云图(压力为 10.83MPa)

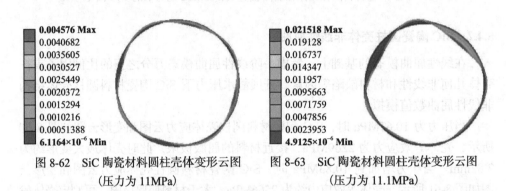

图 8-62　SiC 陶瓷材料圆柱壳体变形云图　　图 8-63　SiC 陶瓷材料圆柱壳体变形云图
（压力为 11MPa）　　　　　　　　　　　（压力为 11.1MPa）

8.4.3　SiC 陶瓷圆柱壳体屈曲形貌

　　本节采用的测试方法和流程与前文一致。SiC 陶瓷材料的弹性模量是铝合金材料的 6 倍，压缩强度是铝合金材料的 4.7 倍，具有非常优异的抗压能力。测试中获得 SiC 陶瓷圆柱壳体载荷历程如图 8-64 所示，压力整体呈线性趋势，壳体压溃时高压釜泄压。

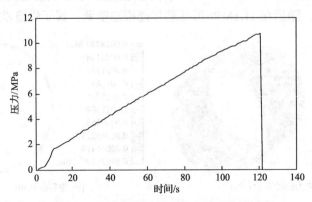

图 8-64　SiC 陶瓷材料圆柱壳体载荷历程

　　分析高速摄像机采集的图形信息，壳体在 10.63MPa 时发生屈曲大变形，在 10.78MPa 时压溃。图 8-65 为 0MPa 和 10.63MPa 载荷下的壳体形貌，屈曲时壳体圆周方向分布 4 个波峰。

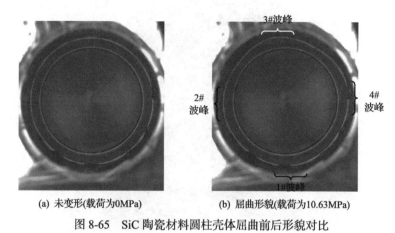

(a) 未变形(载荷为0MPa)　　　　　(b) 屈曲形貌(载荷为10.63MPa)

图 8-65　SiC 陶瓷材料圆柱壳体屈曲前后形貌对比

　　考虑 SiC 陶瓷材料的固有脆性，壳体在承受静水外压时的失效过程可能极为短暂，为捕捉到壳体屈曲形貌和压溃失效全过程，本测试中选取高速摄像机采集频率为 10000 帧/s。图 8-66 为屈曲大变形之后 0.3ms 内壳体压溃失效形貌图，对比图 8-65，0.1ms 时 3#波峰和两侧的波谷有所生长，0.2ms 时壳体 3#波峰与两侧波谷在几何上不再平滑，有分离趋势，其典型特征是波峰呈尖拱状和波谷显著塌陷；在 0.3ms 时 3#波峰与壳体分离，断裂位于两侧的波谷处。

(a) 0.1ms时刻　　　　　(b) 0.2ms时刻　　　　　(c) 0.3ms时刻

图 8-66　SiC 陶瓷材料圆柱壳体压溃失效形貌(载荷为 10.78MPa)

8.4.4　SiC 陶瓷圆柱壳体测点应变

　　壳体内壁圆周上均布 12 个应变片，相邻测点的圆心角为 30°。测点位置与波峰对应关系如图 8-67 所示，顺时针标记波峰为 1#、2#、3#和 4#，其中 0°、90°、

180°和270°测点分别位于四个波峰上。

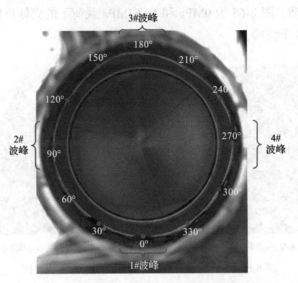

图 8-67 SiC 陶瓷材料圆柱壳体波峰分布与应变测点

图 8-68 为 SiC 陶瓷材料圆柱壳体波峰测点的环向应变曲线和轴向应变曲线。由图 8-68(a)可知，起初应变随压力呈线性增加趋势，称为线性段，表明 SiC 陶瓷材料壳体在圆周方向均匀压缩。在 9MPa 左右应变逐渐呈现非线性，非线性阶段占载荷历程的 16.04%。压力增加到 10.72MPa 时应变急剧增大，表明壳体压溃瞬间波峰迅速生长。如图 8-68(b)所示轴向应变曲线，应变包括线性阶段和非线性阶段。与环向应变不同，在非线性阶段 10MPa 时轴向压缩不再继续增加而开始减弱，发生了应变逆转现象。

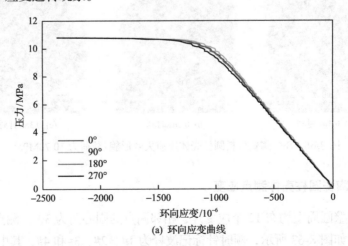

(a) 环向应变曲线

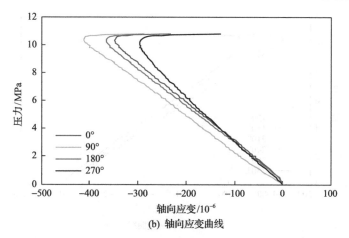

(b) 轴向应变曲线

图 8-68　SiC 陶瓷材料圆柱壳体波峰测点的环向应变曲线和轴向应变曲线

　　图 8-69 为测点与波谷分布的对应关系，顺时针标记波谷为 1#、2#、3# 和 4#，每个波谷区域含两个测点。图 8-70 为波谷测点的环向应变曲线和轴向应变曲线。如图 8-70(a) 所示，在 10MPa 左右波谷环向压缩应变不再增加；10.72MPa 压溃时 120° 和 210° 测点的环向应变已呈现拉伸应变，主要是由于波谷处壳体向内变形，引起局部曲率半径逐渐增大，压溃瞬间该处壳体呈平直状甚至反向弯曲，测点局部的曲率中心移到壳体外部。如图 8-70(b) 所示轴向应变曲线，60° 和 150° 测点的应变与压力呈全局线性，其余测点的应变可分为线性阶段和非线性阶段，载荷历程中一直呈现压缩性。

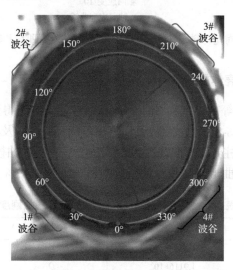

图 8-69　SiC 陶瓷材料圆柱壳体波谷分布与应变测点

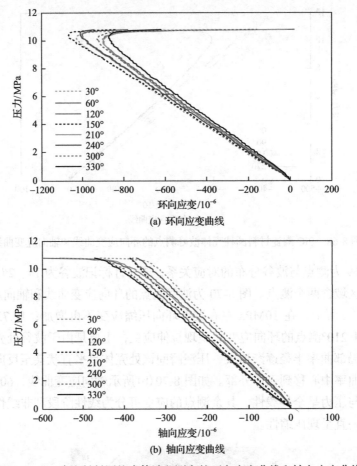

(a) 环向应变曲线

(b) 轴向应变曲线

图 8-70　SiC 陶瓷材料圆柱壳体波谷测点的环向应变曲线和轴向应变曲线

8.4.5　SiC 陶瓷圆柱壳体屈曲载荷

根据第 2 章边界等效模型和 SiC 陶瓷材料性能参数，得到壳体结构面内刚度 A_{ij} 和弯曲刚度 D_{ij}（表 8-8），由式 (8-29) 计算出不同环向波数及其失稳载荷（表 8-9），判定 SiC 陶瓷材料圆柱壳体屈曲载荷为 10.82MPa，对应屈曲模态为环向 4 个波形。与试验结果对比，屈曲形貌一致，解析解数值误差为 1.79%。

表 8-8　SiC 陶瓷圆柱壳体面内刚度和弯曲刚度

面内刚度	数值	弯曲刚度	数值
A_{11}	1.1245×10^9	D_{11}	633.4672
A_{12}	1.9116×10^8	D_{12}	107.6894
A_{22}	1.1245×10^9	D_{22}	633.4672
A_{66}	4.42×10^8	D_{66}	248.9933

表 8-9 SiC 陶瓷圆柱壳体屈曲载荷解析解

参数	环向波数 n					p_{cr}
	2	3	4	5	6	
临界屈曲载荷 P_n/MPa	66.75	11.49	10.82	15.49	21.99	**10.82**

8.5 本章小结

本章开展了静水压力下铝合金、碳纤维复合材料、SiC 陶瓷圆柱壳体屈曲行为试验研究，主要结论如下：

(1) 铝合金圆柱壳体变形包括线性压缩阶段和非线性压缩阶段，非线性过程占载荷历程的 17.9%，试验测得线性应变的末端值为 6MPa，压溃载荷为 6.67MPa。壳体屈曲时发生模态阶跃现象，屈曲模态由 3 个圆周波阶跃 1 个波。

(2) 碳纤维复合材料圆柱壳体变形包括线性压缩、屈曲和后屈曲过程，壳体屈曲和后屈曲是一个渐进演化行为，试验中测得线性应变的末端值为 4MPa。屈曲阶段波峰逐渐形成，后屈曲过程中波谷形成且壳体承载能力下降，直至压溃失效，压溃载荷为 4.29MPa，整个过程应变的非线性特征显著。

(3) SiC 陶瓷圆柱壳体应变分为线性压缩阶段和非线性压缩阶段，线性应变的末端值为 9MPa。从壳体屈曲和压溃形貌演化来看，SiC 陶瓷圆柱壳体的屈曲是瞬时临界行为，屈曲载荷可等效为压溃载荷。

参 考 文 献

[1] 贾宇. 关于海洋强国战略的思考[J]. 太平洋学报, 2018, 26(1): 1-8.

[2] 罗朋朝. 我国海洋经济可持续发展面临的挑战及发展对策[J]. 教育教学论坛, 2018, (10): 248-249.

[3] 刘笑阳. 海洋强国战略研究: 理论探索、历史逻辑和中国路径[D]. 北京: 中共中央党校, 2016.

[4] 陈敬菊, 张志刚. 纤维增强复合材料在海洋领域中的应用[C]. 第二十届全国玻璃钢/复合材料学术交流会, 武汉, 2014: 230-233.

[5] 郑义炜. 陆海复合型中国"海洋强国"战略分析[J]. 东北亚论坛, 2018, 27(2): 76-90, 128.

[6] 王晓旭, 张典堂, 钱坤, 等. 深海纤维增强树脂复合材料圆柱耐压壳力学性能的研究进展[J]. 复合材料学报, 2020, 37(1): 16-26.

[7] 崔维成. 载人深渊探测器的研究进展[J]. 科学, 2017, 69(4): 4-9.

[8] 罗珊, 王纬波. 潜水器耐压壳结构研究现状及展望[J]. 舰船科学技术, 2019, 41(19): 7-16.

[9] 刘雁集, 杨勇, 张桂臣. 水下滑翔机及其应用技术发展[J]. 船舶工程, 2021, 43(9): 14-21.

[10] 刁宏伟, 李宗吉, 王世哲, 等. 水下滑翔机研究现状及发展趋势[J]. 舰船科学技术, 2022, 44(6): 8-12.

[11] 邢城, 潘光, 黄桥高. 仿蝠鲼柔性潜水器翼型流场性能分析[J]. 数字海洋与水下攻防, 2020, 3(3): 265-270.

[12] 唐琳. "奋斗者"号坐底 10909 米创造中国载人深潜新纪录[J]. 科学新闻, 2022, 24(3): 23.

[13] Osse T J, Eriksen C C. The deepglider: A full ocean depth glider for oceanographic research[C]. OCEANS, Vancouver, 2007: 1-12.

[14] Eriksen C C, Osse T J, Light R D, et al. Seaglider: A long-range autonomous underwater vehicle for oceanographic research[J]. IEEE Journal of Oceanic Engineering, 2001, 26(4): 424-436.

[15] Smith C S. Design of submersible pressure hulls in composite materials[J]. Marine Structures, 1991, 4(2): 141-182.

[16] Ross C T F. A conceptual design of an underwater vehicle[J]. Ocean Engineering, 2006, 33(16): 2087-2104.

[17] 徐伟哲, 张庆勇. 全海深潜水器的技术现状和发展综述[J]. 中国造船, 2016, 57(2): 206-221.

[18] 李文跃, 王帅, 刘涛, 等. 大深度载人潜水器耐压壳结构研究现状及最新进展[J]. 中国造船, 2016, 57(1): 210-221.

[19] Dvorak G J, Prochazka P, Srinivas M V. Design and fabrication of submerged cylindrical laminates—I[J]. International Journal of Solids and Structures, 1999, 36(26): 3917-3943.

[20] Srinivas M V, Dvorak G J, Prochazka P. Design and fabrication of submerged cylindrical laminates—II. Effect of fiber pre-stress[J]. International Journal of Solids and Structures, 1999, 36(26): 3945-3976.

[21] Carvelli V, Panzeri N, Poggi C. Buckling strength of GFRP under-water vehicles[J]. Composites Part B: Engineering, 2001, 32(2): 89-101.

[22] Simitses G J. Instability of orthotropic cylindrical shells under combined torsionand hydrostatic pressure[J]. AIAA Journal, 1967, 5(8): 1463-1469.

[23] Tennyson R C. Buckling of laminated composite cylinders: A review[J]. Composites, 1975, 6(1): 17-24.

[24] Bert C W, Francis P H. Composite material mechanics: Structural mechanics[J]. AIAA Journal, 1974, 12(9): 1173-1186.

[25] Babich D V, Semenyuk N P. Stability of orthotropic cylindrical shells under combined loading[J]. Soviet Applied Mechanics, 1977, 13(6): 627-630.

[26] Dong S B, Pister K S, Taylor R L. On the theory of laminated anisotropic shells and plates[J]. Journal of the Aerospace Sciences, 1962, 29(8): 969-975.

[27] Cheng S, Ho B P C. Stability of heterogeneous aeolotropic cylindrical shells under combined loading[J]. AIAA Journal, 1963, 1(4): 892-898.

[28] Ho B P C, Cheng S. Some problems in stability of heterogeneous aeolotropic cylindrical shells under combined loading[J]. AIAA Journal, 1963, 1(7): 1603-1607.

[29] Healey J J, Hyman B I. Buckling of prolate spheroidal shells under hydrostatic pressure[J]. AIAA Journal, 1967, 5(8): 1469-1477.

[30] Jones R M. Buckling of circular cylindrical shells with different moduli in tension and compression[J]. AIAA Journal, 1971, 9(1): 53-61.

[31] Jones R M. Buckling of stiffened multilayered circular cylindrical shells with different orthotropic moduli in tension and compression[J]. AIAA Journal, 1971, 9(5): 917-923.

[32] Simitses G J. Buckling and postbuckling of imperfect cylindrical shells: A review[J]. Applied Mechanics Reviews, 1986, 39(10): 1517-1524.

[33] Sofiyev A H. Influences of elastic foundations and boundary conditions on the buckling of laminated shell structures subjected to combined loads[J]. Composite Structures, 2011, 93(8): 2126-2134.

[34] Shen H S. Boundary layer theory for the buckling and postbuckling of an anisotropic laminated cylindrical shell, Part I: Prediction under axial compression[J]. Composite Structure, 2008, 82(3): 346-361.

[35] Shen H S. Boundary layer theory for the buckling and postbuckling of an anisotropic laminated cylindrical shell, Part II: Prediction under external pressure[J]. Composite Structures, 2008,

82(3): 362-370.

[36] Shen H S. Boundary layer theory for the buckling and postbuckling of an anisotropic laminated cylindrical shell, Part III: Prediction under torsion[J]. Composite Structure, 2008, 82(3): 371-381.

[37] Shen H S, Xiang Y. Buckling and postbuckling of anisotropic laminated cylindrical shells under combined axial compression and torsion[J]. Composite Structures, 2008, 84(4): 375-386.

[38] Messager T. Buckling of imperfect laminated cylinders under hydrostatic pressure[J]. Composite Structures, 2001, 53(3): 301-307.

[39] Nguyen H L T, Elishakoff I, Nguyen V T. Buckling under the external pressure of cylindrical shells with variable thickness[J]. International Journal of Solids and Structures, 2009, 46(24): 4163-4168.

[40] Civalek Ö. Buckling analysis of composite panels and shells with different material properties by discrete singular convolution(DSC) method[J]. Composite Structures, 2017, 161: 93-110.

[41] Nemeth M P. Buckling analysis for stiffened anisotropic circular cylinders based on sanders nonlinear shell theory[R]. Virginia: Langley Research Center Hampton, 2014.

[42] 徐孝诚, 张骏华. 夹层壳的总体稳定性[J]. 中国空间科学技术, 1982, 2(4): 10-22.

[43] 徐孝诚, 马殿卿, 张骏华, 等. 运载火箭壳体结构的外压受载情况及外压稳定性计算[J]. 强度与环境, 1982, 9(4): 21-28.

[44] 徐孝诚. 网格整体加劲圆筒壳的刚度参数计算和临界载荷计算[J]. 强度与环境, 1984, 11(2): 28-34.

[45] 徐孝诚. 复合材料网格加劲壳临界载荷的计算方法和计算程序[J]. 中国空间科学技术, 1985, 5(1): 6-13.

[46] 徐孝诚. C/E 复合材料网格加劲壳临界外压计算的实验验证[J]. 强度与环境, 1985, 12(3): 35-40.

[47] 徐孝诚. 碳-环氧树脂复合材料三角形网格加劲壳的总体稳定性[J]. 宇航学报, 1987, 8(3): 22-28.

[48] 蔡泽. 碳纤维/树酯复合材料叠层圆柱壳在外压下的稳定性[J]. 强度与环境, 1983, 10(3): 45-54.

[49] 徐秀珍. 纤维增强复合材料圆柱壳的屈曲计算[J]. 推进技术, 1988, 9(3): 1-9.

[50] 郭明. 复合材料圆柱壳轴压临界载荷计算[J]. 固体火箭推进, 1982, (2).

[51] 刘丽娜. 碳/环氧复合材料圆柱壳在联合载荷作用下临界值得计算与分析[C]. 复合材料应用技术交流会, 北京, 1985: 1-6.

[52] Wang H, Wang J K. A Donnell type theory for finite deflection of stiffened thin conical shells composed of composite materials[J]. Applied Mathematics and Mechanics, 1990, 11(9): 857-868.

[53] 王虎, 王俊奎. 复合材料加筋薄壁圆锥壳体有限变形的混合型理论[J]. 应用数学和力学, 1990, 11(9): 805-816.

[54] 王虎, 王俊奎. 连续玻璃纤维缠绕复合材料截顶圆锥壳体的稳定性分析[J]. 玻璃钢/复合材料, 1991, (3): 1-5.

[55] 王虎, 王俊奎. 玻璃/环氧复合材料截顶圆锥壳体的外压稳定性[J]. 玻璃钢/复合材料, 1992, (2): 22-29.

[56] Liu R H. On non-linear buckling of symmetrically laminated, cylindrically orthotropic, truncated, shallow, spherical shells under uniform pressure including shear effects[J]. International Journal of Non-Linear Mechanics, 1996, 31(1): 101-115.

[57] Liu R H. Non-linear buckling of symmetrically laminated, cylindrically orthotropic, shallow, conical shells considering shear[J]. International Journal of Non-Linear Mechanics, 1996, 31(1): 89-99.

[58] 苏伟. 考虑横向剪切的对称层合圆柱正交异性截顶扁锥壳在均布载荷作用下的非线性屈曲[D]. 广州: 暨南大学, 2008.

[59] 刘涛. 计及横向剪切变形影响的先进复合材料圆柱壳的稳定性及其优化设计[D]. 无锡: 中国船舶科学研究中心, 1992.

[60] 刘涛, 徐芑南, 裴俊厚. 复合材料圆柱壳的稳定性及其优化设计[J]. 中国造船, 1995, 36(2): 39-50.

[61] Liu T, Xu Q N, Pei J H. Buckling analysis and optimization design of composite cylindrical shells[J]. Journal of Ship Mechanics, 2000, (4): 39-50.

[62] 李学斌. 正交各向异性圆柱壳静动态特性分析及比较研究[D]. 武汉: 华中科技大学, 2004.

[63] 李学斌. 正交各向异性圆柱壳弹性稳定性分析的比较研究[J]. 舰船科学技术, 2000, 22(3): 2-8.

[64] Li X B, Chen Y J. Free vibration analysis of orthotropic circular cylindrical shell under external hydrostatic pressure[J]. Journal of Ship Research, 2002, 46(3): 201-207.

[65] 李学斌, 刘土光. 轴向压力作用下正交各向异性圆柱壳的稳定性与自由振动特性分析[C]. 2004 年船舶与海洋工程学术研讨会, 南京, 2004: 132-140.

[66] 雷明玮, 龚顺风, 胡勃. 纯弯作用下深海夹层管复合结构屈曲失稳分析[J]. 浙江大学学报 (工学版), 2015, 49(12): 2376-2386.

[67] 雷明玮. 复杂荷载组合作用深海夹层管复合结构屈曲失稳机理研究[D]. 杭州: 浙江大学, 2016.

[68] 王诺思. 纤维缠绕增强复合管外压及组合荷载下的屈曲性能研究[D]. 杭州: 浙江大学, 2013.

[69] 龚顺风, 胡勃. 外压作用深海夹层管复合结构屈曲失稳分析[J]. 浙江大学学报(工学版), 2014, 48(9): 1624-1631.

[70] 胡勍. 深海夹层管复合结构非线性屈曲失稳机理研究[D]. 杭州: 浙江大学, 2015.

[71] 刘秉奇, 段梦兰, 付光明, 等. 夹层管屈曲传播的数值模拟和夹芯层材料的选取[C]. 第十七届中国海洋(岸)工程学术讨论会, 南宁, 2015: 325-328.

[72] 王珂晟. 复合材料圆柱壳稳定性分析及其新算法研究[D]. 长沙: 国防科技大学, 2002.

[73] 李志敏. 船舶与海洋工程中复合材料圆柱壳结构屈曲和后屈曲行为研究[D]. 上海: 上海交通大学, 2008.

[74] 王林. 深海耐压结构型式及稳定性研究[D]. 北京: 中国舰船研究院, 2011.

[75] 周维新. 复合材料新型水下耐压壳及船舶结构特性研究[D]. 武汉: 华中科技大学, 2015.

[76] 赵耀, 周维新, 姜舜. 多平面柱壳水下耐压结构特性研究[J]. 中国造船, 2014, 55(3): 64-73.

[77] Zhao Y, Zhou W X, Liu W B, et al. Strength calculation of foam core sandwich composite ship by FEM[J]. Materials Science Forum, 2015, 813: 102-108.

[78] 赵耀, 周维新, 袁华, 等. 一种折角增强多平面柱壳结构: CN103603372B[P]. 2015-09-23.

[79] 朱锐杰, 李峰, 张恒铭. 基于弹性基础梁理论的复合材料薄壁圆柱壳屈曲承载力模型[J]. 复合材料学报, 2017, 34(8): 1745-1753.

[80] Tsai S W. Strength characteristics of composite materials[R]. Santa Ana: Philco Corp Newport Beach CA, 1965.

[81] Hoffman O. The brittle strength of orthotropic materials[J]. Journal of Composite Materials, 1967, 1(2): 200-206.

[82] Tsai S W, Wu E M. A general theory of strength for anisotropic materials[J]. Journal of Composite Materials, 1971, 5(1): 58-80.

[83] Hashin Z. Failure criteria for unidirectional fiber composites[J]. Journal of Applied Mechanics, 1980, 47(2): 329-334.

[84] Chang F K, Lessard L B. Damage tolerance of laminated composites containing an open hole and subjected to compressive loadings: Part I—Analysis[J]. Journal of Composite Materials, 1991, 25(1): 2-43.

[85] Chang K Y, Llu S, Chang F K. Damage tolerance of laminated composites containing an open hole and subjected to tensile loadings[J]. Journal of Composite Materials, 1991, 25(3): 274-301.

[86] Puck A, Schürmann H. Failure analysis of FRP laminates by means of physically based phenomenological models[M]//Hinton M J. Failure Criteria in Fibre-Reinforced-Polymer Composites. Amsterdam: Elsevier, 2004: 832-876.

[87] Chen W H, Lee S S. Numerical and experimental failure analysis of composite laminates with bolted joints under bending loads[J]. Journal of Composite Materials, 1995, 29(1): 15-36.

[88] Tan S C. A progressive failure model for composite laminates containing openings[J]. Journal of Composite Materials, 1991, 25(5): 556-577.

[89] Camanho P P, Matthews F L. A progressive damage model for mechanically fastened joints in composite laminates[J]. Journal of Composite Materials, 1999, 33(24): 2248-2280.

[90] Engblom J, Yang Q H, Abdul-Samad N, et al. Residual property predictions for laminated composite structures—FE based internal state variable approach[C]. The 33rd Structures, Structural Dynamics and Materials Conference, Dallas, 1992: 2225.

[91] Maimí P, Camanho P P, Mayugo J A, et al. A continuum damage model for composite laminates: Part I—Constitutive model[J]. Mechanics of Materials, 2007, 39(10): 897-908.

[92] Maimí P, Camanho P P, Mayugo J A, et al. A continuum damage model for composite laminates: Part II—Computational implementation and validation[J]. Mechanics of Materials, 2007, 39(10): 909-919.

[93] Matzenmiller A, Lubliner J, Taylor R L. A constitutive model for anisotropic damage in fiber-composites[J]. Mechanics of Materials, 1995, 20(2): 125-152.

[94] Maa R H, Cheng J H. A CDM-based failure model for predicting strength of notched composite laminates[J]. Composites Part B: Engineering, 2002, 33(6): 479-489.

[95] Almeida J H S, Ribeiro M L, Tita V, et al. Damage and failure in carbon/epoxy filament wound composite tubes under external pressure: Experimental and numerical approaches[J]. Materials & Design, 2016, 96: 431-438.

[96] Molavizadeh A, Rezaei A. Progressive damage analysis and optimization of winding angle and geometry for a composite pressure hull wound using geodesic and planar patterns[J]. Applied Composite Materials, 2019, 26(3): 1021-1040.

[97] Cho Y S, Oh D H, Paik J K. An empirical formula for predicting the collapse strength of composite cylindrical-shell structures under external pressure loads[J]. Ocean Engineering, 2019, 172: 191-198.

[98] Hur S H, Son H J, Kweon J H, et al. Postbuckling of composite cylinders under external hydrostatic pressure[J]. Composite Structures, 2008, 86(1/2/3): 114-124.

[99] Soden P D, Hinton M J, Kaddour A S. Biaxial test results for strength and deformation of a range of E-glass and carbon fibre reinforced composite laminates: Failure exercise benchmark data[J]. Composites Science and Technology, 2002, 62(12/13): 1489-1514.

[100] Kaddour A S, Soden P D, Hinton M J. Failure of solid and hollow S2-glass fibre/epoxy thick tubes under biaxial compression[C]. The 12th International Committee on Composite Materials, Paris, 1999: 1-10.

[101] 程妍雪. 复合材料潜器耐压壳设计优化方法研究[D]. 哈尔滨: 哈尔滨工程大学, 2015.

[102] 李彬. 水下航行器复合材料耐压壳优化设计方法研究[D]. 哈尔滨: 哈尔滨工程大学, 2019.

[103] Zheng J Y, Liu P F. Elasto-plastic stress analysis and burst strength evaluation of Al-carbon

fiber/epoxy composite cylindrical laminates[J]. Computational Materials Science, 2008, 42(3): 453-461.

[104] Liu P F, Zheng J Y. Recent developments on damage modeling and finite element analysis for composite laminates: A review[J]. Materials & Design, 2010, 31(8): 3825-3834.

[105] 李永胜, 王纬波, 李泓运, 等. 静水压下含缺陷中厚复合材料圆柱耐压壳的极限强度[J]. 复合材料学报, 2023, 40(5): 2639-2652.

[106] 熊传志. 带肋各向异性薄壁耐压壳体的有限元仿真和试验验证[J]. 机电工程技术, 2013, 42(7): 136-139.

[107] Kim R Y, Soni S R. Experimental and analytical studies on the onset of delamination in laminated composites[J]. Journal of Composite Materials, 1984, 18(1): 70-80.

[108] Gaudenzi P, Perugini P, Riccio A. Post-buckling behavior of composite panels in the presence of unstable delaminations[J]. Composite Structures, 2001, 51(3): 301-309.

[109] Fu H M, Zhang Y B. On the distribution of delamination in composite structures and compressive strength prediction for laminates with embedded delaminations[J]. Applied Composite Materials, 2011, 18(3): 253-269.

[110] Riccio A, Cristiano R, Mezzacapo G, et al. Experimental investigation of delamination growth in composite laminates under a compressive load[J]. Advances in Materials Science and Engineering, 2017, (1): 3431093.

[111] Köllner A. Predicting buckling-driven delamination propagation in composite laminates: An analytical modelling approach[J]. Composite Structures, 2021, 266: 113776.

[112] Köllner A, Kashtalyan M, Guz I, et al. On the interaction of delamination buckling and damage growth in cross-ply laminates[J]. International Journal of Solids and Structures, 2020, 202: 912-928.

[113] Gaiotti M, Rizzo C M. Finite element modeling strategies for sandwich composite laminates under compressive loading[J]. Ocean Engineering, 2013, 63: 44-51.

[114] El-Sayed S, Sridharan S. Delamination buckling and growth in rings under pressure[J]. Journal of Engineering Mechanics, 2000, 126(10): 1033-1039.

[115] Kumar V, Dewangan H C, Sharma N, et al. Combined damage influence prediction of curved composite structural responses using VCCT technique and experimental verification[J]. International Journal of Applied Mechanics, 2021, 13(8): 2150086.

[116] Kumar V, Dewangan H C, Sharma N, et al. Numerical frequency and SERR response of damaged(crack/delamination)multilayered composite under themomechanical loading: An experimental verification[J]. Composite Structures, 2022, 293: 115709.

[117] Kumar V, Dewangan H C, Sharma N, et al. Numerical prediction of static and vibration responses of damaged(crack and delamination)laminated shell structure: An experimental

verification[J]. Mechanical Systems and Signal Processing, 2022, 170: 108883.

[118] Rasheed H A, Tassoulas J L. Collapse of composite rings due to delamination buckling under external pressure[J]. Journal of Engineering Mechanics, 2002, 128(11): 1174-1181.

[119] Rasheed H A, Tassoulas J L. Delamination growth in long composite tubes under external pressure[J]. International Journal of Fracture, 2001, 108(1): 1-23.

[120] Fu Y M, Yang J H. Delamination growth for composite laminated cylindrical shells under external pressure[J]. Applied Mathematics and Mechanics, 2007, 28(9): 1131-1144.

[121] Tafreshi A. Efficient modelling of delamination buckling in composite cylindrical shells under axial compression[J]. Composite Structures, 2004, 64(3/4): 511-520.

[122] Tafreshi A. Delamination buckling and postbuckling in composite cylindrical shells under external pressure[J]. Thin-Walled Structures, 2004, 42(10): 1379-1404.

[123] Tafreshi A. Delamination buckling and postbuckling in composite cylindrical shells under combined axial compression and external pressure[J]. Composite Structures, 2006, 72(4): 401-418.

[124] Sajjady S A, Rahnama S, Lotfi M, et al. Numerical analysis of delamination buckling in composite cylindrical shell under uniform external pressure: Cohesive element method[J]. Journal of Modern Processes in Manufacturing and Production, 2017, 6(3): 87-106.

[125] Maleki S, Rafiee R, Hasannia A, et al. Investigating the influence of delamination on the stiffness of composite pipes under compressive transverse loading using cohesive zone method[J]. Frontiers of Structural and Civil Engineering, 2019, 13(6): 1316-1323.

[126] Yazdani S, Rust W J H, Wriggers P. Delamination onset and growth in composite shells[J]. Computers & Structures, 2018, 195: 1-15.

[127] Couch W P. David Taylor model basin report 2089[R]. Maryland: David Taylor Model Basin, 1965.

[128] Myers N C. Final report, Bureau of Ships project S-F013-05-03, task 1025, Contract Nobs 88351[R]. Los Angeles: Thompson Fiber Glass Company, 1964.

[129] Hom K, Couch W P. David Taylor model basin report 1824[R]. Maryland: David Taylor Model Basin, 1966.

[130] Hom K. Composite materials for pressure hull structures[J]. Ocean Engineering, 1969, 1(3): 315-324.

[131] Collar P G, Babb R J, Michel J L, et al. Systems research for unmanned autonomous underwater vehicles[C]. OCEANS, Brest, 1994: 158-163.

[132] Graham D, Keron I, Mitchell G, et al. DRA structural research on submarines and submersibles[J]. Marine Structures, 1994, 7(2-5): 231-256.

[133] Ouellette P, Hoa S V, Sankar T S. Buckling of composite cylinders under external pressure[J].

Polymer Composites, 1986, 7(5): 363-374.

[134] Graham D. Buckling of thick-section composite pressure hulls[J]. Composite Structures, 1996, 35(1): 5-20.

[135] Moon C J, Kim I H, Choi B H, et al. Buckling of filament-wound composite cylinders subjected to hydrostatic pressure for underwater vehicle applications[J]. Composite Structures, 2010, 92(9): 2241-2251.

[136] 郑宗光, 浦桂玲, 李世红, 等. 碳纤维缠绕复合材料在潜水外压容器上的应用[J]. 材料开发与应用, 1996, 11(5): 42-44.

[137] 刘涛. 大深度潜水器结构分析与设计研究[D]. 无锡: 中国船舶科学研究中心, 2001.

[138] 肖汉林. 复合材料圆柱壳结构动响应及屈曲[D]. 武汉: 华中科技大学, 2006.

[139] Xiao H L, Liu T G, Zhang T, et al. Vibration analysis of composite cylindrical shells with stringer and ring stiffeners[J]. Journal of Ship Mechanics, 2007, 11(3): 470-478.

[140] 肖汉林, 吴英友, 朱显明, 等. 轴向冲击下环向加筋复合材料圆柱壳的非线性动力响应[J]. 振动与冲击, 2007, 26(2): 84-89, 101, 177-178.

[141] 肖汉林, 刘土光, 张涛, 等. 复合材料纵横加筋圆柱壳自由振动分析[J]. 噪声与振动控制, 2005, 25(6): 4-7, 47.

[142] 闫光. 轴压载荷下复合材料层合圆柱壳的设计与试验研究[D]. 长春: 吉林大学, 2013.

[143] Cai B P, Liu Y H, Liu Z K, et al. Reliability-based load and resistance factor design of composite pressure vessel under external hydrostatic pressure[J]. Composite Structures, 2011, 93(11): 2844-2852.

[144] Cai B P, Liu Y H, Li H Z, et al. Buckling analysis of composite long cylinders using probabilistic finite element method[J]. Mechanika, 2011, 17(5): 467-473.

[145] 尚闻博. 深海耐压舱设计的 ANSYS 仿真研究[D]. 青岛: 中国海洋大学, 2015.

[146] 谭智铎. 7000米级深海滑翔机复合材料耐压舱结构设计研究[D]. 沈阳: 东北大学, 2015.

[147] Shen K C, Pan G. Buckling and strain response of filament winding composite cylindrical shell subjected to hydrostatic pressure: Numerical solution and experiment[J]. Composite Structures, 2021, 276: 114534.

[148] Shen K C, Jiang L L, Pan G, et al. Buckling and failure behavior of the silicon carbide(SiC) ceramic cylindrical shell under hydrostatic pressure[J]. Ocean Engineering, 2023, 287: 115773.

[149] 黄克智, 夏之熙, 薛明德, 等. 板壳理论[M]. 北京: 清华大学出版社, 1987.

[150] Robert M J. Mechanics of Composite Materials[M]. Philadelphia: Taylor & Francis, 1999.

[151] Vasiliev V V, Jones R M. Mechanics of Composite Structures[M]. Washington DC: Taylor & Francis, 1993.

[152] Fletcher C A J. Computational Galerkin Methods[M]. New York: Springer, 1984.

[153] Blevins R D. Formulas for Natural Frequency and Mode Shape[M]. New York: Krieger

Publishing Company, 2001.

[154] Lopatin A V, Morozov E V. Buckling of composite cylindrical shells with rigid end disks under hydrostatic pressure[J]. Composite Structures, 2017, 173(2): 136-143.

[155] Simitses G J, Han B. Analysis of anisotropic laminated cylindrical shells subjected to destabilizing loads. Part I: Theory and solution procedure[J]. Composite Structures, 1991, 19(2): 167-181.

[156] Han B, Simitses G J. Analysis of anisotropic laminated cylindrical shells subjected to destabilizing loads. Part II: Numerical results[J]. Composite Structures, 1991, 19(2): 183-205.

[157] Lapczyk I, Hurtado J A. Progressive damage modeling in fiber-reinforced materials[J]. Composites Part A: Applied Science and Manufacturing, 2007, 38(11): 2333-2341.

[158] Shokrieh M M, Heidari-Rarani M, Ayatollahi M R. Delamination R-curve as a material property of unidirectional glass/epoxy composites[J]. Materials & Design, 2012, 34: 211-218.

[159] Heidari-Rarani M, Shokrieh M M, Camanho P P. Finite element modeling of mode I delamination growth in laminated DCB specimens with R-curve effects[J]. Composites Part B: Engineering, 2013, 45(1): 897-903.

[160] Heidari-Rarani M, Sayedain M. Finite element modeling strategies for 2D and 3D delamination propagation in composite DCB specimens using VCCT, CZM and XFEM approaches[J]. Theoretical and Applied Fracture Mechanics, 2019, 103: 102246.

[161] 王春玲, 徐聪, 王荣刚. 一种新型碳纤维高分子复合材料耐压舱体及其制作工艺: CN105620693A[P]. 2016-06-01.